新編成本會計

主　編 ● 凌輝賢、陳宇翔、楊　媚、鄒燕麗
副主編 ● 王豔華、李　寧、葉偉欽、陳智丹
　　　　　李嘉娜、吳建平

前 言

從企業經營角度來看，任何一個企業都必須進行成本核算，都需要設置成本會計崗位，因此，培養出符合用人單位成本核算和管理需要的成本會計人才是會計類專業人才培養的主要目標之一。為了適應這一人才培養目標，我們編寫了《新編成本會計》教材。

與其他同類教材相比，《新編成本會計》除了介紹工業企業產品成本計算和分析的理論與方法之外，還用較大篇幅介紹了第三產業的成本核算理論與方法，旨在全面地培養學生的成本計算、成本分析和成本管理能力。《新編成本會計》以製造業企業為主要背景，輔之以其他行業企業背景，系統地闡述了製造業企業產品成本核算和其他行業企業的成本核算。《新編成本會計》主要內容包括成本費用歸集、成本費用分配、產品成本計算。《新編成本會計》以成本分析和成本控制為主線，融理論學習、思維訓練與實踐操作為一體，既突出了學生職業能力的培養，又增強了學生崗位適應能力和可持續發展能力。

《新編成本會計》所具有的特點，使其成為一本更有價值的教材，這些特點如下：

第一，新穎性。我們在編寫過程中注重以教材使用者需要掌握的成本核算的技能來安排內容，以最新的成本核算資料貫穿於案例之中，並將新會計準則和相關會計制度的變更體現到教材中。

第二，簡明性。我們從「理論夠用」的原則出發，按照著重掌握成本會計實用技能來安排教材的結構和內容，重點突出、簡明扼要。

第三，全面性。我們充分考慮了本教材的獨立性和完整性，本教材的內容基本涵蓋了主要行業成本核算，特別突出了服務業成本核算。同時，限於篇幅，我們也捨棄了部分內容，以避免與同類教材的不必要的重複。

第四，專業性。《新編成本會計》是由眾多專業人士合作編寫的成果，這些專業人士包括會計學教授、高級會計師、註冊會計師、註冊稅務師、財務總監等。

第五，實踐性。我們在每章都增加了案例導入，並編寫了適當的思考與練習，注重教學和實訓環節銜接的重要性，著重培養學生的實踐能力。我們通過大量的案例來強化學生的實際動手操作能力，增強學生的社會適應能力和實踐能力。

第六，突出了重點、難點，避免和減少了各會計專業學科之間的交叉和重複，有利於各院校靈活安排各學科的教學任務。《新編成本會計》體現了「寬基礎、活模塊」的特點，力爭達到便於教學、利於操作、有所創新的目標。

本教材由具有豐富的企業成本控制、企業內部控制、稅務籌劃和稅務風險控制實

全書在編寫過程中參考了很多資料,在此向作者一併致謝。儘管我們在教材的內容結構設計、案例安排等方面做出了很多努力,但由於編者的經驗和視野有限,書中難免會有疏漏之處,懇請各相關教學單位和讀者在使用的過程中給予關注並提出改進意見,以便我們以后進一步修訂和完善。所有意見和建議請發往

編者

目　錄

第一章　成本會計導論 ·· （1）
　　第一節　成本會計的概念、對象和目標 ································· （1）
　　第二節　成本會計的職能 ·· （5）
　　第三節　成本會計的工作組織 ··· （7）

第二章　成本核算的一般程序和方法 ·· （15）
　　第一節　成本核算的基本要求 ··· （15）
　　第二節　成本費用的分類 ·· （18）
　　第三節　成本核算的一般程序和帳戶設置 ··························· （20）
　　第四節　成本核算的方法體系 ··· （22）

第三章　生產成本核算 ·· （28）
　　第一節　各項費用要素的分配 ··· （29）
　　第二節　輔助生產費用的歸集與分配 ·································· （40）
　　第三節　製造費用的歸集與分配 ··· （48）
　　第四節　廢品損失和停工損失核算 ····································· （51）
　　第五節　生產費用在完工產品與在產品之間的分配與歸集 ···· （55）

第四章　生產成本計算的主要方法 ·· （71）
　　第一節　品種法 ·· （71）
　　第二節　分批法 ·· （88）
　　第三節　分步法 ·· （97）

第五章　商業成本核算 ·· （129）
　　第一節　商業成本核算概述 ··· （130）

第二節　商品批發成本核算 ………………………………………… (133)
　　第三節　商品零售成本核算 ………………………………………… (141)

第六章　交通運輸成本核算 ……………………………………………… (150)
　　第一節　交通運輸企業成本核算概述 ……………………………… (151)
　　第二節　公路運輸成本核算 ………………………………………… (155)
　　第三節　鐵路運輸成本核算 ………………………………………… (160)
　　第四節　水路運輸成本核算 ………………………………………… (161)
　　第五節　航空運輸成本核算 ………………………………………… (165)

第七章　施工企業工程成本核算與房地產企業成本核算 ……………… (168)
　　第一節　施工企業工程成本的內容與成本核算的特點 …………… (168)
　　第二節　施工企業工程成本核算 …………………………………… (171)
　　第三節　房地產開發成本核算 ……………………………………… (181)

第八章　物業勞務成本核算 ……………………………………………… (202)
　　第一節　物業勞務費用與物業勞務成本 …………………………… (202)
　　第二節　物業勞務成本核算方法 …………………………………… (205)

第九章　旅遊餐飲服務成本核算 ………………………………………… (209)
　　第一節　旅遊餐飲服務業務範圍及成本核算的特點 ……………… (209)
　　第二節　旅遊經營業務和營業成本核算 …………………………… (212)
　　第三節　餐飲經營業務和營業成本核算 …………………………… (214)

第十章　金融保險成本核算 ……………………………………………… (218)
　　第一節　金融成本核算 ……………………………………………… (218)
　　第二節　保險成本核算 ……………………………………………… (224)

第十一章　教育成本核算 …………………………………………（231）

　　第一節　教育成本概述 ………………………………………（231）

　　第二節　教育成本的核算方法 ………………………………（234）

　　第三節　教育成本日常核算及期末結轉 ……………………（238）

第十二章　醫院成本核算 …………………………………………（242）

　　第一節　醫院成本概述 ………………………………………（242）

　　第二節　醫院成本要素費用核算 ……………………………（248）

　　第三節　院級成本核算 ………………………………………（252）

　　第四節　其他醫院級別成本核算 ……………………………（256）

參考文獻 ……………………………………………………………（261）

思考與練習參考答案 ………………………………………………（262）

第一章　成本會計導論

【案例導入】

　　小陳、小李和小林在大學時是住在同一宿舍的好朋友，大學畢業以後，由於對玩具很感興趣，就合夥開辦了一家玩具廠，專門生產玩具，銷往國外。根據需要，他們選定了廠址后，購置了一批新型生產設備，招聘了20多名技術工人和管理人員。玩具廠開張后，擺在他們面前的難題就是：在設廠之前，他們每天只記流水帳就能知道每天發生的費用，可是現在玩具廠正式成立之後，每天因為產品生產會有各種成本費用發生，只靠登記流水帳根本無法分清各種成本的類別和不同型號的玩具成本分別是多少，很難控制每個月的成本費用。到底如何計算產品成本、產品定價應是多少、如何做好成本的核算工作以及如何設置成本核算崗位，這些都讓他們感到很茫然。應如何解決這些問題呢？

【內容提要】

　　伴隨著企業生產方式的變革、管理技術的發展，成本會計逐漸從財務會計和管理會計中分離出來，成為會計的一個重要分支，用以計量組織成本，為信息使用者提供成本信息。本章主要闡述成本會計的基本理論和基本概念，具體包括成本會計的概念、對象和目標，成本會計的職能，成本會計的工作組織。

第一節　成本會計的概念、對象和目標

一、成本的概念、成本與費用的關係及期間成本

(一) 成本的概念

　1. 理論成本

　　成本是價值範疇，是商品經濟發展到一定階段的產物。馬克思主義政治經濟學指出，產品價值為 W＝C＋V＋M，產品成本是 C＋V。其中，C 為物化勞動價值（生產資料中轉移的價值）；V 為勞動者自己創造的價值（活勞動的耗費）；M 為勞動者為社會創造的價值（歸社會支配部分，包括稅金與利潤）。

　　馬克思的成本價值理論仍然適用於我國社會主義市場經濟條件下的產品價值。從理論上講，產品成本是生產產品過程中已耗費的、能用貨幣表現的生產資料的價值與勞動者自己創造的相當於工資的價值的總和，即產品生產中耗費的物化勞動和活勞動

的貨幣表現，這就是成本的經濟實質。這種成本稱為「理論成本」。

2. 現實成本

在現實的經濟活動中，很難確定純粹的理論成本（C+V）。因此，實際工作中，為了加強成本管理，減少生產中的損失，則把某些不構成成本的支出（如廢品損失、停工損失、保險費等）列入成本之中，同時也可能將某些構成產品成本的耗費不列入產品成本中（如期間費用直接計入當期損益），從而導致實際補償價值和已消耗的理論成本不一致，形成了現實成本的概念。

3. 產品成本

產品成本一般被稱為成本開支範圍（由國家統一規定）。一切與產品生產有關的支出，均應計入產品成本之中。這樣做的目的是為了提高指標的綜合反應能力，有利於進行成本分析與考核。

4. 管理成本

管理成本是企業內部為管理需要而計算的成本，即由於管理需要而產生的成本概念。美國會計學會所屬的成本概念與標準委員會於1995年對成本的定義為「成本是指為達到特定目的而發生或應發生的價值犧牲，它可用貨幣單位加以衡量」。這一定義無論是外延還是內涵都遠遠超出了產品成本概念的範圍。在西方發達國家，企業為適應經營管理的不同目的，運用不同的成本概念，如變動成本、固定成本、邊際成本、機會成本、差別成本等成本概念。

5. 財務成本

財務成本是管理成本的對稱，是按現行企業會計制度的有關規定計算的成本，包括生產經營成本和期間成本（費用）兩部分。財務成本是用於企業內部成本管理和向外部報告的成本概念，也稱法定成本、制度成本和帳面成本。財務成本將成本定義為企業為生產產品、提供勞務而發生的各種耗費。

成本是商品經濟的產物，是商品經濟中的一個經濟範疇，是商品價值的主要組成部分，成本的內容往往要服從於管理的需要。由於經濟活動的內容不同，成本的含義也不同。隨著社會經濟的發展、企業管理要求的提高，成本的概念在不斷地發展、變化，人們所能感受到的成本的範圍也在逐漸擴大。

不同的經濟環境與不同的行業特點對成本有不同的理解，但是成本的經濟內容歸納起來有兩點是共同的：一是成本的形成以某種目標為對象。目標既可以是有形的產品或無形的產品，如新技術、新工藝，又可以是某種服務，如教育、衛生系統的服務。二是成本是為實現一定的目標而發生的耗費。沒有目標的支出是一種損失，不能稱為成本。

(二) 成本與費用

成本與費用是一組既有緊密聯繫又有一定區別的概念。正確區分成本與費用是成本會計核算的重要前提。

成本是指生產某種產品、完成某個項目或者說做成某件事情的代價，即發生的耗費的總和，是對象化的費用。費用是指企業在獲取當期收入的過程中，對企業所擁有

或控制的資產的耗費，是會計期間與收入相配比的成本。成本代表經濟資源的犧牲，而費用則是會計期間為獲得收益而發生的成本。成本會計關注的是成本而不是費用。

(三) 期間成本

期間成本也稱期間費用，又稱非產品成本或非製造成本，是與產品生產活動沒有直接聯繫的成本。期間成本不計入成本，而是直接歸入當期損益的本期費用。期間成本包銷售費用、管理費用和財務費用三項。

1. 銷售費用

銷售費用是指企業在銷售商品過程中發生的各項費用，包括為了取得購買單位訂單而發生的廣告費、促銷費、展覽費和運輸產品給購買單位而發生的包裝、運輸、裝卸費等費用，以及專設銷售機構（包括銷售網點、售后服務網點等）的人員工資與福利費、類似工資性質的費用、業務費等經營費用。

2. 管理費用

管理費用是指企業為組織和管理整個企業的生產經營，使其正常運作所發生的費用以及技術轉讓費、研究與開發費、無形資產攤銷、房產稅、車船使用稅、土地使用稅、印花稅和職工教育經費等費用。

3. 財務費用

財務費用是指企業在籌資、調劑外匯和調整外匯牌價等財務活動中所發生的費用，包括應當作為期間費用的利息支出（減利息收入）、匯兌損失（減匯兌收益）以及相關手續費等。

二、成本會計的對象及其特點

成本會計的對象指的是成本會計核算和監督的內容。成本會計的對象可以概括為企業生產經營過程中發生的生產經營業務成本和期間費用。成本會計實際上是成本、費用會計。成本會計主要研究生產部門為製造產品而發生的成本，即產品生產成本，因此成本會計核算和監督的內容主要是產品生產成本。成本對象是為了計算經營業務成本而確定的歸集經營費用的各個對象，也是成本的承擔者。成本對象可以是一種產品、一項服務、一位顧客、一張訂單、一份合同、一個部門。

成本會計的一個中心目標是計算產品成本，為對外財務報告服務。產品成本的具體含義取決於其服務的管理目標。產品分為有形產品和無形產品兩種。生產性企業生產有形產品，如電視機、計算機、家具、服裝和飲料等。勞務性企業提供無形產品，如保險服務、旅遊服務、諮詢服務等都屬於向顧客提供的服務，汽車租賃、電話出租和保齡球健身等都是由顧客使用組織的產品或設施。與有形產品相比，無形產品主要有四個方面的特點，即無形性、瞬時性、不可分割性和多樣性。無形性是指某項服務的購買者在購買服務之前無法直接感覺到該項服務的存在，因此服務是無形產品。瞬時性是指顧客只能即時享受服務，而難以將服務儲存到未來。不可分割性是指服務的提供者與購買者通常有直接的接觸，以使交換得以發生。多樣性是指服務的提供比產品的生產有著更大的差異性，提供服務的人會受到所從事工作、工作夥伴、教育程度、

工作經驗、個人其他因素等的影響。由此可見，無形產品成本計算有其特殊性。

三、成本會計的目標

成本會計的目標是指成本會計工作應達到的目的和要求。成本會計的目標是一定政治、經濟和社會環境的產物，具有歷史性、時代性，反應特定環境對成本會計的要求。不同歷史時期、不同經濟發展水平以及不同社會制度下，成本會計的目標亦有所不同。這是由特定環境下成本會計的對象、內容、性質及其職能作用所決定的，尤其是成本會計的職能的制約作用。因此，成本會計的目標應與其職能相適應，在職能範圍內制定科學、可行、先進的目標，在目標的實施過程中體現其職能的作用。

(一) 成本會計的基本目標

成本會計的基本目標是指成本會計的長期性、根本性、終極性的目標，公認的成本會計的基本目標即經濟效益。成本會計正是從費用和成本的計量、記錄、計算及監督等方面著手，為提高經濟效益服務，並以經濟效益為最高目標。成本會計的產生、發展正是基於對費用和成本的反應與監督，基於對經濟效益的關注和追求，與經濟效益具有密不可分的關係。

(二) 成本會計的具體目標

成本會計的具體目標是指成本會計實踐中向誰提供會計信息、提供哪些會計信息、怎樣提供會計信息。

1. 成本會計信息的服務對象

眾所周知，財務會計是一種對外報告會計，其服務對象主要是企業所有者、債權人及國家政府有關部門。成本會計是一種對內報告會計，這是由社會主義市場經濟環境所決定的。成本費用是企業員工素質、技術水平、管理水平、機器設備先進程度、企業地理位置及交通通信狀況等諸多因素的集中反應，所有這些都是企業內部的事，有的屬於企業合法的商業秘密，企業沒有義務、也不可能對外報告。因此，成本會計的服務對象主要是企業內部的有關部門和人員，應包括以下五個方面：

（1）企業行政管理部門。企業經濟效益的高低是考核其工作業績的主要尺度之一，而經濟效益的主要制約因素在於成本費用。因此，一方面，企業的行政管理部門要瞭解各產品的生產耗費金額及其結構，從中檢測各項技術改造措施、專有技術與專利權的應用效果，考核各項降低成本措施的落實和執行情況，分析評價成本費用的升降對當期利潤的影響，為實施工作獎懲提供客觀依據；另一方面，企業行政管理部門還要掌握期間費用的支出情況，尤其是管理費用的支出金額及其結構，瞭解其發展趨勢，為加強人員管理、節約經費開支提供參考依據。此外，財務費用的利息支出、匯兌損失，銷售費用中的廣告費、包裝費等，也是行政管理部門關心的重要內容。

（2）企業生產管理部門。企業生產管理部門包括工廠、車間等組織和管理生產過程的部門。這些部門處於產品生產的具體組織、指揮、協調和控制的第一線，對產品生產的耗費內容、耗費方式最為瞭解並對產品的製造成本具有控制能力，是企業最高層的責任成本中心。因此，企業生產管理部門對本部門的直接材料、直接人工及製造

費用的耗費最為關心。成本會計向企業生產管理部門提供製造成本的詳細信息，也是其重要的工作目標之一。

（3）企業基層生產單位。工段、班組是產品生產的最基層單位，是直接材料費、直接人工費的發生地，是最基本的責任成本中心。企業的班組核算內容主要是成本核算，班組是成本考核對象之一，成本會計也要向這些單位提供有關成本會計信息。

（4）企業內部員工。在經濟責任制的約束下，職工必將關心其生產耗費情況，因為生產耗費直接關係到職工的切身利益。成本會計有義務向職工報告成本會計信息（一般通過職工代表大會報告）。

（5）其他有關會計分支。財務會計雖然向成本會計提供資產價值、負債狀況等資料，以便於成本核算，但在計量資產和利潤過程中，則需要成本會計為其提供在產品成本、半成品成本、產成品成本等資料，以便於編製財務會計報告。此外，在管理會計進行成本預測、決策、控制過程中，也需要成本會計為之提供基礎成本會計信息。

2. 成本會計信息的服務內容

成本會計信息的服務對象不同，所需求的會計信息也不同。一方面，服務對象的層次越高，所需求的成本會計信息越具有綜合性、全面性，反之亦然；另一方面，在企業內部管理過程中，有關管理部門可能隨時要求成本會計提供特定的成本會計信息，其內容具有一定的不確定性。客觀上講，成本會計所提供的日常成本信息，從不同角度進行組合、分類後，可以形成全然不同的成本信息，以滿足不同的需要。對此可從成本費用分類和成本會計報表中得到答案。

3. 成本會計信息的服務方式

一是通過憑證、帳簿、報表提供直接材料、直接人工、製造費用、期間費用及其細節的帳內成本會計信息，這些信息一般是定期、定向提供的。二是通過帳外統計、計算提供，如變動成本、固定成本、加工成本、邊際成本等。這些信息一般是不定期、不定向提供的。三是通過專題報告形式向特定對象提供有關成本信息。四是通過口頭匯報方式向有關方面提供成本信息，如年終決算后對職工代表大會的成本費用報告，回答有關政府機構、企業所有者的成本費用諮詢等。總之，由成本會計的對內服務特性決定，其服務方式也靈活多樣，具有提供方法、內容、對象及時間等方面的可變性。

第二節　成本會計的職能

成本會計的職能是指成本會計作為一種管理經濟的活動，在生產經營過程中固有的功能和作用。成本會計的職能隨著社會經濟的發展和管理水平不斷地提高而不斷變化。由於現代成本會計與管理緊密結合，因此它實際上包括了成本管理的各個環節。現代成本會計的主要職能有成本預測、成本決策、成本計劃、成本控制、成本核算、成本分析和成本考核。

一、成本預測

成本預測是指運用一定的科學方法，對未來成本水平及其變化趨勢做出科學的估計。通過成本預測，掌握未來的成本水平及其變動趨勢，有助於減少決策的盲目性，使經營管理者易於選擇最優方案，做出正確決策。

二、成本決策

成本決策是指依據掌握的各種決策成本及相關的數據，對各種備選方案進行分析比較，從中選出最佳方案的過程。成本決策與成本預測緊密相連，以成本預測為基礎，是成本管理不可缺少的一項重要職能，對於正確地制訂成本計劃，促使企業降低成本，提高經濟效益都具有十分重要的意義。

成本決策涉及的內容較多，包括可行性研究中的成本決策和日常經營中的成本決策。由於前者以投入大量的資金為前提來研究項目的成本，因此這類成本決策與財務管理的關係更加緊密；后者以現有資源的充分利用為前提，以合理且最低的成本支出為標準，屬於日常經營管理中的決策範疇，包括零部件自製或外購的決策、產品最優組合的決策、生產批量的決策等。

三、成本計劃

成本計劃是企業生產經營總預算的一部分，以貨幣形式規定企業在計劃期內產品生產耗費和各種產品的成本水平以及相應的成本降低水平和為此採取的主要措施的書面方案。成本計劃屬於成本的事前管理，是企業生產經營管理的重要組成部分，通過對成本的計劃與控制，分析實際成本與計劃成本之間的差異，指出有待加強控制和改進的領域，達到評價有關部門的業績，增產節約，從而促進企業發展的目的。

企業的整體預算從銷售預算開始，最終流向預計收益表和預計現金流量表，而成本計劃是主要的中間環節，因此做好成本計劃對企業的經營管理有重要的意義。

四、成本控制

所謂成本控制，是企業根據一定時期預先建立的成本管理目標，由成本控制主體在其職權範圍內，在生產耗費發生以前和成本控制過程中，對各種影響成本的因素和條件採取的一系列預防和調節措施，以保證成本管理目標實現的管理行為。

成本控制的過程是運用系統工程的原理對企業在生產經營過程中發生的各種耗費進行計算、調節和監督的過程，同時也是一個發現薄弱環節，挖掘內部潛力，尋找一切可能降低成本途徑的過程。科學地組織實施成本控制，可以促進企業改善經營管理，轉變經營機制，全面提高企業素質，使企業在市場競爭的環境下生存、發展和壯大。

五、成本核算

成本核算是對生產經營管理費用的發生和產品成本的形成所進行的核算。進行成本核算，首先審核生產經營管理費用，看其是否已發生、是否應當發生、已發生的是

否應當計入產品成本，實現對生產經營管理費用和產品成本直接的管理和控制。其次對已發生的費用按照用途進行分配和歸集，計算各種產品的總成本和單位成本，為成本管理提供真實的成本資料。

六、成本分析

成本分析是按照一定的原則，採用一定的方法，利用成本計劃、成本核算和其他有關資料，控制實際成本的支出，揭示成本計劃完成情況，查明成本升降的原因，尋求降低成本的途徑和方法，以達到用最少的勞動消耗取得最大的經濟效益的目的。

七、成本考核

成本考核是指定期通過成本指標的對比分析，對目標成本的實現情況和成本計劃指標的完成結果進行的全面審核、評價，是成本會計職能的重要組成部分。成本考核的意義在於：

第一、評價企業生產成本計劃的完成情況。
第二、評價有關財經紀律和管理制度的執行情況。
第三、激勵責任中心與全體員工的積極性。

在經濟活動完成之後，將成本、成本效益的實際指標同計劃指標進行比較，可以評價企業成本會計的完成情況，以提高企業的成本管理水平，提高企業的經濟效益。需要強調的是，成本考核要與一定的獎懲制度相結合，通過成本考核，用經濟、行政手段進行激勵，可以調動各成本責任單位與全體員工更好地完成成本計劃的積極性。

成本會計的各種職能是相互聯繫的，互為條件、相輔相成，放松或削弱任何一種職能，都不利於加強成本會計工作。成本預測是成本會計的第一個環節，是進行決策的前提。成本決策是成本會計的重要環節，在成本會計中占中心地位，既是成本預測的結果，又是制訂成本計劃的依據。成本計劃是成本決策的具體化。成本控制是對成本計劃的實施進行監督，是實現成本決策既定目標的保證。成本核算是成本會計最基本的職能，提供企業管理所需的成本信息資料，是發揮其他職能的基礎，同時也是對成本計劃能否得到實現的最后檢驗。成本分析和成本考核是實現成本決策目標和成本計劃的有效手段，只有通過成本分析，查明影響成本高低的原因，制定和執行、改進和完善企業管理的措施，才能有效降低成本。通過正確評價和考核各責任單位的工作業績，才能調動各部門和全體職工的積極性，進行有效控制，為切實執行成本計劃，實現企業既定目標提供動力。

第三節　成本會計的工作組織

成本會計工作是一項綜合性的管理工作，貫穿於企業生產經營活動的全過程。因此，通過合理組織，充分發揮其積極作用，是做好成本會計工作的前提條件。企業成本會計工作的組織，主要包括設置成本會計機構、配備必需的成本會計人員、確定成

本會計工作的組織原則和組織形式、制定成本會計制度。

一、設置成本會計機構

(一) 成本會計機構的設置

成本會計機構是指企業從事成本會計工作的職能單位,是企業會計機構的組成部分。設置成本會計機構應明確企業內部對成本會計應承擔的職責和義務,堅持分工與協作相結合、統一與分散相結合、專業與群眾相結合的原則,使成本會計機構的設置與企業規模大小、業務繁簡、管理要求相適應。

由於成本會計工作是會計工作的一部分,因此企業的成本會計機構一般是企業會計機構的一部分。在大中型企業,廠部的成本會計機構一般設在廠部會計部門中,是廠部會計處的一個成本核算科室。在小型企業,通常在會計部門中設置成本核算組或專職成本核算人員負責成本會計工作。

廠部成本會計機構是全廠成本會計的綜合部門,負責組織全廠成本的集中統一管理,為企業管理當局提供必要的成本信息;進行成本預測和成本決策;編製成本計劃,並將成本計劃分解下達給各責任部門;實行日常成本控制,監督生產費用的支出;正確地核算企業產品成本及有關費用;檢查各項成本計劃的執行結果,分析成本變動的原因;考核各責任部門和個人的成本責任完成情況,實行物資利益分配;組織車間成本核算和管理,加強對班組成本核算的指導和幫助;制定全廠的成本會計制度,配備必要的成本會計人員。

(二) 成本會計機構的組織分工

企業內部各級成本會計機構之間的組織分工有集中工作方式和分散工作方式兩種方式。

集中工作方式是指成本會計工作中的核算、分析等各方面工作,主要由廠部成本會計機構集中進行,車間等其他單位中的成本會計機構和人員只負責登記原始記錄和填製原始憑證,進行初步的審核、整理和匯總,為廠部成本會計機構的進一步工作提供資料。

分散工作方式,又稱非集中工作方式,是指成本會計工作中的核算和分析等方面的工作,由車間等其他單位的成本會計機構或人員分別進行。廠部成本會計機構負責對各下級成本會計機構或人員進行業務上的指導和監督,並對全廠成本進行綜合的核算、分析等工作。

二、配備必需的成本會計人員

就思想品德而言,成本會計人員應具備腳踏實地、實事求是、敢於堅持原則的作風和高度的敬業精神;就業務素質而言,成本會計人員不僅要具備較為全面的會計知識,而且要掌握一定的生產技術和經營管理方面的知識。

成本會計機構和成本會計人員應在總會計師和會計主管人員的領導下,忠實地履行自己的職責,認真完成成本會計的各項任務,並從降低成本、提高企業經濟效益的

角度出發，參與制定企業的生產經營決策。

成本會計人員是指在會計機構或專設成本會計機構中所配備的成本工作人員，對企業日常的成本工作（如成本計劃、費用預算、成本預測與決策、實際成本計算和成本分析、考核等）進行處理。成本核算是企業核算工作的核心，成本指標是企業一切工作質量的綜合表現。為了保證成本信息質量，對成本會計人員業務素質要求比較高，具體要求如下：

第一，會計知識面廣，對成本理論和實踐有較好的基礎。
第二，熟悉企業生產經營流程（工藝過程）。
第三，刻苦學習和任勞任怨的品質。
第四，良好的職業道德。

三、確定成本會計工作的組織原則和組織形式

任何工作的組織都必須遵循一定的原則，成本會計工作也不例外，其組織原則主要如下：

第一，成本核算必須與成本管理相結合；
第二，成本會計工作必須與技術相結合；
第三，成本會計工作必須與經濟責任制相結合。

成本會計工作的組織形式主要是從方便成本工作的開展和及時準確地提供成本信息的需要出發，按成本要素劃分為材料成本、人工成本和間接費用成本組織核算。

材料成本核算一般由企業廠部成本會計人員與倉庫材料管理人員共同負責，主要進行材料物資和低值易耗品的採購、入庫、領用、結存的明細分類核算，定期盤點清查，計算材料成本費用，並對全過程進行控制和監督。

人工成本核算主要進行應付職工的工資、獎金的計算與分配的明細分類核算，並對全過程進行嚴格的控制和監督。

間接費用的核算一般由廠部成本會計人員負責，這部分費用可按成本習性分為變動費用和固定費用。變動費用以彈性預算進行控制，固定費用以固定預算進行控制。

四、制定成本會計制度

成本會計制度是成本會計工作的規範，是會計法規和制度的重要組成部分。企業應遵循國家有關法律、法規、制度，如《中華人民共和國會計法》《企業財務通則》《企業會計準則》《企業會計制度》等的有關規定，並適應企業生產經營的特點和管理要求，制定企業內部成本會計制度，作為企業進行成本會計工作具體和直接的依據。

各行業企業由於生產經營的特點和管理要求不同，所制定的成本會計制度有所不同。就工業企業來說，成本會計制度一般應包括以下幾方面內容：

第一，關於成本預測和決策的制度。
第二，關於成本定額的制度和成本計劃編製的制度。
第三，關於成本控制的制度。
第四，關於成本核算規程的制度，包括成本計算對象和成本計算方法的確定、成

本項目的設置、各項費用分配和歸集的程序和方法、完工產品和在產品之間的費用分配方法等。

第五，關於責任成本的制度。

第六，關於企業內部結算價格和內部結算辦法的制度。

第七，關於成本報表的制度。

第八，其他有關成本會計的制度。

成本會計制度是開展成本會計工作的依據和行為規範，其科學、合理的程度，會直接影響成本會計工作的成效。因此，成本會計制度的制定是一項複雜而細緻的工作。在成本會計制度的制定過程中，有關人員不僅應熟悉國家有關法規、制度的規定，而且應深入基層做廣泛、深入的調查和研究工作，在反覆試點、具備充分依據的基礎上進行成本會計制度的制定工作。成本會計制度一經確定，就應認真貫徹執行。隨著時間的推移，實際情況往往會發生變化，出現新的情況時，應根據變化了的情況，對成本會計制度進行修訂和完善，以保證成本會計制度的科學性和先進性。

【拓展閱讀】

一般認為，成本會計是在工業革命時期，隨著工廠制度的出現而誕生的。事實上，成本會計的起源可以追溯到14世紀。那時候，由於義大利、英國、德國等商業得到發展，許多人建立了獨資和合夥企業，開始從事毛紡織品生產、書籍印刷、錢幣鑄造和其他行業。早在英國亨利七世時期（1485—1509年），成本會計便有了明確的發展。當時，一大批小毛紡織商由於不滿各行會的種種限制，從城市轉向鄉村，並建立了工業群體，希望通過行會以外的其他渠道推銷自己的產成品。他們的生產和銷售活動處於壟斷行會的控制之下時，沒有實行成本核算的必要。但是像后來許多商號所認識到的那樣，小型工廠主發現，不僅自己與各行會之間存在著競爭，而且他們內部也存在著競爭，於是準確的成本記錄變得必不可少，甚至成為成功的先決條件。在那時，這些刺激無疑推動了成本會計的發展。

我們可以舉出很久以前運用成本帳戶的實例。

中歐著名的富格爾家族，有一個時期曾控制了提洛爾和卡里思亞的銀礦、銅礦和一個鑄造廠。早在1577年，其中一個礦的會計記錄就包括下列帳戶：礦石、鑽、礦井、鑄造、總費用、熔煉、運輸、鐵和煤屑貿易。儘管沒有證據證明這些會計帳戶已經體現了現代成本流程意識，但已涉及如產品成本（Cost of Production）和主要成本（Prime Cost）之類用語。此后，一個冶煉廠帳戶借記冶煉廠營業費用，同時貸記發運貨物。借方列示了23個項目，貸方包括9類不同的記錄。顯然，這些都不簡單。

梅第奇（Medici）家族在貿易活動中採用的成本計算方法也值得注意，他們是成本計算方法運用於工業活動的簿記程序的見證人。這個著名的家族在15~16世紀間的幾十年裡，除廣泛從事銀行業務之外，還經營毛紡業。早在1431年，即盧卡·帕喬利（Luca Pacioli）出版第一本復式簿記教科書之前63年，在梅第奇工業合夥企業中已使用了一套相當完善的會計帳簿。當時，設置了一個名為「製造和銷售衣服」（Cloth Manufactured and Sold）的帳戶，並編製了列示所有售出服裝利潤的報表。每一個衣服

帳戶借方包括下列各項的合計：羊毛購入；染料成本；其他製造成本支出，如工資、油、梳棉機和起絨機。隨著時間的推移，這些工業合夥企業的帳戶進行了一些重要的改進，到 16 世紀，出現了一些新方法。當時，對「工資總帳」（Wage Ledger）的運用是相當有見解的。這一總帳仍是聯繫現代工廠總帳和工業企業總帳的先驅，也許可以進一步推斷，處理這些複雜記錄的簿記員一定是一位很努力的專家。

16 世紀的印刷和出版商普拉廷（Plantin）的會計帳簿包括許多現代分批成本制度的因素。普拉廷為他出版的每一本書設置了不同的帳戶。這些帳戶借記使用的紙、支付的工資和其他印刷成本。當書印刷完以後，再從特定的帳戶轉記名為「庫存書」（Books in Stock）的另一個帳戶。這樣就可以附帶地反應「庫存紙」和「完工書」帳戶的增減變化情況。

這些實例證明在 1400—1600 年間發生了某些現代成本技術的實踐。當時，人們已經提出建立對每一個生產步驟的會計控制和減少在原材料和人力使用上的浪費的思想。

工業革命前，成本會計方面的論文和書籍十分稀少。18 世紀末，隨著工程學、採煤和棉紡織業的飛速發展。大量資本集中於機器和交通設備上面，這就給成本會計提出了下列新的要求：第一，經理們要求能及時地、適量地供應原材料，並提供記錄情況；第二，適應對顧客更大金額付款的需要，需要一個能夠消除支付欺騙和錯誤的制度；第三，由於使用價值昂貴的設備和隨之而來的設備報廢問題，折舊變得更加重要；第四，由於市場競爭激烈，經理們必須瞭解在經營淡季抵補產品主要成本後產品的最低價格，換句話說，即使是在當時，固定成本和變動成本也已變得十分重要；第五，產品從一個生產過程轉到另一個生產過程中，需要仔細地進行觀察和記錄，並對不同時期的成本進行比較。

不僅在鋼鐵部門，在其他部門也出現了很多類似的成本問題。例如，機械製造業（蒸汽機、紡織和鐵路設備）會計，在簽訂一項合同以後，需要為某批產品提供詳細資料，以便為資本家能作出更可靠的預測提供信息。很明顯，這就是我們今天所說的分批成本計算。這些簡單的開端引出了令現代成本會計學家也頭痛的問題。后來，所有與製造費用在每批產品中分攤的有關爭論，不論是否包括應付利息、廢料處理、成本與普通財務記錄協調等都能找到相同的根源。19 世紀，當化學工業找到立足點之後，副產品和聯合成本問題日趨重要。另外，鐵路系統的擴展實際上與所有的成本問題相連，這些成本問題包括折舊、大量製造成本、工廠成本、聯合成本和對企業成本的控制等。

早期，成本會計師和簿記員都很不願意把他們掌握的方法傳播給別人，即使傳授，也要求接受者嚴格保密，這就使我們追溯成本會計早期的發展遇到了困難。公正地講，當時很少有理論家對這門學科感興趣，有點神祕的是，當時並不乏商業簿記方面的教科書和文章，但涉及成本和製造業記錄的甚少。

19 世紀七八十年代，成本會計的研究主要是對確定產品主要成本的傳統方法進行適當改進。當時，人們並沒有完全認識到成本核算的重要性。例如，一位早期科學管理的倡導者提出（1841 年），每一個生產者都應不斷地尋求改進生產的方法，以降低每件產品的成本。他強調瞭解每一生產過程的「準確成本」和生產中機器損耗的重

要性。

在 1890 年以前，大多數工廠是通過簡單地修改貿易帳戶來計算工廠費用的，因為那時的首要目標是計算中期利潤，而不是計算產品成本。那時大多數工廠還不知道通過分類帳反應成本流程的概念，沒有嚴格區分車間製造費用和公司商業費用，也忽視了運用成本帳戶確定公司半成品和產成品之間適當的存貨數量。

19 世紀 80 年代到 20 世紀初，成本計算方法和成本理論研究獲得了大豐收。在這一時期，人們發現了把工廠分類帳和總分類帳聯繫起來的方法；對涉及處理和記錄工廠原材料的問題進行了深入的研究，包括把原材料價值轉移到產品中的問題；對勞動力成本的記錄和分攤（到每一單位產品中去）的問題進行了全面的探討；開始認真考慮包括在產品工廠成本中的製造費用項目，初步涉及今天在彈性費用預算中廣泛應用的固定成本和變動成本的劃分。

1900—1915 年，成本會計側重於改進成本流程各階段的成本計算方法和研究如何根據事先確定的費率解決撥款問題。與后來問題緊密相關的是關於工廠閒置生產能力處理問題的爭論，在認識到工廠閒置生產時間之前，事先確定的費率引起了人們的極大興趣，越來越多權威人士論述根據實踐估計費率問題。例如，一位會計學者建議，應該根據經營情況確定費率。

在 20 世紀早期的幾年裡，科學管理倡導者的思想影響著成本會計的發展，他們主張根據企業生產能力而不是依據企業實際產量確定適用費率。早在 1903 年，人們就把企業生產能力和企業實際產量之間的區別稱為「死費」，這種思想深化了對成本本質的認識，為后來的研究開闢了道路。

到 1915 年，工廠成本會計的基本結構已經建立起來，隨後人們的研究集中在利息分配、標準成本計算、成本分析、成本控制、彈性預算和其他特殊目的的成本上。

【思考與練習】

一、單項選擇題

1. 成本會計是會計的一個分支，是一種專業會計，其對象是（　　）。
   A. 企業　　　　　　　　　　B. 成本
   C. 資金　　　　　　　　　　D. 會計主體
2. 成本會計最基本的職能是（　　）。
   A. 成本預測　　　　　　　　B. 成本決策
   C. 成本核算　　　　　　　　D. 成本考核
3. 成本會計的環節是指成本會計應做的幾個方面的工作，其基礎是（　　）。
   A. 成本控制　　　　　　　　B. 成本核算
   C. 成本分析　　　　　　　　D. 成本考核
4. 成本會計的一般對象可以概括為（　　）。
   A. 各行業企業生產經營業務的成本

B. 各行業企業有關的經營管理費用
   C. 各行業企業生產經營業務的成本和有關的經營管理費用
   D. 各行業企業生產經營業務的成本、有關的經營管理費用和各項專項成本
5. 實際工作中的產品成本是指（　　）。
   A. 產品的生產成本
   B. 產品生產的變動成本
   C. 產品所耗費的全部成本
   D. 生產中耗費的用貨幣額表現的生產資料價值
6. 產品成本是指（　　）。
   A. 企業為生產一定種類、一定數量的產品所支出的各種生產費用的總和
   B. 企業在一定時期內發生的，用貨幣額表現的生產耗費
   C. 企業在生產過程已經耗費的、用貨幣額表現的生產資料的價值
   D. 企業為生產某種、類、批產品所支出的一種特有的費用
7. 根據產品的理論成本，不應計入產品成本的是（　　）。
   A. 生產管理人員工資　　　　B. 廢品損失
   C. 生產用動力　　　　　　　D. 設備維修費用
8. 所謂理論成本，就是按照馬克思的價值學說計算的成本，它主要包括（　　）。
   A. 已耗費的生產資料轉移的價值
   B. 勞動者為自己勞動所創造的價值
   C. 勞動者為社會勞動所創造的價值
   D. 已耗費的生產資料轉移的價值和勞動者為自己勞動所創造的價值
9. 正確計算產品成本，應該做好的基礎工作是（　　）。
   A. 各種費用的分配　　　　　B. 正確劃分各種費用界線
   C. 建立和健全原始記錄工作　D. 確定成本計算對象
10. 集中核算方式和分散核算方式是指（　　）的分工方式。
   A. 企業內部各級成本會計機構　B. 企業內部成本會計職能
   C. 企業內部成本會計對象　　　D. 企業內部成本會計任務

一、多項選擇題

1. 產品的理論成本是由產品生產所耗費的若干價值構成，包括（　　）。
   A. 剩餘價值
   B. 勞動者為社會創造的價值
   C. 生產中消耗的生產資料價值
   D. 勞動者為自己的勞動創造的價值
   E. 勞動者為社會創造的價值
2. 成本會計的環節是指成本會計工作應該做好的幾個方面，具體包括（　　）。
   A. 成本的預測和決策　　　　B. 成本的核算和控制
   C. 成本的考核和分析　　　　D. 成本的計劃

E. 設置成本核算機構
3. 現代成本會計的對象，應該包括各行業企業的（　　）。
   A. 生產經營業務成本　　　　　B. 經營管理費用
   C. 專項成本　　　　　　　　　D. 機會成本
   E. 可控成本
4. 企業成本會計工作組織有集中工作方式和分散工作方式兩種，具體應用哪一種方式應考慮的因素有（　　）。
   A. 企業規模大小
   B. 成本會計人員的數量和素質
   C. 是否有利於成本會計作用的發揮
   D. 經營管理的要求
   E. 是否有利於提高工作效率
5. 成本會計的基礎工作中，要建立健全的原始記錄主要包括（　　）。
   A. 材料物資方面的原始記錄　　　B. 勞動資源方面的原始記錄
   C. 設備使用方面的原始記錄　　　D. 費用開支方面的原始記錄
   E. 員工考勤方面的原始記錄

三、判斷題

（　）1. 在成本會計的各個環節中，成本預測是基礎，沒有成本預測，其他環節都無法進行，因而也就沒有了成本會計。

（　）2. 在進行成本預測、成本決策和編製成本計劃的過程中，也應進行成本控制，這種成本控制又稱成本的事後控制。

（　）3. 企業生產經營活動的原始記錄是進行成本預測、編製成本計劃、進行成本核算的依據。

（　）4. 因為成本是產品價值的組成部分，所以成本必然會通過銷售收入得到補償。

（　）5. 從理論上講，商品價值中的補償部分，就是商品的理論成本。

（　）6. 成本會計的決策職能是預測職能的前提。

（　）7. 工業企業發生的各項費用都應計入產品成本。

（　）8. 實際工作中，確定成本的開支範圍應以成本的經濟實質為理論依據。

（　）9. 產品成本也就是產品的製造成本。

（　）10. 產品成本是生產產品時發生的各種製造費用之和。

第二章　成本核算的一般程序和方法

【案例導入】

　　ABC 公司 5 月份有關費用資料如下：生產耗用原材料 80,000 元，輔助材料 1,000 元，燃料 2,000 元，電費 5,000 元，生產工人工資 10,000 元，車間管理人員工資 5,000 元，車間辦公費 500 元，生產用機器修理費 500 元，企業管理人員工資 40,000 元，電話費 1,000 元，支付購買原材料所借款項 100,000 元的利息 5,000 元，支付購買車間用設備所借款項 500,000 元的利息 30,000 元，固定資產報廢清理損失 1,000 元。企業成本會計人員將此費用的分類內容列示如下：

生產經營管理費用	190,000 元
生產費用	15,000 元
產品成本	104,000 元
期間費用	55,000 元

　　請用產品成本核算要求中「正確劃分各種費用界線」的要求來評價該企業成本會計人員的費用分類項目的數額是否正確，並說明原因。

【內容提要】

　　成本核算是成本會計最基本的職能，也是成本會計最主要的內容。本章主要闡述成本核算的基本要求、成本費用的分類、成本核算的一般程序和帳戶設置、成本核算的方法體系。本章主要為后面章節提供理論支撐。

第一節　成本核算的基本要求

　　成本核算不僅是成本會計的基本任務，同時也是企業經營管理的重要組成部分。因此，為了充分發揮成本核算的作用，在成本核算工作中，應當實現以下要求：

一、嚴格遵守國家規定的成本開支範圍和費用開支標準

　　成本開支範圍是國家對企業在生產過程中發生的各種支出是否應當計入成本所做的相關規定。如企業為生產某種產品所發生的各項費用應當列入產品成本；企業進行基本建設購入固定資產等與企業正常生產經營活動無關的費用支出，不列入產品成本。

　　費用開支標準是對某些費用支出的數額、比例做出的具體規定，如固定資產和低值易耗品的劃分標準、業務招待費的提取比例等，都應根據國家規定的標準開支，不

能突破這個標準。

二、正確劃分各項費用界線

在進行成本核算時，不得亂攤成本，應當正確劃清以下幾個方面的界線：

(一) 正確劃分計入產品成本與不計入產品成本的費用界線

一般而言，企業用於產品生產的生產費用，應計入產品成本。期間費用不應分配計入產品成本，應當直接計入當期損益。與生產經營無關的營業外支出不應列入產品成本，應當計入當期損益。用於購建固定資產、無形資產的資本性支出應分期計入產品成本或期間費用，不應在發生當期直接列入產品成本；在利潤分配中發生的分配性支出已退出了企業資金的循環過程，亦不應列入產品成本。

(二) 正確劃分各個月份的生產費用界線

本月發生的生產費用，應在本月內入帳，不得延至下月入帳；企業不應未到月末就提前結帳，變相地將本月生產費用的一部分轉作下月生產費用處理。如本月支付，但屬於以後各月受益，由以後各月產品成本負擔的生產費用應當遞延到以後各月進行分配，計入產品成本；如本月未支付，但本月已受益，由本月產品成本負擔的生產費用應計入本月的產品成本中。

(三) 正確劃分各種產品的生產費用界線

對於本期的生產費用還應在各種產品之間劃分清楚。對於某種產品單獨發生、能夠直接計入該種產品成本的費用，應直接計入該種產品成本。對於幾種產品共同發生、不能直接計入某種產品成本的費用，應採用適當的分配方法，分配計入這各種產品成本中。

(四) 正確劃分完工產品與在產品的生產費用界線

在計算產品成本時，應當將本期生產費用在完工產品與月末在產品之間採用適當的方法予以分配，分別計算完工產品成本和月末在產品成本。如月末計算產品成本時，某種產品全部完工，該種產品的各項生產費用之和為產品的完工產品成本；如某種產品月末尚未完工，該種產品的各項費用之和則為該產品的月末在產品成本。

三、正確確定財產物資的計價和價值結轉方法

產品成本是對象化的生產費用，是生產經營活動過程中物化勞動和活勞動的貨幣表現。其中，物化勞動絕大部分是生產資料，其價值隨著生產過程的進行而轉移到產品成本中去。這些計價和價值結轉的方法直接影響產品成本的計算，如固定資產原值的計算方法、折舊方法、折舊率的計算，固定資產修理費用的處理等。因此，為正確計算產品成本，對於財產物資的計價和價值結轉的方法應做到合理、簡便。對國家有統一規定的，應採用國家統一規定的方法，防止任意改變計價和價值結轉方法。

四、做好各項基礎工作

企業應重視建立健全有關成本核算的原始記錄，制定必要的消耗定額，建立健全材料物資的計量、收發、領退和盤點制度，制定內部結算價格和結算辦法。這具體包括以下幾項基礎工作：

（一）原始記錄制度

原始記錄是按照規定的格式，對企業生產經營活動中具體事實所做的最初記載，反應企業活動情況的第一手材料。因此，企業應制定既符合各方面管理需要，又符合成本核算要求的原始記錄，如記載機器設備等固定資產的轉移單、報廢清理單以及企業進行的各項工程竣工驗收單等有關固定資產的原始記錄。

（二）計量驗收記錄

企業財產物資的收發、領退、在產品、半成品的內部轉移和產成品的入庫，必須經過一定的審批手續，認真計量、驗收或交接，並填製相應的憑證。企業對庫存的材料、半成品和產成品以及車間的在產品和半成品，應按照規定進行盤點、清查，防止丟失、積壓、損壞、變質和被貪污、盜竊。

（三）定額管理制度

企業應當建立和健全定額管理制度，凡是能夠確定定額的各種消耗，都應指定先進、合理、切實可行的消耗定額，並隨著生產的發展、技術的進步、勞動生產率的提高，不斷修訂消耗定額。同時，企業產品的各項消耗定額是編製成本計劃、分析考核成本水平的依據，在計算產品成本時，一般要用產品的原材料和工時的定額消耗量或定額費用作為分配費用的標準。

（四）企業內部價格制度

在計劃管理基礎較好的企業中，為了分清企業內部各單位的經濟責任，便於分析和考核企業內部各單位成本計劃的完成情況和管理業績，應對原材料、半成品、廠內各車間相互提供的勞務（如運輸、修理勞務等）制定廠內計劃價格，作為企業內部結算和考核的依據。廠內計劃價格要結合實際，保持相對穩定，一般在年度內不變。通常，在制定了廠內計劃價格的企業中，各項原材料的耗用、半成品的轉移，以及各車間與部門之間相互提供勞務等，應首先按計劃價格結算。月末計算產品實際成本時，再在計劃價格成本的基礎上，採用適當方法計算各產品應負擔的價格差異（如材料成本差異），將產品的計劃價格成本調整為實際成本。

五、選擇適當的成本計算方法

為了加強成本管理，在計算產品成本時應按照產品生產特點，同時考慮管理要求，選用適當的成本計算方法，為成本管理提供與決策相關的成本信息。

第二節　成本費用的分類

企業生產經營過程中的耗費是多種多樣的，為了科學地進行成本管理，正確計算產品成本，應對各種費用進行合理分類。費用可按不同的標準進行分類，其中最基本的分類是按經濟內容和經濟用途分類。

一、費用按經濟內容分類

企業的生產經營過程，也是物化勞動（勞動對象和勞動手段）和活勞動的耗費過程，因而生產經營過程中發生的費用，按其經濟內容分類，可劃分為勞動對象方面的費用、勞動手段方面的費用和活勞動方面的費用三大類。這三類可以稱為費用的三大要素。為了具體反應各種費用的構成和水平，還應在此基礎上，將其進一步劃分為以下 8 種費用要素（所謂費用要素，就是費用按經濟內容的分類）：

第一，外購材料，即企業為進行生產經營而耗用的一切從外單位購進的原料及主要材料、半成品、輔助材料、包裝物、修理用備件和低值易耗品等。

第二，外購燃料，即企業為進行生產經營而耗用的一切從外單位購進的各種燃料，包括固體、液體和氣體燃料。

第三，外購動力，即企業為進行生產經營而耗用的一切從外單位購進的各種動力，包括熱力、電力和蒸汽等。

第四，人工費用，即企業應計入產品成本和期間費用的支付給職工服務對價。

第五，折舊費，即企業按照規定的固定資產折舊方法計算提取的折舊費用。

第六，利息支出，即企業應計入財務費用的借入款項的利息支出減利息收入后的淨額。

第七，稅費，即企業應繳納的各種稅費用，如房產稅、車船使用稅、土地使用稅、印花稅等。

第八，其他支出，即不屬於以上各要素費用但應計入產品成本或期間費用的費用支出，如差旅費、租賃費、外部加工費以及保險費等。

按照以上費用要素反應的費用，稱為要素費用。將費用劃分為若干要素分類核算的作用如下：

第一，可以反應企業一定時期內在生產經營中發生了哪些費用，數額各是多少，據以分析企業各個時期各種費用的構成和水平。

第二，可以反應企業生產經營中外購材料和燃料費用以及職工工資的實際支出，可為企業核定儲備資金定額、考核儲備資金的週轉速度以及編製材料採購資金計劃和勞動工資計劃提供資料。

這種分類的缺點是不能說明各項費用的用途，不便於分析各種費用的支出是否節約、合理。

二、費用按經濟用途分類

工業企業在生產經營中發生的費用，首先可以分為計入產品成本的生產費用和直接計入當期損益的期間費用兩類。

(一) 生產費用按經濟用途分類

為具體反應計入產品成本的生產費用的各種用途，提供產品成本構成情況的資料，還應將其進一步劃分為若干個項目，即產品生產成本項目（簡稱產品成本項目或成本項目）。工業企業一般應設置以下幾個成本項目：

（1）直接材料。直接材料是指直接用於產品生產，構成產品實體的原料，包括主要材料和有助於產品形成的輔助材料費用。

（2）燃料及動力。燃料及動力是指直接用於產品生產的各種燃料和各種動力費用。

（3）直接人工。直接人工是指企業支付給直接參加產品生產的工人的服務對價。

（4）製造費用。製造費用是指間接用於產品生產的各項費用以及一些雖直接用於生產但不能直接計入產品成本，沒有專設成本項目的費用，如機器設備的折舊費。

企業可根據生產特點和管理要求對上述成本項目做適當調整。對於管理上需單獨反應、控制和考核的費用，以及產品成本中所占比重較大的費用，應專設成本項目；否則，為了簡化核算，不必專設成本項目。

(二) 期間費用按經濟用途分類

工業企業的期間費用按照經濟用途可分為銷售費用、管理費用和財務費用。

（1）銷售費用。銷售費用也稱營業費用，是指企業在產品銷售過程中發生的費用以及為銷售產品而專設的銷售機構的各項費用。銷售費用包括運輸費、裝卸費、包裝費、保險費、展覽費、廣告費和銷售人員的工資福利費。

（2）管理費用。管理費用是指企業為組織和管理生產經營所發生的各項費用，包括企業的董事會和行政管理部門在企業的經營管理中發生的，或者應由企業統一負擔的公司經費，如行政管理部門職工工資、修理費、工會經費、待業保險費、聘請仲介機構費等。

（3）財務費用。財務費用是指企業為籌集生產經營所需資金而發生的各項費用，如利息支出（利息收入）、匯兌損失（匯兌收益）以及相關的手續費等。

三、費用的其他分類

(一) 費用按與生產工藝的關係分類

計入產品成本的各項生產費用按與生產工藝的關係可分為直接生產費用和間接生產費用。直接生產費用是指由於生產工藝本身引起的、直接用於產品生產的各項費用，如原料費用、主要材料費用、生產工人工資和機器設備折舊費等。間接生產費用是指與生產工藝沒有聯繫，間接用於產品生產的各項費用，如機物料的消耗、輔助工人工資和車間廠房的折舊費等。

(二) 費用按計入產品成本的方法分類

計入產品成本的各項生產費用，按計入產品成本的方法，可分為直接計入費用和間接計入費用。直接計入費用也稱為直接費用，是指可以分清哪種產品所耗用、可直接計入某種產品的費用。間接計入費用也稱為間接費用，是指不能分清哪種產品所耗用、不能直接計入某種產品成本，而必須按照一定標準分配計入有關的各種產品成本的費用。

此外，費用還有其他的分類方法，如費用按與產量的關係可分為變動費用（變動成本）和固定費用（固定成本）。

第三節　成本核算的一般程序和帳戶設置

一、成本核算的一般程序

成本核算的一般程序是指對企業在生產經營過程中發生的各項生產費用和期間費用，按照成本核算的要求，逐步進行歸集和分配，最后計算出各種產品的生產成本和各項期間費用的基本過程。根據前述成本核算要求和生產費用、期間費用的分類，可將成本核算的一般程序歸納如下：

(一) 確定成本計算對象

成本計算對象是生產費用的承擔者，是指為計算產品成本而確定的歸集和分配生產費用的各個對象。確定成本計算對象是計算產品成本的前提。企業的生產特點及成本管理要求不同，企業成本計算對象也就不同。對於工業企業而言，產品成本計算的對象包括產品品種、產品批別和產品的生產步驟三種。企業應當根據自身的生產特點和管理要求，選擇合適的產品成本計算對象。

(二) 確定成本項目

成本項目是指生產費用要素按照經濟用途劃分的若干項目。通過成本項目，可反應成本的經濟構成以及產品生產過程中不同資金耗費情況。企業為滿足成本管理需要，可在直接材料、直接人工、製造費用三個成本項目的基礎上進行必要的調整，如增設「燃料與動力」「廢品損失」「停工損失」等成本項目。

(三) 確定成本計算期

成本計算期是指生產費用計入產品成本所規定的起止日期。產品成本計算期的確定主要取決於企業生產組織的特點。一般情況下，在大量、大批生產情況下，由於生產活動連續不斷進行，只能按月定期計算產品成本，產品成本的計算期與會計分期一致；在單件、小批生產情況下，產品成本的計算期與會計分期往往不一致，而與產品的生產週期一致。

(四) 審核和控制生產費用

審核和控制生產費用主要是指企業要嚴格按照國家規定的成本開支範圍和費用開支標準，確定各項費用是否應該開支，開支的費用是否應該計入產品成本。

(五) 生產費用的歸集和分配

生產費用的歸集和分配是指將應計入本月產品成本的各種生產費用在相關產品之間，按照成本項目進行分配和歸集，計算各種產品成本。生產費用歸集和分配的原則是直接用於產品生產發生的各項直接生產費用，應當直接計入該種產品成本；為產品生產發生的間接生產費用，可先按發生地點和用途進行歸集匯總，再分配計入受益產品。產品成本的計算過程也是生產費用的歸集、分配和匯總過程。

(六) 計算完工產品和月末在產品成本

對於月末既有完工產品又有在產品的產品，將該種產品的生產費用（月初在產品生產費用與本月生產費用之和）在完工產品與月末在產品之間進行分配，計算出該種產品的完工產品成本和月末在產品成本。

二、成本核算的主要會計帳戶

為了進行成本核算，企業一般應設置「基本生產成本」「輔助生產成本」「製造費用」「長期待攤費用」「銷售費用」「管理費用」「財務費用」等帳戶。如果企業需要單獨核算生產損失，還應設置「廢品損失」「停工損失」帳戶。

(一) 「基本生產成本」帳戶

基本生產成本是基本生產車間發生的成本，包括直接人工、直接材料和製造費用，為歸集基本生產發生的各項費用，計算基本生產產品的成本，應設置「基本生產成本」帳戶。該帳戶借方登記企業為進行基本生產而發生的各種費用；貸方登記轉出完工入庫的產品成本；余額在借方，表示基本生產的在產品成本。

「基本生產成本」帳戶按產品品種、產品批別、生產步驟等成本計算對象開設產品成本明細帳（也稱產品成本計算單或基本生產明細帳）。其格式及舉例如表 2-1 和表 2-2 所示。

表 2-1　　　　　　　　　　　基本生產成本明細帳

車間名稱：第一車間　　　　　　201×年　　　　　　產品名稱：A 產品

月	日	摘要	產量（件）	成本項目（元）			成本合計（元）
				直接材料	直接人工	製造費用	
8	31	本月生產費用		24,000	1,200	8,600	33,800
8	31	本月完工產品成本	100	24,000	1,200	8,600	33,800
8	31	完工產品單位成本		240	12	86	338

表 2-2　　　　　　　　　　　基本生產成本明細帳

車間名稱：第一車間　　　　　　　　201×年　　　　　　　　　產品名稱：B 產品

月	日	摘要	產量（件）	直接材料	直接人工	製造費用	成本合計（元）
8	1	月初在產品成本		44,000	3,600	20,000	67,600
8	31	本月生產費用		270,000	21,000	120,000	411,000
8	31	生產費用累計		314,000	24,600	140,000	478,600
8	31	本月完工產品成本	200	194,000	13,600	86,000	293,600
8	31	完工產品單位成本		970	68	430	1,468
8	31	月末在產品成本		120,000	11,000	54,000	185,000

（二）「輔助生產成本」帳戶

輔助生產是企業為基本生產提供服務而進行的產品生產和勞務供應。為歸集輔助生產車間發生的各種生產費用，計算輔助生產車間所提供的產品和勞務的成本，應設置「輔助生產成本」帳戶。該帳戶借方登記為進行輔助生產而發生的各種費用；貸方登記完工入庫的產品成本或分配轉出的勞務成本；餘額在借方，表示輔助生產的在產品成本。

「輔助生產成本」帳戶按輔助生產車間和生產的產品和勞務開設明細帳。

（三）「製造費用」帳戶

「製造費用」帳戶核算企業為生產產品和提供勞務而發生的各項間接費用，費用發生時計入該帳戶借方。月末，將「製造費用」帳戶歸集的費用，按照一定的分配標準計入有關成本計算對象，從「製造費用」帳戶貸方轉入「基本生產成本」帳戶或「輔助生產成本」帳戶借方。

「製造費用」帳戶按不同車間或部門開設明細帳。

第四節　成本核算的方法體系

一、成本核算的方法體系

成本核算就是按照成本計算對象分配和歸集生產費用，計算其總成本和單位成本的過程。成本計算對象是構成產品成本核算方法的主要標誌，形成了以品種法、分批法和分步法為基本方法，以分類法和定額法等為輔助方法的核算方法體系。

（一）成本核算的基本方法

1. 品種法

品種法是以產品品種為成本計算對象，歸集生產費用計算產品成本的一種方法，

一般適用於單步驟的大量生產，如發電、採掘等，也可用於管理上不要求分步驟計算成本的多步驟的大量、大批生產，如小型造紙廠、水泥廠等。

2. 分批法

分批法是以產品批別為成本計算對象，歸集生產費用計算產品成本的一種方法，適用於單件、小批的單步驟生產或管理上不要求分步驟計算成本的多步驟生產，如修理作業、專用工具模具製造、重型機器製造、船舶製造等。

3. 分步法

分步法是以產品生產步驟為成本計算對象，歸集生產費用計算產品成本的一種方法，適用於大量、大批的多步驟生產，如紡織、冶金、機械製造等。

這三種方法之所以歸屬為產品成本的基本方法，是因為這三種方法與不同生產類型的特點有著直接聯繫，而且涉及成本計算對象的確定。概括所有的工業企業，不論哪一種生產類型，進行成本核算所採用的基本方法，不外乎就是這三種方法之一。

(二) 成本核算的輔助方法

1. 分類法

分類法是按產品類別歸集生產費用，計算成本，然后按一定標準分配計算每類產品內各種產品成本的一種方法。分類法與產品的生產類型沒有直接聯繫，可以在各種類型生產中應用，如針織廠、燈泡廠等。

2. 定額法

定額法是為了及時核算和監督實際生產費用和產品成本定額脫離的差異，加強定額管理和成本控制而採用的產品成本計算方法。定額法適用於企業管理制度較健全、定額管理基礎較好、產品的生產已經定型、消耗定額較準確和穩定的企業。

成本核算的輔助方法與生產類型的特點沒有直接聯繫，不涉及成本計算對象，他們的應用或者是為了簡化成本核算工作，或者是為了加強成本管理，只要具備條件，在哪種生產類型企業都能用。

需要特別說明的是，產品成本計算的基本方法和輔助方法的劃分是從計算產品實際成本角度考慮的，並不是因為輔助方法不重要。相反，有的輔助方法，如定額法，對於控制生產費用和降低產品成本，具有重要的作用。

以上講述的五種產品成本核算方法是目前我國成本核算實際工作中較為廣泛使用的幾種主要方法。

【思考與練習】

一、單項選擇題

1. 下列各項中，屬於產品生產成本項目的是（　　　）。
   A. 外購動力費用　　　　　　　B. 製造費用
   C. 工資費用　　　　　　　　　D. 折舊費用

2. 以下屬於產品成本項目的是（　　）。
   A. 外購材料費用　　　　　　　　B. 職工工資
   C. 折舊費用　　　　　　　　　　D. 製造費用
3. 下列應計入產品生產成本的費用是（　　）。
   A. 廣告費　　　　　　　　　　　B. 租入辦公設備的租賃費
   C. 生產工人工資　　　　　　　　D. 利息支出
4. 下列不能計入產品生產成本的費用是（　　）。
   A. 燃料及動力　　　　　　　　　B. 生產工人工資及福利費
   C. 車間管理人員的工資及福利費　D. 期間費用
5. 下列應計入產品成本的費用是（　　）。
   A. 職工教育經費　　　　　　　　B. 生產車間機器設備的修理費
   C. 技術服務部門設備的修理費　　D. 倉庫設備的修理費
6. 根據工業企業費用要素的劃分，下列各項中不屬於「外購材料」項目的有（　　）。
   A. 外購半成品　　　　　　　　　B. 外購包裝物
   C. 外購低值易耗品　　　　　　　D. 外購燃料
7. 可以計入「直接材料」成本項目的材料費用是（　　）。
   A. 為組織管理生產用的機物料
   B. 為組織管理生產用的低值易耗品
   C. 生產過程中間接耗用的材料
   D. 直接用於生產過程中的原材料
8. 下列不應計入產品成本的費用是（　　）。
   A. 直接用於產品生產構成產品實體的原材料
   B. 專設銷售機構人員的工資及福利費
   C. 生產車間固定資產的折舊費
   D. 生產過程中發生的廢品損失
9. 以下應計入工業企業經營管理費用的稅金是（　　）。
   A. 印花稅　　　　　　　　　　　B. 增值稅
   C. 營業稅　　　　　　　　　　　D. 代扣代繳職工個人所得稅
10. 企業生產費用是指（　　）。
    A. 企業在產品生產中由工藝技術過程直接引起的各項費用
    B. 企業在一定時期內發生的，用貨幣額表現的生產耗費
    C. 企業為生產一定種類的產品所支出的各種生產耗費
    D. 企業為生產一定數量的產品所支出的各種生產耗費
11. 下列各項中，屬於我國工業企業費用要素的是（　　）。
    A. 製造費用　　　　　　　　　　B. 期間費用
    C. 折舊費　　　　　　　　　　　D. 生產成本
12. 製造費用是指生產過程中發生的（　　）。

A. 間接生產費用

B. 間接計入費用

C. 應計入產品成本的各項生產費用

D. 應計入產品成本，未專設成本項目的各項生產費用

13. 為了簡化核算工作，製造費用的費用項目在設立時主要考慮的因素是（　　）。

　　A. 費用的性質是否相同　　　　B. 是否直接用於產品生產

　　C. 是否間接用於產品生產　　　D. 是否用於組織和管理生產

14. 企業為生產產品發生的原料及主要材料的耗費，應計入（　　）。

　　A. 基本生產成本　　　　　　　B. 輔助生產成本

　　C. 管理費用　　　　　　　　　D. 製造費用

15. 企業因生產產品、提供勞務而發生的各項間接費用，包括工資、福利費、折舊費等，屬於（　　）成本項目。

　　A. 管理費用　　　　　　　　　B. 製造費用

　　C. 直接人工　　　　　　　　　D. 直接材料

16. 用於生產產品構成品實體的原材料費用，應計入（　　）。

　　A. 基本生產成本　　　　　　　B. 製造費用

　　C. 廢品損失　　　　　　　　　D. 營業費用

17. 直接用於產品生產的燃料，應直接計入或者分配計入（　　）。

　　A. 製造費用　　　　　　　　　B. 管理費用

　　C. 財務費用　　　　　　　　　D. 基本生產成本

18. 生產車間耗用的物料費用，應貸記「原材料」帳戶，借記（　　）帳戶。

　　A.「基本生產成本」　　　　　 B.「預付帳款」

　　C.「輔助生產成本」　　　　　 D.「製造費用」

19. 生產費用要素中的稅金發生或支付時，應借記（　　）帳戶。

　　A.「生產成本」　　　　　　　 B.「製造費用」

　　C.「管理費用」　　　　　　　 D.「銷售費用」

20. 工業企業的各種費用按其經濟用途分類，主要作用在於（　　）。

　　A. 可以反應在一定時期內總共發生了哪些費用，數額各是多少

　　B. 可以為編製企業的材料採購資金計劃和勞動工資計劃提供資料

　　C. 可以為企業核定儲備資金定額和考核儲備資金週轉速度提供資料

　　D. 可以說明企業費用的具體用途，有利於核算與監督產品消耗定額和費用預算的執行情況，有利於加強成本管理和成本分析

二、多項選擇題

1. 為了正確計算產品成本，必須正確劃分（　　）。

　　A. 各種產品的費用界線　　　　B. 完工產品和在產品的費用界線

　　C. 盈利產品和虧損產品的費用界線　D. 應計入管理費用和財務費用的界線

　　E. 各個月份的費用界線

2. 下列（　　）項目是將費用按經濟用途劃分。
    A. 製造費用　　　　　　　　　B. 固定費用
    C. 直接材料　　　　　　　　　D. 間接費用
    E. 管理費用

3. 下列各項中，屬於生產費用要素的有（　　）。
    A. 利息費用　　　　　　　　　B. 折舊費用
    C. 實收資本　　　　　　　　　D. 外購材料
    E. 應付職工薪酬

4. 工業企業費用要素中的外購材料是指企業耗用的一切從外部購進的（　　）。
    A. 主要材料　　　　　　　　　B. 輔助材料
    C. 氣體燃料　　　　　　　　　D. 半成品
    E. 液體燃料

5. 下列各項中，屬於製造費用項目的有（　　）。
    A. 生產車間的辦公費　　　　　B. 生產車間管理用具的攤銷
    C. 自然災害引起的停工損失　　D. 生產車間管理人員的工資
    E. 生產設備的折舊費

6. 下列關於固定資產折舊計提範圍，正確的有（　　）。
    A. 提前報廢的固定資產，應補提折舊
    B. 房屋建築物不論使用與否，均應計提折舊
    C. 當月減少的固定資產，當月仍然計提折舊
    D. 當月增加的固定資產，當月不計提折舊
    E. 以經營性租賃方式租入的固定資產，不計提折舊

7. 製造費用（　　）。
    A. 可能是間接計入費用　　　　B. 可能是直接計入費用
    C. 一定是間接計入費用　　　　D. 一定是直接計入費用
    E. 可能其中一部分是直接計入費用，另一部分是間接計入費用

8. 生產費用要素中的稅金包括（　　）。
    A. 房產稅　　　　　　　　　　B. 車船使用稅
    C. 印花稅　　　　　　　　　　D. 土地使用稅
    E. 增值稅

9. 下列費用可以列作待攤費用的有（　　）。
    A. 預付保險費　　　　　　　　B. 預提固定資產的租金
    C. 繳納的印花稅　　　　　　　D. 固定資產修理費
    E. 出借、出租包裝物的攤銷

10. 下列項目中，應當計入財務費用的有（　　）。
    A. 利息支出　　　　　　　　　B. 匯兌損失
    C. 增值稅　　　　　　　　　　D. 借款手續費
    E. 待業保險費

三、判斷題

（　　）1. 在只生產一種產品的工業企業或車間中，直接生產費用和間接生產費用都可以直接計入該種產品成本，都是直接計入費用，這種情況下，沒有間接計入費用。

（　　）2. 對所計提的固定資產折舊，應全部計入產品成本。

（　　）3. 專設銷售機構的固定資產修理費用應作為期間費用，計入當期損益。

（　　）4. 固定資產折舊費是產品成本的組成部分，應該全部計入產品成本。

（　　）5. 企業計算出來的成本，既可以是實際成本，也可以是計劃成本。

（　　）6. 企業某一期間為生產產品發生的費用總額，不一定等於該會計期間產品成本的總額。

（　　）7. 產品成本項目是由國家統一規定的，任何企業不能變動。

（　　）8. 因為材料是產品成本的組成部分，所以企業各部門領用的材料，都應計入產品成本。

（　　）9. 生產人員、車間管理人員和技術人員的工資及福利費是產品成本的重要組成部分，應該直接計入各種產品成本。

（　　）10. 用於產品生產、照明、取暖的動力費用，應計入各種產品成本明細帳的「燃料及動力」成本項目。

第三章　生產成本核算

【案例導入】

ABC 公司的主要業務是生產冰箱，該公司設有四個生產部門：零配件生產分廠、裝配分廠、供電車間和維修車間，供電車間和維修車間這兩個勞務部門向全公司（包括兩個分廠）提供電力和維修服務。每個部門都設有一個部門負責人，並通過內部結算價格實行單獨核算，成為獨立成本中心。ABC 公司根據四個部門成本指標完成情況給予獎金獎勵。

年末，在 ABC 公司召開的由各部門負責人出席的下年度指標分析討論會上，ABC 公司的主管會計提出一項成本核算改革意見，即四個部門的成本都應加上接受公司內部其他勞務部門提供的勞務費用，包括兩個勞務部門之間相互提供勞務發生的費用。該主管會計同時認為兩個勞務部門的費用應按照預先制訂的計劃或定額成本進行分配，包括交互分配和對外分配，實際費用和計劃或定額成本之間的差額由管理費用負擔；另外，四個部門發生的材料和人工等費用也用計劃或定額成本歸集和分配。理由是這樣處理不僅方便核算，能及時提供信息，同時比較合理和科學，也有利於分清各個受益對象的經濟責任，便於分析考核。假如你是 ABC 公司的財務顧問，你認為該主管會計的意見如何？

【內容提要】

本章主要介紹了各項費用要素的歸集和分配，重點介紹了外購材料、外購動力、折舊費用、職工薪酬要素費用的歸集和分配方法；對輔助生產費用和製造費用的歸集和分配原則、方法進行了全面的介紹；在此基礎上，對月末完工產品和在產品之間的成本分配的方法也進行了詳細介紹。

本章主要內容包括產品成本構成要素的歸集與分配和生產費用在完工產品與在產品之間的歸集與分配，如表 3-1 和表 3-2 所示：

表 3-1　　　　　　　　產品成本構成要素的歸集與分配

各要素構成	分配方法
材料成本歸集與分配	定額消耗量比例法、定額費用比例法
外購動力費用歸集與分配	生產工時法、機器工時法、定額消耗量比例法
折舊費用及其他歸集分配	
職工薪酬歸集與分配	計時工資、計件工資下的分配

表3-1(續)

各要素構成	分配方法
輔助生產費用歸集與分配	直接分配法、交互分配法、計劃成本分配法、代數分配法、順序分配法
製造費用歸集與分配	生產工時分配法、生產工資比例分配法、機器工時比例法、年度計劃分配率法
生產損失歸集與分配	廢品損失核算（可修復廢品、不可修復廢品）、停工損失核算

表3-2　　　　　　　　　　　　在產品與產成品成本核算

生產費用在完工產品與在產品之間的歸集與分配	在產品忽略不計法
	在產品按固定成本計價法
	在產品按所耗原材料費用計價法
	約當產量法（重點掌握）
	在產品按完工產品計算法
	在產品按定額成本計價法
	在產品按定額比例計價法

第一節　各項費用要素的分配

一、費用要素分配的原則

　　生產過程中發生的各項生產費用應採用一定的方法進行歸集、分配，計入產品成本中。費用要素的歸集和分配，應首先將各種費用要素劃分為應計入產品成本的費用要素和不應計入產品成本的費用要素。對於應計入產品成本的費用要素，如果是專為某種產品所耗用，應根據其負擔的費用額直接計入某種產品成本；如果是幾種產品共同耗用，應先歸集費用，然后採用適當的方法分配計入各產品成本。因此，費用要素的分配原則可概述為凡是屬於直接費用，應直接計入產品成本；凡是屬於間接費用，經歸集后，分配計入產品成本。

　　對於只生產一種產品的企業，應計入產品成本的費用均為直接費用，直接計入該產品的成本。對於生產多種產品的企業，應區分具體情況分析，如果可以確定為某種產品所耗用則為直接費用，可直接計入該產品成本；若為幾種產品共同耗用，則為間接費用，需要採用一定的標準進行分配計入各產品成本。應注意的是，在分配間接費用時，應選擇合理的分配方法進行分配。所謂分配方法合理，是指分配所依據的標準與分配對象有比較密切的聯繫，因此分配結果比較準確、真實。分配間接費用的標準主要有三類：一是成果類，如產品的重量、體積、產量等；二是消耗類，如生產工時、機器工時、生產工人工資等；三是定額類，如定額消耗量、定額費用等。間接費用的

分配公式可以概括為：

$$費用分配率 = \frac{待分配費用總額}{分配標準總額}$$

某產品應分配的間接費用＝該產品的分配標準×費用分配率

各項要素費用的分配是通過編製各種費用分配表進行的，根據分配表據以登記各種成本、費用總帳和所屬明細帳。

二、材料費用的歸集與分配

(一) 材料費用的分配原則

材料是指企業生產經營過程中實際消耗的原料、輔助材料、半成品、修理用備件以及其他直接材料，它們是製造成本的主體。

直接材料的特點是在生產過程中被用來加工，構成產品實體，或有助於產品的形成，或為勞動工具所消耗，並且經過一個生產週期就要全部消耗或改變其原有的實物形態，其價值也一次、全部轉移到新的產品中去，構成產品價值的重要組成部分。無論是自製或是外購的材料，應根據審核后的領、退料憑證，按照材料的用途進行歸集和分配。

第一，對於直接用於產品生產、構成產品實體的原料和主要材料，通常分產品品種分別領用，可根據領料憑證直接計入某種產品成本的「直接材料」成本項目；對於由幾種產品共同耗用的原料和主要材料，應採用適當的分配方法，分配計入各有關產品成本的「直接材料」成本項目。

第二，直接用於產品生產的輔助材料，也參照主要材料直接或分配后計入某種產品的「直接材料」成本項目。

第三，直接用於輔助生產的原材料費用，應計入「輔助生產成本」總帳及其所屬明細帳的相應成本項目。

第四，用於基本生產車間管理用途的材料費用，應計入「製造費用」帳戶。

第五，用於廠部組織和管理生產經營活動等方面的材料費用，應計入「管理費用」帳戶。

第六，用於產品銷售的材料費用，應計入「銷售費用」帳戶。

(二) 材料費用的分配方法

對於幾種產品共同耗用的某種材料，應採用一定的標準分配計入。材料費用的分配標準很多，可按產品的重量比例、體積比例分配。如果材料的消耗定額比較準確，可以按照材料的定額消耗量比例或定額費用比例分配。

1. 定額消耗量比例法

按原材料定額消耗量比例分配原材料費用，其計算分配的程序如下：

某產品材料定額消耗量＝該產品的實際產量×單位產品材料定額消耗量

材料定額耗用量分配率＝原材料實際耗用總量÷各產品材料定額消耗量之和

某產品應分配的材料實際耗用量＝該產品材料定額耗用量×分配率

某產品應分配的材料費用＝該產品應分配的材料實際消耗量×材料單價

【例3-1】華康公司生產甲、乙兩種產品，共同耗用原材料120,000千克，每千克20元，共計2,400,000元（假設該原材料的實際價格和計劃價格一致）。華康公司生產甲產品2,400件，單件甲產品原材料消耗定額為60千克；生產乙產品1,600件，單件乙產品原材料消耗定額為30千克。原材料費用分配計算如下：

甲產品原材料定額消耗量＝2,400×60＝144,000（千克）
乙產品原材料定額消耗量＝1,600×30＝48,000（千克）
原材料消耗量分配率＝120,000÷（144,000+48,000）＝0.625（元／千克）
甲產品應分配原材料實際消耗量＝0.625×144,000＝90,000（千克）
乙產品應分配原材料實際消耗量＝0.625×48,000＝30,000（千克）
甲產品應分配的原材料費用＝90,000×20＝1,800,000（元）
乙產品應分配的原材料費用＝30,000×20＝600,000（元）

上述計算過程不僅可以提供每種產品應分配的材料費用金額資料，而且還可以得出每種產品耗用材料的實際數量，有利於材料的實物管理，但計算量較大。為了簡化計算，也可以採用材料定額消耗量的比例直接分配材料費用的方法，其計算公式如下：

原材料費用分配率＝原材料實際費用總額÷各種產品原材料定額消耗量之和
某產品應分配的材料費用＝該產品材料定額消耗量×材料費用分配率

仍以【例3-1】資料為基礎，原材料費用分配計算如下：

材料費用分配率＝2,400,000÷（144,000+48,000）＝12.5（元／千克）
甲產品應分配的原材料費用＝144,000×12.5＝1,800,000（元／千克）
乙產品應分配的原材料費用＝48,000×12.5＝600,000（元／千克）

2. 定額費用比例法

在生產多種產品或多種產品共同耗用多種原材料費用的情況下，可採用按定額費用比例分配原材料費用，其計算分配的程序如下：

某種產品原材料定額費用＝該種產品實際產量×單位產品原材料費用定額
原材料費用分配率＝各種產品原材料實際費用總額÷各種產品原材料定額費用總額
某種產品應分配的實際原材料費用＝該種產品原材料定額費用×原材料費用分配率

【例3-2】華康公司生產甲、乙兩種產品，共同領用A、B兩種主要材料，共計75,240元。本月共生產甲產品300件，乙產品240件。甲產品材料消耗定額為A材料12千克，B材料16千克；乙產品材料消耗定額為：A材料18千克，B材料10千克。A材料單價20元，B材料單價16元。原材料費用分配計算如下：

甲產品材料定額費用＝300×12×20+300×16×16＝148,800（元）
乙產品材料定額費用＝240×18×20+240×10×16＝124,800（元）
材料費用分配率＝75,240÷（148,800+124,800）＝0.275（元／千克）
甲產品應分配材料費用＝148,800×0.275＝40,920（元）
乙產品應分配材料費用＝124,800×0.275＝34,320（元）

(三) 材料費用分配的帳務處理

在實際工作中，各種材料費用的分配是通過編製「原材料費用分配表」進行的，

原材料費用分配表是按車間、部門和原材料的類別來編製的。原材料費用分配表的格式如表3-3所示：

表3-3　　　　　　　　　　　　原材料費用分配表
201×年6月

分配對象		分配計入			直接計入（元）	費用合計（元）
		定額消耗量（千克）	分配率（元/千克）	分配金額（元）		
基本生產成本	甲產品	144,000	12.5	1,800,000	200,000	2,000,000
	乙產品	48,000	12.5	600,000	160,000	760,000
	小計	192,000	12.5	2,400,000	360,000	2,760,000
輔助生產成本	機修車間				30,000	30,000
製造費用	基本車間				2,500	2,500
	機修車間				1,000	1,000
管理費用					1,000	1,000
銷售費用					1,500	1,500
合計		192,000		2,400,000	396,000	2,796,000

借：基本生產成本——甲產品　　　　　　　　　　　　2,000,000
　　　　　　　　　——乙產品　　　　　　　　　　　　　760,000
　　輔助生產成本——機修車間　　　　　　　　　　　　　 30,000
　　製造費用——基本車間　　　　　　　　　　　　　　　　2,500
　　　　　　——機修車間　　　　　　　　　　　　　　　　1,000
　　管理費用　　　　　　　　　　　　　　　　　　　　　　1,000
　　銷售費用　　　　　　　　　　　　　　　　　　　　　　1,500
　　貸：原材料　　　　　　　　　　　　　　　　　　　2,796,000

三、燃料費用的歸集與分配

燃料實際上也是材料，因此燃料費用的歸集和分配與材料費用的歸集和分配方法大致相同。如果燃料在產品成本中比重較大時，可以和動力費一起單設「燃料及動力」成本項目，還應增設「燃料」會計科目，以便單獨核算燃料的收、發、存情況。在單設「燃料及動力」成本項目情況下，其分配的處理原則如下：

第一，基本生產車間用於產品生產的燃料費用，如果可以分清由哪種產品耗用的，應直接計入該產品的「基本生產成本」及所屬「燃料及動力」成本項目中；如果是幾種產品共同耗用的燃料，屬於間接計入費用，應採用適當的分配方法，在各種產品之間分配后，再計入各種產品的「基本生產成本」及所屬「燃料及動力」成本項目中。

第二，輔助生產車間耗用的燃料，應計入「輔助生產成本」及所屬「燃料及動

力」成本項目中。

第三，間接用於生產以及企業管理和銷售部門的燃料費用，應分別計入「製造費用」「管理費用」和「銷售費用」中。

四、外購動力費用的歸集與分配

動力費用是企業在生產經營過程中消耗電力、熱力等而形成的費用。企業消耗的動力可以通過外購取得，也可以自製即通過輔助生產車間提供。自製部分是通過輔助生產組織核算，在此並不涉及。

外購動力在有儀器儀表記錄的情況下，按儀器儀表顯示的耗用數量和外購動力單價計算；對於沒有儀器儀表記錄的產品、車間或部門，按一定的分配標準計算分配。其分配標準有生產工時、機器功率時數、定額消耗量等。下面以外購電力來說明外購動力費用的分配過程。

通常來說，各車間、部門的動力用電和照明用電一般都分別裝有電表，其外購電力費用可按電表度數分配。車間中的動力用電，一般無法按產品分裝電表，因此車間動力電費在各種產品之間一般按產品的生產工時比例、機器工時比例、定額耗電量比例等進行分配。

電力費用分配率＝外購電力費用總額÷各車間、部門電力度數總和

某車間、部門應分配的電費＝該車間、部門用電度數×電力費用分配率

某車間產品用電費用分配率＝該車間動力用電費用÷該車間各產品生產工時（或其他標準）之和

某產品應分配動力用電費用＝該產品分配標準×該車間產品用電費用分配率

直接用於產品生產和輔助生產的外購動力費，應分別計入「基本生產成本」和「輔助生產成本」帳戶及所屬「燃料及動力」成本項目；間接用於產品生產以及企業管理部門、銷售部門的動力費應分別計入「製造費用」「管理費用」和「銷售費用」帳戶。

【例3-3】華康公司201×年6月外購電費一共44,000元，每度電0.4元。直接用於A、B兩種產品生產的耗電85,500度，金額34,200元。按機器工時比例分配，A產品機器工時為11,100小時，B產品機器工時為6,000小時。該公司的外購電費分配如表3-4所示：

表3-4　　　　　　　　　　外購電費分配表
201×年6月

分配對象		成本項目	機器工時（小時）	工時分配率（元/小時）	度數（度）	單位電費（元/度）	金額（元）
基本生產成本	A產品	燃料及動力	11,100	2			22,200
	B產品	燃料及動力	6,000	2			12,000
小計			17,100	2	85,500	0.4	34,200

表3-4(續)

分配對象		成本項目	機器工時（小時）	工時分配率（元/小時）	度數（度）	單位電費（元/度）	金額（元）
輔助生產成本	供水	燃料及動力			7,500	0.4	3,000
	機修	燃料及動力			5,000	0.4	2,000
小計					12,500		5,000
製造費用		水電費			6,000	0.4	2,400
管理費用		水電費			3,500	0.4	1,400
銷售費用		水電費			2,500	0.4	1,000
合計					110,000		44,000

其中，A、B產品動力費用分配如下：

動力費用分配率＝34,200÷（11,100＋6,000）＝2（元/小時）

A產品動力費用＝11,100×2＝22,200（元）

B產品動力費用＝6,000×2＝12,000（元）

根據外購動力費用分配表，編製以下會計分錄：

借：基本生產成本——A產品　　　　　　　　　　　　22,200
　　　　　　　　　　——B產品　　　　　　　　　　　　12,000
　　輔助生產成本——供水車間　　　　　　　　　　　　3,000
　　　　　　　　　——機修車間　　　　　　　　　　　　2,000
　　製造費用　　　　　　　　　　　　　　　　　　　　2,400
　　管理費用　　　　　　　　　　　　　　　　　　　　1,400
　　銷售費用　　　　　　　　　　　　　　　　　　　　1,000
　　貸：應付帳款（銀行存款）　　　　　　　　　　　　44,000

五、折舊費用的歸集與分配

固定資產在使用過程中由於損耗而減少的價值就是固定資產折舊，應計入產品成本或期間費用。折舊費用的歸集和分配是通過分車間、分部門編製的「折舊費用分配表」來進行的（見表3-5），並據以編製記帳憑證，登記帳簿。

應注意的是，在產品生產過程中使用的機器設備的折舊費用雖然是直接用於產品生產，但一般屬於分配工作比較複雜的間接計入費用，為了簡化核算，沒有專設成本項目，而是與生產車間的其他固定資產折舊費一起計入「製造費用」帳戶。企業行政管理部門和銷售部門的固定資產折舊費用，則應分別計入「管理費用」「銷售費用」帳戶。

表 3-5　　　　　　　　　　　折舊費用分配表

201×年 6 月　　　　　　　　　　　單位：元

項目	基本生產車間	輔助生產車間——供水車間	行政部門	銷售機構	合計
折舊費用	40,000	9,000	5,000	2,000	56,000

根據折舊費用分配表，編製以下會計分錄：

借：製造費用——基本生產車間　　　　　　　40,000
　　　　　　——供水車間　　　　　　　　　　9,000
　　管理費用　　　　　　　　　　　　　　　　5,000
　　銷售費用　　　　　　　　　　　　　　　　2,000
　貸：累計折舊　　　　　　　　　　　　　　　56,000

六、職工薪酬費用的歸集與分配

(一) 職工薪酬的概念

職工薪酬指企業為獲得職工提供的服務而給予各種形式的報酬以及其他相關支出，包括企業為職工在職期間和離職後提供的全部貨幣性薪酬和非貨幣性福利，是企業產品成本和期間費用的重要組成內容。職工薪酬主要包括職工工資、獎金、津貼和補貼、職工福利費、社會保險費、住房公積金、工會經費和職工教育經費，非貨幣性福利、辭退福利（因解除與職工的勞動關係給予的補償），其他支出。

(二) 工資費用的歸集

工資費用是企業根據職工所提供的勞動數量和質量，以貨幣形式支付給職工個人的勞動報酬總額（也稱工資總額），它是職工薪酬費用的主要構成內容，也是計提職工福利費、社會保險費、住房公積金以及工會經費和職工教育經費等的依據。工資總額主要由計時工資和計件工資組成，因此工資費用的計算和分配，也就是對計時工資和計件工資的計算和分配。

要正確地計算和分配工資費用，企業應做好各項工資費用核算的基礎工作，主要是應建立和健全所需的工資核算原始憑證。各項原始記錄包括考勤記錄、產量記錄和工時記錄。

1. 考勤記錄

考勤記錄是按月分別登記職工出勤、缺勤時間和情況的原始記錄，是計算職工工資和分配工資費用的依據。考勤記錄的形式有考勤簿和考勤卡兩種。

2. 產量記錄和工時記錄

產量記錄和工時記錄是登記職工或生產班組在出勤內完成產品數量、質量和生產這些產品所耗費的工時數量的原始記錄，為計算計件工資和在各產品間按工時分配費用提供依據，也是考核工時定額、明確生產工人的責任的依據。

(三) 工資費用的計算

工資費用的計算是企業直接工資費用歸集的基礎。由於各類企業實行的工資制度不同，具體的計算方法應根據企業的具體規定進行。以下介紹計時工資和計件工資的計算方法。

1. 計時工資的計算

計時工資是指按計時工資標準、考勤記錄和有關制度計算支付給個人的報酬，具體計算構成又因採用月薪制或日薪制而有所不同。企業固定職工一般採用月薪制，下面主要對月薪制下的計時工資進行介紹。

在月薪制下，不論各月的日曆天數有多少，也不論各月的星期日和法定假日有多少，每月的標準工資是相同的，職工只要出滿一個月應出勤的天數，就可以得到月標準工資。由於職工每月出勤和缺勤的情況不同，每月的應得計時工資也不盡相同。在職工缺勤情況下，計算計時工資有以下兩種方法：

(1) 月工資扣除缺勤工資，其計算公式為：

某職工應得計時工資＝該職工月標準工資－(事假曠工天數×日工資率)－(病假天數×日工資率×病假扣款率)

(2) 按出勤日數計算工資，其計算公式為：

某職工應得計時工資＝該職工本月出勤天數×日工資率＋病假天數×日工資率×(1－病假扣款率)

上述公式中的日工資率的計算為：

日工資率＝月標準工資÷每月工作日數

由於每月工作日可能不同，為了簡化核算，每月工作日一般按以下方法確定：一是按固定每月 30 天計算，二是按全年法定平均每月工作日數 20.83 天[(365－104－11)÷12]計算，其中，104 天為雙休日，11 天為法定節假日。

前者是按節假日照付工資，因此缺勤期間的節假日也照扣工資；后者則按節假日不付工資，因此缺勤期內的節假日就不扣工資。

【例3-4】華康公司某工人的月工資標準為 2,400 元，7 月有 31 天，事假 4 天，病假 2 天，雙休日休假 9 天，出勤 16 天。根據該工人的工齡，其病假工資按工資標準的 90%計算。該工人的病假和事假期間沒有節假日。

要求：按照下述四種方法，分別計算該工人 7 月的工資。

(1) 按 30 天計算日工資率，按出勤天數計算工資。

日工資率＝2,400÷30＝80 (元)

應算出勤工資＝80×(16＋9)＝2,000 (元)

應算病假工資＝2×80×90%＝144 (元)

應付月工資＝2,000＋144＝2,144 (元)

(2) 按 30 天計算日工資率，按缺勤天數扣工資。

應扣事假工資＝80×4＝320 (元)

應扣病假工資＝2×80×10%＝16 (元)

應付月工資＝2,400－320－16＝2,064（元）

（3）按20.83天計算日工資率，按出勤天數計算工資。

日工資率＝2,400÷20.83＝115.22（元）

應算出勤工資＝115.22×16＝1,843.52（元）

應算病假工資＝115.22×2×90％＝207.4（元）

應付月工資＝1,843.52＋207.4＝2,050.92（元）

（4）按20.83天計算日工資率，按缺勤天數扣工資。

應扣事假工資＝115.22×4＝460.88（元）

應扣病假工資＝2×115.22×10％＝23.04（元）

應付月工資＝2,400－460.88－23.04＝1,916.08（元）

2. 計件工資的計算

計件工資是按職工所完成的工作量和計件單價計算支付的勞動報酬。計件工資的計算是用產量記錄的個人或班組完成的合格品數量乘以規定的計件單價。此外，生產中產生的廢品，如果是因材料不合格（料廢）造成的，應按計件單價照付工資；如果是由工人加工失誤（工廢）造成的，則不付計件工資。應付計件工資的計算公式如下：

應付計件工資＝（合格品數量＋料廢數量）×計件單價

計件單價是根據加工單位產品所需耗用的定額工時乘以該產品的小時工資率計算求得的。例如，企業加工單位甲產品的定額工時為30分鐘，加工甲產品工人的小時工資率為6元/小時，那麼甲產品的計件單價則為3元/件（6×30÷60）。

計件工資按照結算對象的不同，可分為個人計件工資和集體計件工資兩種。

（1）個人計件工資的計算。個人計件工資是根據每一生產工人完成的工作量乘以計件單價並支付給個人的報酬。如果某個工人在月份內生產幾種產品，並且各種產品有著不同的計件單價，則應按下式計算其應付計件工資：

應付計件工資＝Σ（某產品合格品數量＋該產品料廢數量）×該產品計件單價

【例3-5】華康公司生產工人10月加工甲、乙兩種產品，甲產品100件，乙產品200件。該生產工人的小時工資率為8元/小時，甲產品的定額工時為30分鐘，乙產品的定額工時為15分鐘。該生產工人本月應得計件工資的計算結果如下：

甲產品計件單價＝8×30÷60＝4（元）

乙產品計件單價＝8×15÷60＝2（元）

計件工資合計＝100×4＋200×2＝800（元）

（2）集體計件工資的計算。整個集體的計件工資計算與上述個人計件工資的計算相同，但集體計件工資還需要採用適當的方法，將工資在集體成員內部進行分配。集體計件工資在集體內部各成員之間的分配，應考慮各成員的工作時間長短和工作質量的高低，工作質量高低通常可從各成員的工資等級差別來確定。因此，在分配時可用工作時間與各成員的工資標準的乘積作為分配標準進行集體內部計件工資的分配。

【例3-6】某集體由三名不同等級的生產工人組成，他們共同完成了某項生產任務，按計件工資計算，該集體共獲得計件工資7,780元。該集體各成員的工作時間和工資標準資料以及集體計件工資的內部分配情況如表3-6所示：

表 3-6　　　　　　　　　　集體計件工資分配表

201×年 6 月

工人姓名	等級	工資標準 （日工資率，元/天）	出勤天數（天）	分配標準（元）
李紅	一	50	22	1,100
趙江	二	60	22	1,320
王明	三	70	21	1,470
合計			65	3,890

集體計件工資內部分配率 = 7,780÷3,890 = 2（元）

李紅應分配計件工資 = 1,100×2 = 2,200（元）

趙江應分配計件工資 = 1,320×2 = 2,640（元）

王明應分配計件工資 = 1,470×2 = 2,940（元）

（四）工資費用的分配

工資費用應按其發生的地點和用途進行分配。

第一，直接從事產品生產的工人的工資，應計入「基本生產成本」帳戶的「直接人工」成本項目中。其中，生產工人的計件工資為直接計入費用，可直接計入某種產品成本的「直接人工」成本項目。在只生產一種產品時，生產工人的計時工資也可以直接計入該種產品成本的「直接人工」成本項目；在生產多種產品時，生產工人的計時工資就屬於間接計入費用，應按照產品的實際生產工時比例或定額生產工時比例等分配標準分配計入各種產品成本的「直接人工」成本項目。計算公式如下：

工資費用分配率 = 某車間生產工人計時工資總額÷該車間各種產品生產工時(或定額工時)總額

某產品應分配的計時工資 = 該產品生產工時(或定額工時)×工資費用分配率

【例 3-7】華康公司生產甲、乙兩種產品，生產工人計時工資合計 46,000 元。甲、乙產品生產工時分別為 2,500 小時和 1,500 小時。按生產工時比例分配計算如下：

工資費用分配率 = 46,000÷(2,500+1,500) = 11.5（元/小時）

甲產品分配工資費用 = 2,500×11.5 = 28,750（元）

乙產品分配工資費用 = 1,500×11.5 = 17,250（元）

第二，輔助生產車間的工人工資，應計入「輔助生產成本」帳戶的「直接人工」成本項目。

第三，生產車間管理人員的工資、企業行政管理人員的工資和銷售部門人員的工資，應分別計入「製造費用」「管理費用」和「銷售費用」帳戶。

工資費用分配是通過工資費用分配表進行的（其格式參考表 3-7），並根據工資費用分配表編製會計分錄，登記相關帳簿。

表 3-7　　　　　　　　　　　　工資費用分配表
201×年 6 月

科目		成本項目	直接計入（元）	分配計入			工資費用合計（元）
				生產工時（小時）	分配率（元/小時）	分配金額（元）	
基本生產成本	甲產品	直接人工	20,000	2,500	11.5	28,750	48,750
	乙產品	直接人工	10,000	1,500	11.5	17,250	27,250
	小計		30,000	4,000	11.5	46,000	76,000
輔助生產成本	供水車間	直接人工	18,000				18,000
製造費用	基本生產車間	職工薪酬	15,000				15,000
	供水車間	職工薪酬	5,000				5,000
	小計		20,000				20,000
管理費用		職工薪酬	50,000				50,000
銷售費用		職工薪酬	30,000				30,000
合計			148,000			46,000	194,000

借：基本生產成本——甲產品　　　　　　　　　　48,750
　　　　　　　　——乙產品　　　　　　　　　　27,250
　　輔助生產成本——供水車間　　　　　　　　　18,000
　　製造費用——基本生產車間　　　　　　　　　15,000
　　　　　　——供水車間　　　　　　　　　　　5,000
　　管理費用　　　　　　　　　　　　　　　　　50,000
　　銷售費用　　　　　　　　　　　　　　　　　30,000
　　貸：應付職工薪酬　　　　　　　　　　　　　194,000

（五）其他職工薪酬

其他職工薪酬主要包括職工福利費、社會保險費、住房公積金、工會經費、職工教育經費。根據規定，企業應按照工資總額一定的比例提取上述職工薪酬，其分配可參照工資的分配方法，提取時與工資費用分配相同方向分別借記「基本生產成本」「輔助生產成本」「製造費用」「管理費用」「銷售費用」科目，貸記「應付職工薪酬」科目。

七、其他費用要素的歸集與分配

除了上述的外購材料、外購燃料、外購動力、折舊費、職工薪酬費用要素以外，還有利息、稅金、差旅費、辦公費等其他費用要素。這些費用應在發生時，根據有關憑證，按發生的部門或地點，分別計入「製造費用分配表」「管理費用分配表」和

「銷售費用分配表」中，並據以計入「製造費用」「管理費用」及「銷售費用」帳戶，在此不再詳述。

第二節　輔助生產費用的歸集與分配

一、輔助生產費用分配原則

　　輔助生產是指為了基本生產車間、企業行政管理部門等單位服務而進行的產品生產和勞務供應。例如，供電、供水、運輸、模具製造等輔助生產。輔助生產提供的產品和勞務主要是為本企業服務，其成本的高低會影響企業產品成本和期間費用的水平。因此，正確、及時地計算輔助生產費用，對於企業控制成本具有重要意義。

　　輔助生產費用的分配就是將輔助生產成本各明細帳上所歸集的費用，採用一定的分配方法，按各受益對象耗用的數量計入基本生產成本或期間費用的過程。進行輔助生產費用的分配，應遵循受益原則，即凡接受輔助生產部門提供的產品或勞務的部門、產品均應負擔輔助生產成本。其中，能確認受益對象的，直接計入該部門、產品的成本；不能直接確認的費用，應按受益比例在各受益部門之間進行分配，多受益多分配，少受益少分配。

二、輔助生產費用的歸集

　　為了核算輔助生產車間發生的費用，應設置「輔助生產成本」科目。該科目一般應按車間以及產品或勞務的種類設置明細帳，進行明細核算。輔助生產成本明細帳的格式如表3-8所示：

表3-8　　　　　　　　　　　輔助生產成本明細帳
輔助車間：供水　　　　　　　　201×年6月　　　　　　　　　　　　　單位：元

摘要	直接材料	燃料及動力	直接人工	製造費用	合計	轉出
原材料分配表	32,000				32,000	
外購動力分配表		2,000			2,000	
工資分配表			40,000		40,000	
製造費用分配表				2,500	2,500	
輔助生產成本分配表						76,500
合計					76,500	76,500

　　對於直接用於輔助生產產品或勞務的費用，應直接計入「輔助生產成本」科目；輔助生產車間發生的製造費用，則應先計入「製造費用——輔助生產車間」科目，然後再從「製造費用——輔助生產車間」科目轉入「輔助生產成本」科目。如果輔助生產車間規模較小、發生的費用較少，為了簡化核算，也可不通過「製造費用——輔助

生產車間」科目核算，直接計入「輔助生產成本」科目。

三、輔助生產費用的分配方法

輔助生產提供的產品和勞務，應該按照受益原則，在各生產車間和部門進行分配。如果輔助生產車間是生產模具、修理用配件等產品的，在這些產品完工后，應將其成本從「輔助生產成本」科目轉入「原材料」或「週轉材料——低值易耗品」科目；如果輔助生產車間提供供電、供水等服務，應歸集輔助生產費用後，根據各受益對象的耗用量，在各受益部門間分配。由於輔助生產車間除了向基本生產車間、行政管理部門等外部部門提供服務，輔助生產車間之間也會相互提供服務。例如，修理車間為供電車間修理設備，供電車間也為修理車間提供電力。這樣為了計算修理成本，就要確定供電成本；為了計算供電成本，又要確定修理成本。因此，為了正確計算輔助生產產品和勞務成本，並且將輔助生產費用正確地計入基本生產產品成本和期間費用，在分配輔助生產費用時，就通常採用一些特定的方法，主要包括直接分配法、交互分配法、計劃成本分配法、順序分配法、代數分配法。

（一）直接分配法

採用這種分配方法，不考慮各輔助生產車間之間相互提供產品或勞務的情況，而是將各種輔助生產費用直接分配給輔助生產以外的各受益單位。其計算公式如下：

某輔助生產車間費用分配率＝該輔助生產車間直接發生的費用÷該輔助生產車間對外提供的勞務數量

某受益部門應分配的輔助生產費用＝該受益部門產品或勞務耗用量×輔助生產費用分配率

【例3-8】華康公司有供水和供電兩個輔助生產車間。華康公司201×年6月各輔助生產車間費用已登記在「輔助生產成本」明細帳中，根據「輔助生產成本」明細帳的資料，供電車間本月發生費用為3,696元，供水車間本月發生費用2,700元。各車間耗水量、耗電量情況如表3-9所示：

表 3-9　　　　　　　　　各車間耗水量、耗電量表

受益單位		耗水量（立方米）	耗電量（度）
基本生產——甲產品			4,800
基本生產車間		2,400	800
輔助生產車間	供電車間	300	
	供水車間		1,200
行政管理部門		200	400
銷售機構		100	160
合計		3,000	7,360

採用直接分配法的輔助生產費用分配表如表3-10所示：

表 3-10　　　　　　　　　　輔助生產費用分配表　　　　　　金額單位：元

項目		供水車間	供電車間	合計
待分配輔助生產費用		2,700	3,696	6,396
供應輔助生產以外的勞務量		2,700	6,160	
分配率		1	0.6	
基本生產——甲產品	耗用數量		4,800	
	分配金額		2,880	2,880
基本生產車間	耗用數量	2,400	800	
	分配金額	2,400	480	2,880
行政管理部門	耗用數量	200	400	
	分配金額	200	240	440
銷售機構	耗用數量	100	160	
	分配金額	100	96	196
合計		2,700	3,696	6,396

註：金額單位是元，分配率及耗用數量在公式計算中列明，在表格中從略，下同。

供水車間分配率＝2,700÷2,700＝1（元/立方米）
供電車間分配率＝3,696÷6,160＝0.6（元/度）
根據輔助生產費用分配表編製會計分錄如下：
借：基本生產成本——甲產品　　　　　　　　　　2,880
　　製造費用——基本生產車間　　　　　　　　　2,880
　　管理費用　　　　　　　　　　　　　　　　　440
　　銷售費用　　　　　　　　　　　　　　　　　196
　貸：輔助生產成本——供水車間　　　　　　　　2,700
　　　　　　　　　　——供電車間　　　　　　　3,696

直接分配法是一種較為簡便的分配方法，只適合在輔助生產內部相互提供產品或勞務不多、不進行交互分配對輔助生產成本和產品成本影響不大的情況下採用，否則會影響成本計算的準確性。

(二) 交互分配法

採用這一分配法是對輔助生產車間的成本費用進行兩次分配。首先應根據各輔助生產車間相互提供的產品或勞務的數量和交互分配前的單位成本，進行一次交互分配；然後，將各輔助生產車間交互分配后的實際費用（即交互分配前的費用加上交互分配轉入的費用，減去交互分配轉出的費用）；最后按提供產品或勞務的數量，在輔助生產車間以外的各受益單位之間進行分配。其計算公式如下：

1. 交互分配

某輔助生產車間費用交互分配率＝該輔助生產車間直接發生的費用÷該輔助生產車

間提供的勞務總量

　　某輔助生產車間應分配其他輔助生產車間的費用＝該輔助生產車間耗用其他輔助生產車間勞務量×其他輔助生產車間費用交互分配率

2. 對外分配

　　某輔助生產車間費用分配率＝該輔助生產車間交互分配后的實際費用÷該輔助生產車間對外提供的勞務量

　　某受益部門應分配的輔助生產費用＝該受益部門產品或勞務耗用量×輔助生產費用分配率

【例3-9】仍以【例3-8】資料為例，採用一次交互分配法分配的輔助生產費用如表3-11所示：

表3-11　　　　　　　　　輔助生產費用分配表　　　　　　　金額單位：元

項目		交互分配			對外分配		合計
		供水車間	供電車間	合計	供水車間	供電車間	
待分配輔助生產費用		2,700	3,696		3,030	3,366	6,396
勞務量		3,000	7,360		2,700	6,160	
分配率		0.9	0.5		1.12	0.55	
基本生產——甲產品	耗用數量				4,800		
	分配金額				2,640		2,640
輔助生產車間	供電應分配金額	270					
	供水應分配金額		600				
基本生產車間	耗用數量				2,400	800	
	分配金額				2,688	440	3,128
行政管理部門	耗用數量				200	400	
	分配金額				224	220	444
銷售機構	耗用數量				100	160	
	分配金額				118	66	184
合計					3,030	3,366	6,396

＊尾數差額計入銷售部門。

（1）交互分配階段。

供水車間交互分配率＝2,700÷3,000＝0.9（元/立方米）

供電車間交互分配率＝3,696÷7,360＝0.5（元/度）

供水車間應承擔的電費＝1,200×0.5＝600（元）

供電車間應承擔的水費＝300×0.9＝270（元）

供水車間交互分配后的實際費用＝2,700+600−270＝3,030（元）

供電車間交互分配后的實際費用＝3,696+270－600＝3,366（元）

（2）對外分配階段。

供水車間的分配率＝3,030÷2,700＝1.12（元/立方米）

供電車間的分配率＝3,366÷6,160＝0.55（元/立方米）

（3）根據輔助生產費用分配表編製會計分錄如下：

第一次：交互分配。

借：輔助生產成本——供水車間	600
貸：輔助生產成本——供電車間	600
借：輔助生產成本——供電車間	270
貸：輔助生產成本——供水車間	270

第二次：對外分配。

借：基本生產成本——甲產品	2,640
製造費用——基本生產車間	3,128
管理費用	444
銷售費用	184
貸：輔助生產成本——供水車間	3,030
——供電車間	3,366

交互分配法的分配結果比較合理，符合實際情況，並且比直接分配法準確一些，但核算工作量稍大。

(三) 計劃成本分配法

計劃成本分配法就是輔助生產車間為各受益單位提供的產品或勞務一律按其計劃單位成本計價分配。輔助生產各車間實際發生的費用（包括輔助生產按計劃成本交互分配轉入的費用在內）與按計劃成本分配費用之間的差額，即輔助生產產品或勞務成本的節約差異或超支差異，為了簡化分配工作，全部調整計入「管理費用」科目，不再分配給輔助生產以外的各受益車間、部門。其計算公式如下：

各車間、部門應分配的輔助生產費用＝該車間、部門的勞務耗用量×輔助生產車間提供勞務的計劃單位成本

某輔助生產費用分配的差異額＝(該輔助生產車間直接發生的實際費用+分配轉入費用)-按計劃成本的分配額

【例3-10】仍以【例3-8】資料為例，假設供水車間的計劃單位成本為0.95元，鍋爐車間的計劃單位成本0.6元。採用計劃成本分配法分配輔助生產費用如表3-12所示。

表 3-12　　　　　　　　　　　輔助生產費用分配表　　　　　　　　　金額單位：元

項目	供水車間	供電車間	合計
待分配輔助生產費用	2,700	3,696	6,396
勞務量	3,000	7,360	

表3-12(續)

項目		供水車間	供電車間	合計
計劃單位成本		0.95	0.6	
基本生產——甲產品	耗用數量		4,800	
	分配金額		2,880	2,880
基本生產車間	耗用數量	2,400	800	
	分配金額	2,280	480	2,760
供電車間	耗用數量	300		
	分配金額	285		285
供水車間	耗用數量		1,200	
	分配金額		720	720
行政管理部門	耗用數量	200	400	
	分配金額	190	240	430
銷售機構	耗用數量	100	160	
	分配金額	95	96	191
按計劃成本分配合計		2,850	4,416	7,266
輔助生產實際成本		3,420	3,981	7,401
輔助生產成本差異		570	-435	135

供水車間實際成本 = 2,700+720 = 3,420（元）
供電車間實際成本 = 3,696+285 = 3,981（元）
根據表3-12輔助生產費用分配表，編製會計分錄如下：

借：基本生產成本——甲產品　　　　　　　　　　　　2,880
　　製造費用——基本生產車間　　　　　　　　　　　2,760
　　輔助生產成本——供電車間　　　　　　　　　　　　285
　　　　　　　　——供水車間　　　　　　　　　　　　720
　　管理費用　　　　　　　　　　　　　　　　　　　　430
　　銷售費用　　　　　　　　　　　　　　　　　　　　191
　　貸：輔助生產成本——供水車間　　　　　　　　　2,850
　　　　　　　　　　——供電車間　　　　　　　　　4,416
借：管理費用　　　　　　　　　　　　　　　　　　　　135
　　輔助生產成本——供電車間　　　　　　　　　　　　435
　　貸：輔助生產成本——供水車間　　　　　　　　　　570

採用計劃成本分配法，由於勞務的計劃單位成本是早已確定的，不必單獨計算費用分配率，因此簡化了計算工作。通過輔助生產成本差異的計算，還能反應和考核輔助生產成本計劃的執行情況，有利於分清企業內部各單位的經濟責任。但是採用這種

分配方法，輔助生產勞務的計劃單位成本必須比較準確。

（四）順序分配法

採用這一分配方法，各種輔助生產之間的費用分配應按照輔助生產車間受益多少的順序排列，受益少的排列在前，先將費用分配出去；受益多的排列在後，後將費用分配出去。例如，在上述例子中，供電、供水兩個輔助生產車間之間，供電車間耗用水比較少，供水車間耗用電比較多，這樣就可以按供電、供水的順序進行排列，先分配電費，再分配水費。其計算公式如下：

某輔助生產車間費用分配率=（輔助生產車間直接發生的費用+分配轉入的費用）÷該輔助生產車間對其他車間、部門提供的勞務量

各車間、部門應分配的輔助生產費用=該車間或部門耗用的勞務量×輔助生產費用分配率

注意：對於分配順序在先的輔助車間，不存在分配轉入的費用，即不承擔其他輔助車間對其費用分配；對於順序在後的輔助車間則需要承擔順序在前的輔助車間分配轉入的費用。

【例3-11】仍以【例3-8】資料為例，採用順序分配法分配輔助生產費用如表3-13所示：

表3-13　　　　　　　　　　輔助生產費用分配表　　　　　　　　金額單位：元

項目		供水車間	供電車間	合計
待分配輔助生產費用		2,700	3,696	6,396
勞務量		3,000	7,360	
分配電費		600		600
費用合計		3,300	3,696	
基本生產——甲產品	耗用數量		4,800	
	分配金額		2,400	2,400
基本生產車間	耗用數量	2,400	800	
	分配金額	2,928	400	3,328
供電車間	耗用數量			
	分配金額			
供水車間	耗用數量		1,200	
	分配金額		600	600
行政管理部門	耗用數量	200	400	
	分配金額	244	200	444
銷售機構	耗用數量	100	160	
	分配金額	128	96	224

＊尾數差額計入銷售部門。

供電車間分配率＝3,696÷7,360＝0.5（元/度）

由於供電車間排列在前，先將費用分配出去。分配時，既要分配給基本生產車間、管理部門、銷售部門，還要分配給排列在后的供水車間。

供水車間應承擔的電費＝1,200×0.5＝600（元）
供水車間分配率＝(2,700+600)÷(3,000-300)＝1.22（元/立方米）

根據表3-13輔助生產費用分配表，編製會計分錄如下：

借：輔助生產成本——供水車間	600
基本生產成本——甲產品	2,400
製造費用——基本生產車間	3,328
管理費用	444
銷售費用	224
貸：輔助生產成本——供電車間	3,696
——供水車間	3,300

採用這種分配方法，由於排列在前面的輔助生產車間不負擔排列在后面的輔助生產車間的費用，因此分配結果的正確性受到一定的影響。這種分配方法，只適應在各輔助生產車間、部門之間相互受益程度有著明顯順序的企業中採用。

（五）代數分配法

採用這種分配方法，應先根據一元二次聯立方程的原理，計算出各輔助生產勞務或產品的單位成本，然後根據各受益單位（包含輔助生產內部和外部各車間、部門）耗用的數量和單位成本分配輔助生產費用。其聯立方程的建立方法如下：

某輔助生產車間提供的勞務量×該輔助生產車間提供的勞務單位成本＝該輔助生產車間直接發生的費用+該輔助生產車間耗用其他輔助生產車間勞務的數量×其他輔助生產車間勞務的單位成本

【例3-12】仍以【例3-8】的資料為例，採用代數分配法分配輔助生產費用。假設 X 為每立方米水的成本，Y 為每度電的成本。

設聯立方程式如下：

$2,700+1,200Y=3,000X$

$3,696+300X=7,360Y$

解方程得：

$X=1.12$（元）

$Y=0.55$（元）

據以編製輔助生產費用分配表如下表3-14所示：

表3-14　　　　　　　　　輔助生產費用分配表　　　　　　　金額單位：元

項目	供水車間	供電車間	合計
待分配輔助生產費用	2,700	3,696	6,396
勞務量	3,000	7,360	

表3-14(續)

項目		供水車間	供電車間	合計
基本生產——甲產品	耗用數量		4,800	
	分配金額		2,640	2,640
基本生產車間	耗用數量	2,400	800	
	分配金額	2,688	440	3,128
供電車間	耗用數量	300		
	分配金額	336		336
供水車間	耗用數量		1,200	
	分配金額		660	660
行政管理部門	耗用數量	200	400	
	分配金額	224	220	444
銷售機構	耗用數量	100	160	
	分配金額	112	72	184
合計		3,360	4,032	7,392

*尾數差額計入銷售部門。

根據表3-14輔助生產費用分配表，編製會計分錄如下：

借：輔助生產成本——供電車間　　　　　　　　　　336
　　　　　　　　——供水車間　　　　　　　　　　660
　　基本生產成本——甲產品　　　　　　　　　　2,640
　　製造費用——基本生產車間　　　　　　　　　3,128
　　管理費用　　　　　　　　　　　　　　　　　　444
　　銷售費用　　　　　　　　　　　　　　　　　　184
　　貸：輔助生產成本——供水車間　　　　　　　3,360
　　　　　　　　——供電車間　　　　　　　　　4,032

採用代數分配法分配費用，分配結果最正確。但如果輔助生產車間、部門較多，未知數較多，計算工作就比較複雜，因此這種方法在計算工作已經實現電算化的企業中採用比較適宜。

第三節　製造費用的歸集與分配

一、製造費用的歸集

製造費用是指企業為生產產品和提供勞務而發生的各項間接費用，如車間管理人員薪酬、折舊費、車間水電費、機物料消耗等。為了準確核算製造費用，企業應設置

「製造費用」科目，該科目應按車間、部門設置明細帳，帳內按費用項目設專欄，分別反應各項製造費用的發生情況。發生製造費用時，應根據有關憑證和各項費用分配表，計入「製造費用」科目的借方，對應分別計入「原材料」「應付職工薪酬」「累計折舊」「銀行存款」等科目的貸方；期末按照一定的標準進行分配，從「製造費用」科目轉入「基本生產成本」等科目。在輔助生產的製造費用不通過「製造費用」科目核算的情況下，不需要單獨進行「製造費用」歸集和分配的計算，而全部計入「輔助生產成本」科目。

【例3-13】根據各種費用分配表及付款憑證登記華康公司基本生產一車間201×年6月的製造費用明細帳（見表3-15）。

表3-15　　　　　　　　　　　製造費用明細帳
基本生產車間：一車間　　　　　　201×年6月　　　　　　　　　單位：元

摘要	機物料消耗	職工薪酬	折舊費	運費	其他	合計	轉出
付款憑證					12,863	12,863	
材料費用分配表	6,000					6,000	
工資費用分配表		30,000				30,000	
折舊費用分配表			8,500			8,500	
輔助生產費用分配表				4,780		4,780	62,143
合計	6,000	30,000	8,500	4,780	12,863	62,143	62,143

二、製造費用的分配

在生產一種產品的車間中，製造費用是直接計入費用，應直接計入該種產品的成本。在生產多種產品的車間，製造費用屬於間接計入費用，應採用適當的分配方法分配計入各種產品的成本。如果企業有幾個車間，則應該按照各車間分別進行分配。分配製造費用的方法很多，通常採用的有生產工時比例分配法、生產工資比例分配法、機器工時比例分配法和按年度計劃分配率分配法等。

（一）生產工時比例分配法

生產工時比例分配法就是按照各種產品所用生產工人實際工時的比例分配費用的方法。其計算公式如下：

製造費用分配率＝製造費用總額／各產品生產工時總額

某種產品應分配的製造費用＝該種產品生產工時×製造費用分配率

按照生產工時比例分配製造費用，能將勞動生產率與產品負擔的費用水平聯繫起來，使分配結果比較合理。

【例3-14】華康公司生產的甲、乙三種產品，按生產工時比例分配製造費用。201×年6月基本生產車間製造費用總額為360,000元，甲產品生產工時為50,000小時，乙產品生產工時為30,000小時。分配計算如下：

製造費用分配率＝360,000÷（50,000+30,000）＝4.5（元/小時）
甲產品應負擔的製造費用＝50,000×4.5＝225,000（元）
乙產品應負擔的製造費用＝30,000×4.5＝135,000（元）

根據上列計算結果，應編製如表3-16所示製造費用分配表：

表3-16　　　　　　　　　　製造費用分配表
車間：基本生產車間　　　　　　201×年6月

分配對象		生產工時 （小時）	分配率 （元/小時）	分配金額 （元）
基本生產成本	甲產品	50,000	4.5	225,000
	乙產品	30,000	4.5	135,000
合計		80,000	4.5	360,000

根據製造費用分配表，應編製如下會計分錄：
借：基本生產成本——甲產品　　　　　　　　　　　　225,000
　　　　　　　　——乙產品　　　　　　　　　　　　135,000
　貸：製造費用　　　　　　　　　　　　　　　　　　360,000

（二）生產工資比例分配法

生產工資比例分配法就是按照計入各種產品成本的生產工人實際工資的比例分配製造費用的方法。由於工資費用分配表中有著現成的生產工人工資的資料，因此採用這一分配方法，核算工作很簡便。但是採用這一方法，各種產品生產的機械化程度應該相差不多，否則機械化程度高的產品，由於工資費用少，分配負擔的製造費用也少，影響費用分配的合理性。其計算公式和按生產工時比例分配法基本相同。

（三）機器工時比例分配法

機器工時比例分配法就是按照各種生產所用機器設備運轉時間的比例分配製造費用的方法。這種方法適用在產品生產的機械化程度較高的車間。因為在這種車間製造費用中，折舊費、維護費與機器設備使用程度、運轉時間有著密切的聯繫。採用這種方法，必須具備各種產品所用機器工時的原始記錄，以保證其正確性。其計算公式和按生產工時比例分配方法基本相同。

由於製造費用包括各種性質和用途的費用，為了提高分配結果的合理性，在增加核算工作量不多的情況下，也可以將製造費用加以分類。例如，分為與機器設備使用有關的費用和由於管理、組織生產而發生的費用兩類，分別採用適當的分配方法進行分配；又如，前者可按機器工時比例分配，后者可按生產工時比例分配。

（四）按年度計劃分配率分配法

按年度計劃分配率分配法就是按照年度開始前確定的全年適用的計劃分配率分配費用的方法。按年度計劃分配率分配法一般以定額工時作為分配標準，其分配計算的公式如下：

年度計劃分配率＝年度製造費用計劃總額÷年度各種產品計劃產量的定額工時總數

某月某種產品應負擔的製造費用＝該月該種產品實際產量的定額工時數×年度計劃分配率

採用這種分配方法，不管各月實際發生的製造費用是多少，每月各種產品中的製造費用都按年度計劃分配率分配。因此，採用這種分配方法時，「製造費用」帳戶可能有月末餘額，其餘額可能在借方，也可能在貸方。借方餘額表示年內累計實際發生的製造費用超過按計劃分配率分配累計的轉出額，貸方餘額表示年度內按計劃分配率分配累計的轉出額大於累計的實際發生額。「製造費用」帳戶如果有年末餘額，就是全年製造費用的實際發生額與計劃分配額的差額，一般應在年末調整計入12月份的產品成本，若為借方餘額，則借記「基本生產成本」帳戶，貸記「製造費用」帳戶；若為貸方餘額，則借記「製造費用」帳戶，貸記「基本生產成本」帳戶。除了採用年度計劃分配率分配法的企業外，「製造費用」帳戶沒有月末餘額。

【例3-16】華康公司基本生產車間全年製造費用計劃為976,000元。全年各種產品的計劃產量：甲產品為44,000件，乙產品24,000件，丙產品31,000件。單件產品工時定額：甲產品5小時，乙產品6小時，丙產品4小時。201×年6月實際產量：甲產品3,800件，乙產品2,200件，丙產品2,700件。201×年6月實際發生的製造費用為90,000元。採用年度計劃分配率分配法分配製造費用，分配過程如下：

製造費用年度計劃分配率＝976,000÷(44,000×5+24,000×6+31,000×4)
　　　　　　　　　　　＝2（元/小時）

甲產品該月應負擔的製造費用＝3,800×5×2＝38,000（元）

乙產品該月應負擔的製造費用＝2,200×6×2＝26,400（元）

丙產品該月應負擔的製造費用＝2,700×4×2＝21,600（元）

該車間6月按計劃分配率分配轉出的製造費用為86,000元。

這種分配方法的核算工作很簡便，特別適用於季節性生產企業。因為在這種生產企業中，每月發生的製造費用相差不多，但生產淡月和旺月的產量卻相差懸殊，如果按照實際費用分配，各月單位產品成本中的製造費用將隨之忽高忽低，而這不是由於車間工作本身引起的，所以不便於成本分析工作的進行，採用此種方法，則避免了這種情況。但是採用這種分配方法，必須有較高的計劃工作的水平，否則年度製造費用的計劃數脫離實際太大，就會影響成本計算的正確性。

不論採用哪一種分配方法，都應根據分配計算的結果，編製製造費用分配表，根據製造費用分配表進行製造費用的總分類核算和明細核算。

第四節　廢品損失和停工損失核算

企業生產過程中發生的各種損失稱為生產損失。產生生產損失的原因很多，如生產工藝水平、材質、工人素質、企業管理水平等。生產損失一般包括廢品損失和停工損失兩類。為了控制生產損失發生的數額，並使其不斷降低，同時也為了明確經濟責

任，提高企業的管理水平，保證企業生產的正常進行，就有必要進行生產損失的核算。

一、廢品損失核算

(一) 廢品及廢品損失概述

廢品是指經檢驗在質量上不符合規定的技術標準，不能按原定用途使用，或需在生產中經過重新加工修理後才能使用的半成品和產成品。按照廢品的廢損程度和在經濟上是否具有修復價值區分，可分為可修復廢品和不可修復廢品。所謂可修復廢品，是指該廢品在技術上是可以修復的，而且在重新修理加工過程中所支付的費用在經濟上是合算的。所謂不可修復廢品，是指該廢品在技術上是不可修復的或者雖能修復，但在經濟上是不合算的。

廢品損失是指因產生廢品而造成的損失。廢品損失主要包括可修復廢品的修復費用和不可修復廢品的成本減去廢品殘值與應收賠款後的損失。

在單獨核算廢品損失的企業裡，為了核算生產過程中的廢品損失，應設置「廢品損失」科目。「廢品損失」科目的借方登記發生的可修復廢品的修復費用、不可修復廢品的生產成本，貸方登記應收的保險公司及責任人賠償、殘料回收價值和結轉的廢品淨損失。廢品的淨損失應轉入當月生產的同種產品中，由合格品負擔。經過上述結轉后，「廢品損失」科目應無餘額。

(二) 不可修復廢品成本核算

不可修復廢品的生產成本扣除廢品的殘料價值和應收賠款後的數額就是不可修復廢品的淨損失。不可修復廢品成本一般有按廢品所耗實際費用計算和按廢品所耗定額成本計算兩種核算方法。

1. 按廢品所耗實際費用計算

按廢品所耗實際費用計算廢品成本是指按成本項目將實際發生的生產費用在合格品和廢品之間進行分配。計算公式如下：

$$材料費用分配率 = \frac{材料費用總額}{合格品數量 + 廢品數量}$$

廢品的材料成本 = 廢品數量 × 材料費用分配率

$$其他費用分配率 = \frac{某項其他費用數額}{合格品工時 + 廢品工時}$$

廢品的其他費用 = 廢品工時 × 其他費用分配率

【例3-17】華康公司生產甲產品，合格品為190件，不可修復廢品為10件，共發生工時20,000小時，其中廢品工時1,500小時。發生費用情況如下：直接材料80,000元，直接人工44,000元，製造費用76,000元，廢品殘值回收800元，原材料在開始生產時一次投入。

根據上述資料，可編製不可修復廢品成本計算表（見表3-17）。

表 3-17　　　　　　　　　　　不可修復廢品成本計算表
201×年 6 月

項目	產量（件）	直接材料（元）	生產工時（小時）	直接人工（元）	製造費用（元）	合計（元）
費用總額	200	80,000	20,000	44,000	76,000	200,000
費用分配率		400		2.20	3.80	
廢品成本	10	4,000	1,500	3,300	5,700	13,000
廢品殘值		800				
廢品淨損失		3,200		3,300	5,700	12,200

根據不可修復廢品成本計算表，編製如下會計分錄：

借：廢品損失——甲產品　　　　　　　　　　　　　　　　　　13,000
　　貸：基本生產成本——甲產品（直接材料）　　　　　　　　　4,000
　　　　　　　　——甲產品（直接人工）　　　　　　　　　　　3,300
　　　　　　　　——甲產品（製造費用）　　　　　　　　　　　5,700
借：原材料　　　　　　　　　　　　　　　　　　　　　　　　　800
　　貸：廢品損失——甲產品　　　　　　　　　　　　　　　　　800
借：基本生產成本——甲產品（廢品損失）　　　　　　　　　　12,200
　　貸：廢品損失——甲產品　　　　　　　　　　　　　　　　12,200

2. 按廢品所耗定額成本計算

按定額成本計算廢品成本是指根據廢品的數量、各項消耗定額及計劃單價計算不可修復廢品成本的方法。這種方法一般在定額資料比較完整、準確的情況下採用。

【例3-18】華康公司生產甲產品，有關定額及廢品的資料有廢品資料（見表3-18）和部分零部件消耗定額資料（見表3-19）。按上述資料編製的廢品定額消耗量計算表參見表3-20。根據上述資料編製的不可修復廢品成本計算表參見表3-21。

表 3-18　　　　　　　　　　　廢品資料
201×年 6 月

名稱	單位	料廢 數量	料廢 原因	工廢 數量	工廢 原因	致廢分析	致廢工序
A	件	15				不可修復	車工
B	件	4				不可修復	鑽工
C	件	8				不可修復	磨工

表 3-19　　　　　　　　　　　零部件消耗定額資料
201×年 6 月

零件名稱	計量單位	原材料消耗定額		工時消耗定額（小時）
^^	^^	材料名稱	消耗量（千克）	^^
A	件	乙材料	20	3
B	件	乙材料	10	5
C	件	丁材料	15	5

表 3-20　　　　　　　　　　　廢品定額消耗量計算表
201×年 6 月

名稱	計量單位	原材料消耗定額		工時定額耗用量（小時）
^^	^^	乙材料	丁材料	^^
A	千克	300		45
B	千克	40		20
C	千克		120	40

表 3-21　　　　　　　　　　　不可修復廢品成本計算表
201×年 6 月　　　　　　　　　　　　　　　　　　　單位：元

項目	直接材料		直接人工	製造費用	合計
^^	乙材料	丁材料	^^	^^	^^
計劃單價	0.90	2.50	0.25	1.55	
定額耗用量	340	120	105	105	
定額成本	306	300	26.25	162.75	795

帳務處理過程基本和按實際費用計算的方法一致，這裡不再詳述。

(三) 可修復廢品損失核算

可修復廢品損失是指廢品在修復過程中所發生的各項修復費用，包括修復廢品的材料費用、修復廢品的職工薪酬、修復廢品的製造費用等。可修復廢品返修以前發生的生產費用，不是廢品損失，不必計算其生產成本，而應留在「基本生產成本」帳戶和所屬有關產品成本明細帳中，不必轉出。返修發生的各種費用，應根據前述各種分配表，計入「廢品損失」帳戶的借方。其回收的殘料價值和應收的賠款，應從「廢品損失」帳戶的貸方，轉入「原材料」和「其他應收款」帳戶的借方。廢品修復費用減去殘值和應收賠款後的廢品淨損失，也應從「廢品損失」帳戶的貸方轉入「基本生產成本」帳戶的借方，計入「廢品損失」成本項目。

在不單獨核算廢品損失的企業中，不設立「廢品損失」會計科目和成本項目，只在回收廢品殘料和應收賠款時，借記「原材料」「其他應收款」帳戶，貸記「基本生

產成本」帳戶。「基本生產成本」帳戶和所屬有關產品成本明細帳戶歸集的完工產品總成本，除以扣除廢品數量以後的合格品數量，就是合格品的單位成本，核算比較簡便，但由於合格產品的各成本項目中都包括不可修復廢品的生產成本和可修復廢品的修復費用，沒有對廢品損失進行單獨的反應，因此會對廢品損失的分析和控制產生不利的影響。以上所述廢品損失均指基本生產的廢品損失。輔助生產的規模一般不大，為了簡化核算工作，都不單獨核算廢品損失。

二、停工損失核算

停工損失是指企業的生產車間在停工期間所發生的各項費用。企業發生停工的原因很多，如產品滯銷、計劃減產、停電、材料供應不足、機器設備出現故障、對設備進行修理等。另外，有些企業的生產帶有明顯的季節性，這樣也會引起季節性停工。停工時間有長有短，停工範圍有大有小。停工損失主要包括停工期間應付給職工的薪酬、應分配的製造費用等。

企業應設置「停工損失」總帳科目進行核算。該科目借方登記發生的停工損失；貸方登記應收的保險公司或責任人賠償、轉入營業外支出的自然災害損失及由本月產品成本負擔的停工損失；月末無餘額。「停工損失」科目應按車間設置明細帳進行明細核算。在停工損失明細帳中，應按成本項目設置專欄，歸集停工損失。

對於季節性、修理期間發生的停工損失，應計入「製造費用」科目；非季節性和非修理期間的停工損失，應計入「營業外支出」科目；可向責任人或保險公司取得的賠款，應計入「其他應收款」科目。

第五節　生產費用在完工產品與在產品之間的分配與歸集

企業在生產過程中發生的各項生產費用，經過在各種產品之間的分配後，應計入本月各種產品成本的生產費用，都已集中反應在「基本生產成本」帳戶及其所屬產品成本明細帳中了。月末，如果產品已經全部完工，產品成本明細帳中歸集的生產費用（如果有月初在產品，還包括月初在產品成本）之和，就是該種完工產品的成本；如果產品全部未完工，產品成本明細帳中歸集的生產費用之和就是未完工產品的成本；如果既有完工產品又有月末在產品，產品成本明細帳中歸集的生產費用之和，還應在完工產品與月末在產品之間，採用適當的分配方法進行分配，以計算完工產品成本和月末在產品成本。

本月生產費用、本月完工產品成本、月初在產品成本、月末在產品成本四者之間的關係可用以下公式表明：

月初在產品成本＋本月生產費用＝本月完工產品成本＋月末在產品成本

公式的左邊為已知數，在完工產品和月末在產品之間分配費用的思路通常有兩種：一種是先確定月末在產品成本，再計算本月完工產品成本；另一種是將月初在產品成本和本月生產費用之和在完工產品和在產品之間按照一定的分配比例進行分配，同時

算出完工產品成本和月末在產品成本。但是無論採用哪一種方法,都必須先正確取得在產品數量的資料。

一、在產品數量核算

(一) 在產品的概念

企業的在產品是指沒有完成全部生產過程、不能作為商品銷售的產品。在產品有狹義和廣義之分,狹義的在產品是指某一車間或某一生產步驟正在加工階段中的產品;廣義在產品是從整個企業範圍來說,包括正在車間加工中的產品和已經完成一個或幾個生產步驟,但還需繼續加工的半成品以及未驗收入庫的產品和等待返修的廢品。

(二) 在產品收發結存的數量核算

在產品收發結存數量的核算應同時具備帳面核算資料和實際盤點資料。企業一方面要做好在產品收發結存的日常核算工作,另一方面要做好在產品的盤點清查工作,這樣才能做到帳實相符,而且對掌握生產進度、加強生產管理也有著重要意義。

在產品收發結存的日常核算,通常是通過在產品收發結存帳進行的,也稱為臺帳。該結存帳應分別按照車間產品的品種和在產品的名稱(如零、部件的名稱)設立,以便用來反應車間各種在產品的轉入、轉出和結存的數量。在產品收發結存帳的基本格式如表 3-22 所示:

表 3-22　　　　　　　　　　在產品收發結存帳

車間名稱:二車間　　　　　201×年 6 月

日期	摘要	收入		轉出		結存	
		憑證號	數量	憑證號	數量	完工	未完工
6月1日	結存					3	2
6月4日			7		2		7
...							

為了核實在產品的數量,保護在產品的安全完整,在產品應定期或不定期地進行清查。清查后,應根據盤點結果編製在產品盤存表,填明在產品的帳面數、實存數和盤存盈虧數等,並分析原因,提出處理意見,根據審批意見及時進行帳務處理。

在產品發生盤盈時,應按盤盈在產品的成本,借記「基本生產成本」帳戶,貸記「待處理財產損溢——待處理流動資產損溢」帳戶。經過批准進行處理時,則應借記「待處理財產損溢——待處理流動資產損溢」帳戶,貸記「管理費用」帳戶。

在產品發生盤虧和毀損時,應借記「待處理財產損溢——待處理流動資產損溢」帳戶,貸記「基本生產成本」帳戶。經過審批進行處理時,應區分不同情況將損失從「待處理財產損溢——待處理流動資產損溢」帳戶的貸方轉入各有關帳戶的借方。其中,應由過失人或保險公司賠償的損失,轉入「其他應收款」帳戶;由於意外、自然災害造成的非常損失,轉入「營業外支出」;殘料轉入「原材料」帳戶。

二、生產費用在完工產品和在產品之間的分配方法

生產費用在完工產品和在產品之間的分配必須結合企業生產產品的具體情況，即根據在產品數量的多少、各月在產品數量變化的大小、各項費用比重的大小以及定額管理基礎的好壞等具體條件，採用適當的分配方法，做到合理又簡便地在完工產品和月末在產品之間分配費用。通常採用的分配方法有在產品不計算成本法、在產品按年初固定成本計價法、在產品按所耗原材料費用計價法、在產品按定額成本計價法、在產品按完工產品計算法、約當產量比例法、定額比例法。

（一）在產品不計算成本法

採用這種分配方法時，雖然有月末在產品，但不計算其成本。這種方法適用於各月月末在產品數量很小的產品。由於各月月末在產品數量很小，算不算在產品成本對於完工產品成本的影響很小。因此，為了簡化產品成本計算工作，可以不計算在產品成本，也就是某種產品本月發生的生產費用，全部由該種完工產品成本負擔。

（二）在產品按年初固定成本計價法

採用這種分配方法時，各月末在產品的成本固定不變。這種方法適用於各月末在產品數量較小，或者在產品數量雖然大，但各月之間變化不大的產品。由於月末在產品數量較小，月初和月末在產品成本較小，月初和月末在產品成本差額也很小，算不算各月在產品成本的差額對於完工產品成本的影響不大。因此，為簡化產品成本計算工作，產品的每月在產品成本都按年初數固定計算。採用這種分配方法的產品，每月發生的生產費用之和仍然就是每月完工產品的成本。但是在年末，應該根據實際盤點的在產品數量，重新計算在產品成本，調整年初數，以免在產品成本與實際出入過大，影響產品成本計算的正確性。

（三）在產品按所耗原材料費用計價法

採用這種分配方法時，月末在產品只計算其所耗用的原材料費用，不計算直接人工、製造費用等加工費用。也就是說，產品的加工費用全部由完工產品成本負擔。這種分配方法適用於各月末在產品數量較大，各月在產品數量變化也較大，但原材料費用在成本中所占比重較大的產品。由於這類產品的原材料費用比重較大，因此加工費用比重較小。為簡化計算工作，在產品可以不計算加工費用。這時這種產品的全部生產費用，減去按所耗原材料費用計算的在產品成本，就是該種完工產品的成本。

【例3-19】某產品的原材料費用比較大，在產品只計算原材料費用。該種產品月初在產品原材料費用為4,500元，本月原材料費用為87,060元，直接人工為2,340元，製造費用為2,160元。完工產品2,000件，月末在產品180件。原材料是在生產開始時一次投入的，每件完工產品和在產品所耗原材料的數量相等，原材料費用可以按完工產品和在產品的數量分配。分配計算如下：

原材料費用分配率=（4,500+87,060）÷（2,000+180）=42（元/件）

月末在產品原材料費用（月末在產品成本）=180×42=7,560（元）

本月完工產品成本＝4,500+（87,060+2,340+2,160）－7,560＝88,500（元）

（四）在產品按定額成本計價法

採用這種分配方法時，月末在產品成本按定額成本計算，該種產品的全部生產費用，減去按定額成本計算的月末在產品成本，余額作為完工產品成本；每月生產費用脫離定額的節約差異或超支差異全部由當月完工產品成本負擔。這種方法適用於各項消耗定額或費用定額比較準確、穩定，而且各月末在產品數量變化不大的產品。

【例3-20】甲產品月末在產品20件，單件產品材料費用定額為150元，材料費用在生產開始時一次投入。單件定額工時為10小時，每小時生產工人工資8元，製造費用為3元。月初在產品定額成本為6,400元，其中原材料5,000元，直接人工800元，製造費用600元。本月生產費用8,180元，其中原材料6,000元，直接人工1,000元，製造費用1,180元。根據上述資料，分配結果如表3-23所示：

表3-23　　　　　　　　　　月末在產品定額成本計算表

產品名稱	在產品數量（件）	直接材料（元）	定額工時（小時）	直接人工（元）	製造費用（元）	合計（元）
甲產品	20	3,000	10	1,600	600	5,200

完工產品成本＝6,400+8,180－5,200＝9,380（元）

（五）在產品按完工產品計算法

採用這種分配方法時，在產品視同完工產品分配費用。這種方法適用於月末在產品已經接近完工或者已經完工、只是尚未包裝或尚未驗收入庫的產品。由於在產品成本已經接近完工產品成本，為了簡化產品成本計算工作，在產品可以視同完工產品，按兩者的數量比例分配原材料費用和各項加工費用。

（六）約當產量比例法

這種分配方法是指將月末在產品數量按照完工程度折算為相當於完工產品的產量，即約當產量，然後將歸集的生產費用按照完工產品產量與月末在產品約當產量的比例分配，計算完工產品成本和月末在產品成本。這種分配方法適用於月末在產品數量較大，各月末在產品數量變化也較大，產品成本中原材料費用和加工費用的比重相差不多的產品。其計算公式如下：

在產品的約當產量＝在產品數量×完工程度

費用分配率＝(月初在產品成本+本月生產費用)÷(本月完工產品數量+月末在產品約當產量)

完工產品成本＝本月完工產品數量×費用分配率

月末在產品成本＝月末在產品約當產量×費用分配率

為了提高產品成本計算的正確性，要按成本項目分別計算分配完工產品和在產品之間的成本。需要針對不同的成本項目來確定其完工程度和約當產量。一般說來，加工費用一般按生產工時的投入情況來確定加工進度，進而計算約當產量，分配各項加

工費用。直接材料的投入方式可以有多種，應根據具體情況來確定材料的投料率，進而計算約當產量，分配直接材料費用。

1. 直接材料費用的分配

（1）原材料是在生產開始時一次投入，由於每件完工產品和不同完工程度的在產品所耗用原材料數量相等，因此原材料費用可以按完工產品和月末在產品的數量比例分配。而對於加工費用而言，由於單件完工產品與不同完工程度的在產品發生的加工費用不相等，因此完工產品和月末在產品的各項加工費用應按約當產量比例分配。

【例3-21】某產品本月完工800件，月末在產品200件，原材料在生產開始時一次投入，期初在產品成本為57,930元，其中原材料37,700元，直接人工9,250元，製造費用10,980元。本月生產費用為400,000元，其中原材料272,000元，直接人工56,000元，製造費用72,000元，在產品完工程度估計為50%。根據上述資料，計算結果如下：

在產品約當產量＝200×50%＝100（件）
原材料費用分配率＝（37,700+272,000）÷（800+200）＝309.7（元/件）
完工產品應負擔的材料費用＝800×309.7＝247,760（元）
在產品應負擔的材料費用＝200×309.7＝61,940（元）
直接人工費用分配率＝（9,250+56,000）÷（800+100）＝72.5（元/件）
完工產品應負擔的人工費用＝800×72.5＝58,000（元）
在產品應負擔的人工費用＝100×72.5＝7,250（元）
製造費用分配率＝（10,980+72,000）÷（800+100）＝92.2（元/件）
完工產品應負擔的製造費用＝800×92.2＝73,760（元）
在產品應負擔的製造費用＝100×92.2＝9,220（元）
完工產品成本＝247,760+58,000+73,760＝379,520（元）
在產品成本＝61,940+7,250+9,220＝78,410（元）

（2）直接材料隨生產過程陸續投入時，在產品投料程度的計算方法與加工進度的計算方法相同（參考加工進度的計算）。此時，分配直接材料費用的在產品約當產量按完工程度折算。

（3）直接材料是分工序投入，並且在每道工序開始一次投入時，月末在產品投料程度可按下列公式計算：

某工序投料程度＝到本工序為止的累計材料消耗定額÷完工產品材料消耗定額×100%

【例3-22】假設某產品經二道工序加工而成，其原材料分二道工序並在每道工序開始時一次投入，第一道工序在產品為100件，第二道工序在產品為150件，完工產品200件，月初及本月發生的直接材料費用合計7,960元，其有關數據及在產品投料程度和約當產量的計算如表3-24所示：

表 3-24

工序	本工序直接材料消耗定額（千克）	投料程度	在產品約當產量（件）	完工產品（件）	合計（件）
1	24	24÷50×100% = 48%	100×48% = 48		
2	26	(24 + 26) ÷50×100% = 100%	150×100% = 150		
合計	50		198	200	398

直接材料費用分配率 = 7,960÷(198+200) = 20（元/件）

完工產品分配直接材料費用 = 200×20 = 4,000（元）

在產品分配直接材料費用 = 198×20 = 3,960（元）

(4) 直接材料是分工序陸續投入，並且在每道工序也是陸續投入時，並月末在產品投料程度可按下列公式計算：

某道工序在產品投料程度 = (到上道工序為止累計的單位產品材料定額 + 本工序材料定額×50%) ÷單位產品原材料定額

【例 3-23】假設某產品經二道工序加工而成，其原材料分二道工序並在每道工序陸續投入，其他資料沿用【例 3-22】（見表 3-25）。

表 3-25

工序	本工序直接材料消耗定額（千克）	投料程度	在產品約當產量（件）	完工產品（件）	合計（件）
1	24	24×50%÷50×100% = 24%	100×24% = 24		
2	26	(24 + 26×50%) ÷50×100% = 74%	150×74% = 111		
合計	50		135	200	335

直接材料費用分配率 = 7,960÷(135+200) = 23.76（元/件）

完工產品分配直接材料費用 = 200×23.76 = 4,752（元）

在產品分配直接材料費用 = 7,960 - 4,752 = 3,208（元）

2. 加工費用的分配

(1) 在連續生產的情況下，如果生產進度比較均衡，各道工序的在產品數量和加工量相差不大，則全部在產品可按 50% 的完工程度平均計算約當產量。

(2) 如果生產進度不均衡，為了核算準確，各工序在產品的完工程度就要按工序分別測定，以確定在產品的約當產量。計算公式如下：

某道工序在產品完工率 = (到上道工序為止累計的單位工時定額 + 本工序單位工時定額×50%) ÷單位產品工時定額

【例 3-24】某產品本月完工 200 件，期初在產品成本為 15,450 元，其中原材料

10,000元，直接人工 2,370 元，製造費用 3,080 元，本月生產費用為 393,630 元，其中原材料 254,600 元，直接人工 60,350 元，製造費用 78,680 元。該產品生產要經三道工序，各道工序的月末在產品數量如下：第一道工序 15 件，第二道工序 20 件，第三道工序 10 件。該產品單位工時定額為 20 小時，各工序工時定額分別為 8 小時、8 小時、4 小時。根據上述資料，計算結果如下：

（1）計算各工序完工率。

第一道工序完工率 = 8×50%÷20×100% = 20%

第二道工序完工率 =（8+8×50%）÷20×100% = 60%

第三道工序完工率 =（16+4×50%）÷20×100% = 90%

（2）計算各工序在產品約當量。

該產品在產品約當產量 = 15×20%+20×60%+10×90% = 24（件）

（3）計算分配率，分配生產費用。

直接人工分配率 =（2,370+60,350）÷（200+24）= 280（元/件）

完工產品應負擔人工費用 = 200×280 = 56,000（元）

在產品應負擔人工費用 = 24×280 = 6,720（元）

製造費用分配率 =（3,080+78,680）÷（200+24）= 365（元/件）

完工產品應負擔製造費用 = 200×365 = 73,000（元）

在產品應負擔製造費用 = 24×365 = 8,760（元）

（七）定額比例法

採用這種分配方法時，其生產費用按照完工產品和月末在產品定額消耗量或定額費用的比例進行分配。其中，原材料費用按原材料的定額消耗量或定額費用比例分配；直接人工、製造費用等加工費用按定額工時比例分配。這種分配方法適用於定額管理基礎較好，各項消耗定額或費用定額比較準確、穩定，但各月末在產品數量變動較大的產品。其計算公式如下：

費用分配率 =（月初在產品成本+本月生產費用）÷（完工產品定額原材料費用或定額工時+月末在產品定額原材料費用或定額工時）

完工產品應負擔的原材料或加工費用 = 完工產品定額原材料費用或定額工時×費用分配率

月末在產品應負擔原材料或加工費用 = 月末在產品定額原材料費用或定額工時×費用分配率

【例 3-25】華康公司基本生產車間所產甲產品採用定額比例法分配生產費用，甲產品完工 580 件，月末在產品 100 件，完工產品單件原材料費用定額為 50 元，在產品單件原材料定額費用為 30 元，完工產品單件工時定額為 10 小時，在產品單件定額工時為 6 小時。月初及本月生產費用合計如下：直接材料 64,000 元，直接人工 16,000 元，製造費用 12,800 元。根據上述資料，計算結果如下：

直接材料分配率 = 64,000÷（580×50+100×30）= 2（元/件）

直接人工分配率 = 16,000÷（580×10+100×6）= 2.5（元/件）

製造費用分配率＝12,800÷(580×10+100×6)＝2(元/件)
完工產品應分配的材料費＝580×50×2＝58,000(元)
在產品應分配的材料費＝100×30×2＝6,000(元)
完工產品應分配的人工費＝580×10×2.5＝14,500(元)
在產品應分配的人工費＝100×6×2.5＝1,500(元)
完工產品應分配的製造費用＝580×10×2＝11,600(元)
在產品應分批的製造費用＝100×6×2＝1,200(元)

綜上所述，生產費用在各種產品之間以及在完工產品與月末在產品之間進行分配和歸集以後，就可以計算出各種完工產品的實際成本，據以考核和分析各種產品成本計劃的執行情況。

三、完工產品成本的結轉

工業企業的完工產品，包括產成品以及自製的材料、工具和模具等。在生產過程中的各項生產費用已經在各種產品之間進行了分配，並進行了月末在產品和完工產品之間的分配，計算出了完工產品成本。其成本應從「基本生產成本」帳戶和各種產品成本明細帳的貸方轉入各有關帳戶的借方。其中，完工入庫產成品的成本應轉入「庫存商品」帳戶的借方；完工自製材料、工具、模具等的成本，應分別轉入「原材料」和「週轉材料——低值易耗品」等帳戶的借方。「基本生產成本」帳戶的月末餘額就是基本生產在產品的成本。完工產品的結轉應編製完工產品成本匯總表，其基本格式如表3-26所示：

表3-26　　　　　　　　　　　完工產品成本匯總表　　　　　　　　　　單位：元

產品名稱	直接材料	直接燃料和動力	直接人工	製造費用	合計
甲產品	85,000	8,000	51,000	35,000	179,000
乙產品	25,000	6,000	45,000	28,000	104,000
合計	110,000	14,000	96,000	63,000	283,000

根據表3-26，應編製會計分錄如下：
借：庫存商品——甲產品　　　　　　　　　　　　　　　　　179,000
　　　　　　——乙產品　　　　　　　　　　　　　　　　　104,000
　貸：基本生產成本——甲產品　　　　　　　　　　　　　　179,000
　　　　　　　　　——乙產品　　　　　　　　　　　　　　104,000

【歸納】

產品成本在完工產品與在產品之間分配的方法的特點及適用情況如表3-27所示：

表 3-27

分配方法	概念	適用情況
1. 在產品不計成本法	不計算月末在產品成本	適用於月末在產品數量很少的產品，如採礦業產品
2. 在產品按年初固定成本計價法	年內各月在產品成本按年初在產品成本計算，固定不變；年末確認在產品實際成本。本月生產費用等於本月完工產品成本	適用於各月末之間在產品數量變化不大的產品，如鋼鐵企業和化工企業產品
3. 在產品按所耗原材料費用計價法	月末在產品成本只按所耗的原材料計算確認，人工和製造費用全部由完工產品成本承擔	適用於月末在產品數量大、變化大且原材料費用佔比較大的產品，如釀酒、造紙和紡織業產品
4. 約當產量比例法	將產品的生產費用按完工產品數量與月末在產品數量折合成完工產品數量（約當產量）的比例進行分配	適用於月末在產品數量大、變化大且原材料和人工及製造費用的比重相差不大的產品
5. 在產品按完工產品計算法	在產品成本視同完工產品成本，按兩者數量比例分配各項費用	適用於在產品基本完工，成本接近於完工產品成本，簡化成本核算
6. 在產品按定額成本計價法	月末在產品成本根據月末在產品數量和單位定額成本計算，然後從全部生產費用中扣除，求出完工產品成本	適用於定額管理較好，各項消耗定額或費用定額比較準確穩定，雖然月末在產品數量多，但變化不大的產品
7. 定額比例法	將產品的生產費用按完工產品和月末在產品的定額消耗量或定額費用的比例分配計算	適用於各項消耗定額或費用定額比較準確穩定，月末在產品數量多且變化大的產品

【思考與練習】

一、單項選擇題

1. 幾種產品共同耗用的原材料費用，屬於間接計入費用，應採用的分配方法是（ ）。
   A. 計劃成本分配法　　　　　　B. 材料定額費用比例分配法
   C. 工時比例分配法　　　　　　D. 代數分配法
2. 下列關於「基本生產成本」科目的描述，正確的是（ ）。
   A. 完工入庫的產品成本計入該科目的借方
   B. 該科目的余額代表在產品成本
   C. 生產所發生的各項費用直接計入該科目的借方
   D. 該科目應按產品分設明細帳
3. 生產工人工資比例分配法適用於（ ）。
   A. 季節性生產的車間
   B. 工時定額較準確的車間

C. 各種產品生產的機械化程度相差不多的車間

D. 機械化程度較高的車間

4. 2月份生產合格品25件、料廢品5件、加工失誤產生廢品2件，計價單價為4元，應付計件工資為（　　）。

　　A. 100元　　　　　　　　　　B. 120元

　　C. 128元　　　　　　　　　　D. 108元

5. 季節性生產企業，其製造費用的分配宜採用（　　）。

　　A. 年度計劃分配率分配法　　　B. 生產工人工時比例分配法

　　C. 生產工人工資比例分配法　　D. 機器工時比例分配法

6. 為了簡化核算工作，製造費用的費用項目在設立時主要考慮的因素是（　　）。

　　A. 費用的性質是否相同　　　　B. 是否直接用於產品生產

　　C. 是否間接用於產品生產　　　D. 是否用於組織和管理生產

7. 輔助生產車間的產品或勞務主要用於（　　）。

　　A. 輔助生產車間內部的生產和管理　B. 基本生產和經營管理

　　C. 對外銷售　　　　　　　　　D. 專項工程建造

8. 輔助生產費用直接分配法的特點是輔助生產費用（　　）。

　　A. 直接計入「生產成本——輔助生產成本」科目

　　B. 直接分配給所有受益的車間、部門

　　C. 直接分配給輔助生產以外的各受益單位

　　D. 直接計入輔助生產提供的勞務成本

9. 將輔助生產車間費用先進行一次相互分配，然後再將輔助生產費用對輔助生產車間以外各受益對象進行分配，這種輔助生產費用的分配方法是（　　）。

　　A. 直接分配法　　　　　　　　B. 順序分配法

　　C. 交互分配法　　　　　　　　D. 代數分配法

10. 在輔助生產費用分配方法中，不考慮各輔助生產車間相互提供產品和勞務的方法是（　　）。

　　A. 代數分配法　　　　　　　　B. 直接分配法

　　C. 交互分配法　　　　　　　　D. 計劃成本分配法

11. 輔助生產費用各種分配方法中計算結果最正確，適用於實行會計電算化企業的是（　　）。

　　A. 計劃成本分配法　　　　　　B. 交互分配法

　　C. 代數分配法　　　　　　　　D. 直接分配法

12. 在輔助生產費用採用計劃成本分配法時，為了簡化計算工資，輔助生產勞務的成本差異一般全部計入（　　）。

　　A. 管理費用　　　　　　　　　B. 生產成本

　　C. 製造費用　　　　　　　　　D. 營業外損益

13. 輔助生產費用的順序分配法是指各輔助生產車間之間的費用分配應按照輔助生產車間（　　）。

A. 費用多的排列在前，費用少的排列在后的順序分配

B. 費用少的排列在前，費用多的排列在后的順序分配

C. 受益多的排列在前，受益少的排列在后的順序分配

D. 受益少的排列在前，受益多的排列在后的順序分配

14. 輔助生產費用交互分配后的實際費用，應在有關單位之間進行分配，有關單位是指（　　）。

 A. 各受益單位   B. 各輔助生產車間

 C. 基本生產車間   D. 輔助生產車間以外的各受益單位

15. 下列各項中，應確認為可修復廢品損失的是（　　）。

 A. 返修以前發生的生產費用

 B. 可修復廢品的生產成本

 C. 返修過程中發生的修復費用

 D. 可修復廢品的生產成本加上返修過程中發生的修復費用

16. 下列各項中，應核算停工損失的是（　　）。

 A. 機器設備故障發生的大修理

 B. 季節性停工

 C. 不滿一個月的停工

 D. 輔助生產車間設備的停工

17. 在進行產品成本核算時，要求單獨核算的廢品損失一般（　　）。

 A. 在產品和完工產品之間採用特定方法進行分配

 B. 全部由完工產品成本負擔

 C. 直接作為期間費用

 D. 全部由月末在產品負擔

18. 以下應計入產品成本的停工損失是（　　）。

 A. 由於火災造成的停工損失

 B. 應由過失單位賠償的停工損失

 C. 季節性和固定資產修理期間的停工損失

 D. 由於地震造成的停工損失

19. 實行包退、包修、包換「三包」的企業，在產品出售以後發現的廢品所發生的一切損失，在財務上應計入（　　）。

 A. 廢品損失   B. 營業外支出

 C. 管理費用   D. 基本生產成本

20. 計算不可修復廢品的生產成本，可以按廢品所耗的實際費用，也可以按廢品所耗（　　）。

 A. 消耗定額   B. 定額費用

 C. 定額消耗   D. 費用定額

二、多項選擇題

1. 以下不屬於包裝物的有（　　）。
   A. 生產過程中領用的盛裝物品　　B. 用於加工包裝物的加工材料
   C. 包裝材料　　　　　　　　　　D. 生產車間週轉使用的盛裝物品
   E. 倉庫週轉使用的盛裝物品

2. 發生下列各項費用時，可以直接借記「基本生產成本」帳戶的有（　　）。
   A. 車間照明用電費　　　　　　　B. 構成產品實體的原材料費用
   C. 車間管理人員工資　　　　　　D. 車間生產工人工資
   E. 車間辦公費

3. 下列各項中，屬於製造費用項目的有（　　）。
   A. 生產車間的辦公費　　　　　　B. 生產車間管理用具的攤銷
   C. 自然災害引起的停工損失　　　D. 生產車間管理人員的工資
   E. 生產設備的折舊費

4. 製造費用的分配方法，主要包括（　　）。
   A. 生產工時比例法　　　　　　　B. 生產工人工資比例法
   C. 機器工時比例法　　　　　　　D. 年度計劃分配率分配法
   E. 直接分配法

5. 輔助生產車間一般不設置「製造費用」科目核算，這是因為（　　）。
   A. 沒有必要　　　　　　　　　　B. 輔助生產車間不對外銷售產品
   C. 為了簡化核算工作　　　　　　D. 輔助生產車間沒有製造費用
   E. 輔助生產車間規模較小，發生的製造費用較少

6. 在下列方法中，屬於輔助生產費用分配方法的有（　　）。
   A. 交互分配法　　　　　　　　　B. 代數分配法
   C. 定額比例法　　　　　　　　　D. 直接分配法
   E. 計劃成本分配法

7. 分配輔助生產費用的各種方法中，有交互分配性質的有（　　）。
   A. 交互分配法　　　　　　　　　B. 代數分配法
   C. 計劃成本分配法　　　　　　　D. 直接分配法
   E. 順序分配法

8. 計算廢品淨損失時，應考慮的內容有（　　）。
   A. 生產過程中發現的不可修復廢品的生產成本
   B. 可修復廢品的修復費用
   C. 廢品的殘值
   D. 廢品的應收賠款
   E. 入庫後發現生產過程中造成的不可修復廢品的生產成本

9. 可修復廢品的確認，必須滿足的條件有（　　）。
   A. 經過修理仍不能使用的

B. 所花費的修復費用在經濟上是合算的
C. 經過修理可以使用的
D. 所花費的修復費用在經濟上是不合算的
E. 不經過修理也可以使用的

10.「廢品損失」由以下（　　）部分構成。
A. 不可修復廢品的生產費用　　　B. 可修復廢品的修理費用
C. 扣除回收的廢品殘料價值　　　D. 降價損失
E. 可修復廢品返修以前的生產費用

三、判斷題

（　　）1. 輔助生產車間提供的產品與勞務，都是為基本生產車間服務的。

（　　）2. 製造費用與產品的生產工藝沒有直接聯繫，因而都是間接計入費用。

（　　）3. 各種輔助生產費用分配方法的共同點是在各輔助生產內部進行交互分配。

（　　）4. 採用順序分配法分配輔助生產費用時，其順序應該是受益多的排列在前，受益少的排列在後。

（　　）5. 輔助生產費用的直接分配法就是將輔助生產費用直接計入各種輔助生產產品或勞務成本的方法。

（　　）6. 採用交互分配法分配輔助生產費用時，對外分配的輔助生產費用，應為交互分配前的費用加上交互分配時分配轉入的費用。

（　　）7. 採用計劃成本分配法分配輔助生產費用時，計算出的輔助生產車間實際發生的費用，是完全的實際費用。

（　　）8. 在採用計時工資情況下，只生產一種產品，生產人員工資及福利費應直接計入該種產品成本。

（　　）9. 可修復廢品返修以前發生的費用，應轉出至「廢品損失」科目中進行成本核算。

（　　）10. 可修復廢品是指經過修理可以使用的廢品。

四、計算題

1. W 企業 201×年 1 月的部分費用發生情況如下：

（1）生產 A、B 兩種產品，共同耗用甲材料 21 萬元。單件產品原材料消耗定額分別為 A 產品 15 千克，B 產品 12 千克。產量分別為 A 產品 1,000 件，B 產品 500 件。

（2）耗電 80 萬度，電價 0.4 元/度，此款未付。該企業基本生產車間耗電 66 萬度，其中車間照明用電 6 萬度，企業行政管理部門耗用 14 萬度。企業基本生產車間生產 A、B 兩種產品，A 產品生產工時 3.6 萬小時，B 產品生產工時 2.4 萬小時。

（3）本月僅生產 A、B 兩種產品，本月職工薪酬結算憑證匯總的職工薪酬費用為基本生產車間生產產品的生產工人職工薪酬 6 萬元，車間管理人員職工薪酬 1 萬元，企業行政管理人員職工薪酬 1.2 萬元，專設銷售機構人員職工薪酬 1 萬元。

要求：（1）按原材料定額消耗量比例分配，計算 A、B 產品實際原材料費用，並編製會計分錄。

（2）按所耗電度數分配電力費用，A、B 產品按生產工時分配電費，並編製會計分錄。

（3）按生產工時分配職工薪酬費用，並編製會計分錄。

2. X 廠 201×年 4 月份發出低值易耗品一批，價值共計 12,000 元，其中基本生產車間 7,200 元，輔助生產車間 3,600 元，行政管理部門 1,200 元。該費用分 3 個月攤銷。

要求：編製領用和攤銷低值易耗品的會計分錄。

3. Y 企業短期借款利息採用分月預提，季末結算的辦法。第三季度按計劃每月預提 6,000 元，9 月份銀行通知從該企業銀行存款中支付全季利息費用 17,000 元。

要求：編製該企業 7 月、8 月、9 月三個月預提和實付利息費用的會計分錄。

4. Z 廠輔助生產車間生產專用工具一批，為了簡化核算，不單獨核算輔助生產車間的製造費用。該工廠本月發生費用如下：

（1）生產專用工具領用原材料 6,800 元，車間一般性耗料 600 元。

（2）本月工資總額包括：生產工人工資 6,400 元，其他人員工資 1,000 元。

（3）按工資總額 14% 比例提取職工福利費。

（4）燃料和動力費用 2,800 元，通過銀行轉帳支付。

（5）計提固定資產折舊費 2,200 元。

（6）以銀行存款支付修理費、水費、郵電費、辦公費、勞動保護費等，共計 1,600 元。

（7）專用工具完工，結轉實際成本。

要求：編製會計分錄（列示「生產成本」二級科目）。

5. 華都工廠輔助生產車間生產低值易耗品——專用工具一批。單獨核算輔助生產的製造費用。本月發生費用如下：

（1）生產專用工具領用原材料 6,800 元，車間一般性耗料 600 元。

（2）本月工資總額如下：生產工人工資 6,400 元，其他人員工資 1,000 元。

（3）按工資總額 14% 的比例提取職工福利費。

（4）燃料和動力費用 2,800 元，銀行轉帳支付。

（5）計提固定資產折舊費 2,200 元。

（6）以銀行存款支付修理費、水費、郵電費、辦公費、勞動保護費等共計 1,600 元。

（7）結轉輔助生產的間接費用。

（8）專用工具完工，結轉實際成本。

要求：按成本項目設置輔助生產成本明細帳，並編製相關會計分錄。

6. B 工廠有供水和供電兩個輔助生產車間，輔助生產車間的製造費用不通過「製造費用」科目核算。B 工廠本月發生輔助生產費用、提供勞務量及計劃單位成本如表 3-28 所示（各受益部門的水電均為一般耗用）：

表 3-28　　　　　　　　　　　　　　　　　　　　　　　　金額單位：元

項目		供電車間	供水車間
待分配費用		12,000	1,840
勞務供應量		50,000（度）	8,000（噸）
計劃單位成本		0.30	0.5
勞務耗用量	供電車間		2,000
	供水車間	10,000	
	基本生產車間	28,000	5,000
	管理部門	12,000	1,000

要求：分別採用直接分配法、順序分配法、交互分配法、代數分配法和按計劃成本分配法分配輔助生產費用（通過分配表進行），並根據分配表編製有關分配的會計分錄（分配率精確到小數點后四位）。

7. M 工廠設有一個基本生產車間生產 A、B 兩種產品。M 工廠 10 月份發生有關的經濟業務如下：

（1）領用原材料共計 12,000 元。其中，A 產品領用 6,000 元，B 產品領用 4,000 元，車間機物料 2,000 元。

（2）應付工資 10,000 元。其中，生產 A 產品工人工資 5,000 元，生產 B 產品工人工資 3,000 元，管理人員工資 2,000 元。

（3）按工資的 14% 計提職工福利費。

（4）計提固定資產折舊費 3,000 元。

（5）預提固定資產修理費用 500 元。

（6）用銀行存款支付其他費用 4,000 元。

要求：（1）編製有關會計分錄。

（2）歸集和分配製造費用（按生產工人工資比例分配）。

（3）分別計算 A、B 產品的生產成本。

8. N 工廠季節性生產車間全年製造費用計劃為 82,400 元；全年各種產品的計劃產量為 A 產品 2,000 件，B 產品 1,060 件；單件產品的工時定額為 A 產品 4 小時，B 產品 8 小時；10 月份該車間的實際產量為 A 產品 120 件，B 產品 90 件；實際發生的製造費用為 8,000 元。

要求：（1）計算製造費用年度計劃分配率（列出計算過程）。

（2）計算 10 月份應分配轉出製造費用，並編製有關會計分錄。

9. 第一生產車間生產乙產品本月投產 400 件，完工驗收入庫發現廢品 12 件；合格品生產工時 5,820 小時，廢品工時 180 小時。乙產品成本明細帳所記合格品和廢品的全部生產費用為原材料 16,000 元，燃料和動力 7,800 元，工資和福利費 9,000 元，製造費用 4,200 元。原材料是生產開始時一次投入，廢品殘料入庫作價 100 元。

要求：根據以上資料，編製不可修復廢品損失計算表，並編製有關廢品損失的會

計分錄（「生產成本」「廢品損失」科目列示明細科目）。

10. P 工廠生產 A 產品，成本計算資料如表 3-29 和表 3-30 所示：

表 3-29　　　　　　　　　　　　　　　　　　　　　　　　　　　單位：元

項目	直接材料	直接人工	製造費用	合計
月初在產品成本	1,120	950	830	2,900
本月發生費用	8,890	7,660	6,632	23,182

表 3-30

項目	材料定額消耗量（千克）	工時定額消耗（小時）
本月完工產品	5,800	3,760
月末在產品	3,300	1,980

要求：採用定額比例法計算完工產品和月末在產品的成本。

11. Q 公司生產甲產品，經三道工序連續加工製成。原材料在生產開始時一次投入，各道工序在本工序的完工程度為 50%，月末完工產品 400 件，其他有關資料如表 3-31 和表 3-32 所示：

表 3-31

工序	工時定額（小時）	在產品數量（件）
1	4	40
2	6	60
3	10	100
合計	20	200

表 3-32　　　　　　　　　　　　　　　　　　　　　　　　　　　單位：元

成本項目	直接材料	直接人工	製造費用	合計
月初在產品成本	18,000	11,960	5,115	17,075
本月發生費用	90,000	80,000	50,000	130,000
合計	108,000	91,960	55,115	147,075

要求：採用約當產量比例法計算完工產品和月末在產品的成本。

第四章　生產成本計算的主要方法

【案例導入】

　　ABC 公司主要生產 M 西服和 N 羽絨服。ABC 公司通過市場調研發現，M 西服將有很大的市場，於是決定大量生產；N 羽絨服季節性比較強，實行批量生產；利用 N 羽絨服生產線的剩餘生產能力可接受羽絨被等產品的訂單生產。小李是 ABC 公司成立時新聘來的一名會計專業畢業的大學生，對成本核算沒有經驗，加上 ABC 公司是新辦企業又沒有本企業的歷史核算辦法可以參考，因此小李不知採用什麼方法去核算上述產品的成本。月底在即，領導等著要內部報表，對外報表也不能拖延。如果你是該單位的會計顧問，你如何助小李一臂之力？

【內容提要】

　　前面章節我們學習了企業生產成本核算的主要經濟事項與一般過程，但不同的企業，或由於產品本身的特點，或由於管理方面的要求，會在成本計算對象、成本計算期和在產品成本核算等方面有不同的選擇，這些不同選擇的組合構成了不同的成本計算方法。本章將詳細地討論三種主要的成本計算方法——品種法、分批法和分步法的特點、適用範圍、計算程序與實際應用。本章是成本會計核心章節之一。

第一節　品種法

一、品種法的基本內容

（一）品種法的含義及適用範圍

　　品種法是以產品的品種為成本計算對象，歸集費用，計算產品成本的一種方法。品種法一般適用於大量、大批、單步驟生產類型的企業，如發電、採掘和供水企業等。在這種類型的企業中，由於產品生產的工藝過程不能間斷，沒有必要，也不可能按照生產步驟計算產品成本，只能以產品品種作為成本計算對象。在大量、大批、多步驟生產的企業中，如果企業成本管理不要求提供各步驟的成本資料時，也可以採用品種法計算產品成本。企業的輔助生產（如供水、供電、供氣等）車間也可以採用品種法計算其勞務成本。

（二）品種法的特點

　　按照產品的生產類型和成本計算的繁簡程度，可將品種法分為簡單品種法和典型

品種法。品種法的特點如下：

1. 以產品品種作為成本計算對象，設置產品成本明細帳或成本計算單，歸集生產費用

品種法的成本計算對象是每種產品，因此在進行成本計算時，需要為每一種產品設置一張產品成本計算單。如果企業只生產一種產品，成本計算對象就是該種產品，只需為該種產品設置一張成本計算單，並按成本項目設置專欄，所發生的生產費用都是直接費用，可以直接根據有關憑證和費用分配表，區分成本項目全部列入該種產品的成本計算單。如果企業生產多種產品，成本計算對象則是每種產品，需要按每種產品分別設置產品成本計算單，所發生的生產費用要區分為直接費用和間接費用，凡能分清應由某種產品負擔的直接費用，應直接計入該種產品的成本計算單中；對於幾種產品共同耗用而又分不清應由那種產品負擔多少數額的間接費用，應採用適當的分配方法在各種產品之間，或者直接進行分配，或者另行歸集匯總為製造費用後，再分配計入各品種成本計算單的相關成本項目中。

2. 成本計算定期按月進行

由於大量大批的生產是不間斷的連續生產，無法按照產品的生產週期來歸集生產費用，從而計算產品成本，因此只能定期按月計算產品成本，從而將本月的銷售收入與產品生產成本配比，計算本月損益。因此，產品成本是定期按月計算的，與會計報告期一致，與產品生產週期不一致。

3. 月末在產品成本的處理

如果是大量大批的簡單生產採用品種法計算產品成本，因為簡單生產是一個生產步驟就完成了整個生產過程，所以月末（或者任何時點）一般沒有在產品，計算產品成本時不需要將生產費用在完工產品和在產品之間進行分配。如果是管理上不要求分步驟計算產品成本的大量大批的複雜生產採用品種法計算產品成本，因為複雜生產是需要經過多個生產步驟的生產，所以月末（或者任何時點）一般生產線上都會有在產品，計算產品成本時就需要將生產費用在完工產品和在產品之間進行分配。

(三) 品種法的成本計算程序

採用品種法計算產品成本時，可按以下幾個步驟進行：

1. 開設成本明細帳（成本計算單）

按產品品種開設產品成本明細帳或成本計算單，並按成本項目設置專欄。同時，還應開設「輔助生產成本明細帳」和「製造費用明細帳」，帳內按成本項目或費用項目設置專欄。

2. 分配各種要素費用

(1) 根據貨幣資金支出業務，按用途分類匯總各種付款憑證，登記各項費用。

(2) 根據材料領用憑證和退料憑證及有關分配標準，編製原材料、包裝物、低值易耗品、五金設備等費用分配表，分配材料費用，並登記有關明細帳。

(3) 根據各車間、部門工資結算憑證及福利費、教育經費等人工費用的計提辦法，編製人工費用（應付職工薪酬）分配表，分配人工費用，並登記有關明細帳。

（4）根據各車間、部門計提固定資產折舊的方法，編製折舊費用分配表，分配折舊費用，並登記有關明細帳。

3. 分配輔助生產費用

根據各種費用分配表和其他有關資料登記的「輔助生產成本明細帳」中歸集的生產費用，採用適當的方法（直接分配法、交互分配法、代數分配法、計劃成本分配法），編製輔助生產費用分配表，分配輔助生產費用。

4. 分配基本車間製造費用

根據各種費用分配表和其他有關資料登記的基本生產車間「製造費用明細帳」中歸集的生產費用，採用一定的方法（生產工時比例分配法、生產工資比例分配法、機器工時比例分配法、按年度計劃分配率分配法等）在各種產品之間進行分配，編製製造費用分配表，並將分配結果登記在「基本生產成本明細帳」和各種產品「成本計算單」中。

5. 計算各種完工產品成本和在產品成本

根據各種費用分配表和其他有關資料登記的「基本生產成本明細帳」和「成本計算單」中歸集的生產費用，月末應採用適當的方法（在產品不計算成本法、在產品按年初固定成本計價法、在產品按所耗原材料費用計價法、約當產量比例法、在產品按完工產品成本計算法、在產品按定額成本計價法和定額比例法等）分配計算各種完工產品成本和在產品成本。如果月末沒有在產品，則本月發生的生產費用就全部是完工產品成本。

6. 結轉產成品成本

根據「基本生產成本明細帳」和「成本計算單」計算的各種產品完工產品成本，編製「完工產品成本匯總表」，計算完工產品和在產品的總成本和單位成本，據以結轉產成品生產成本。

一、成本計算品種法舉例

（一）簡單品種法舉例

【例4-1】廣東某發電廠屬於單步驟的大量生產企業，只生產電力一種產品。該發電廠設有燃料車間、鍋爐車間、汽機車間和電機車間四個基本生產車間，另外還設有一個修理輔助生產車間和若干個管理科室。因為整個工藝過程不能間斷，又只生產電力一種產品，所以選擇簡單品種法計算電力產品成本，生產中發生的一切生產費用都是直接費用，可以直接計入電力產品成本。因此，成本項目可以按照生產費用的經濟性質和經濟用途相結合的原則進行設置。

該發電廠為進行成本核算，設置了「生產成本」總帳科目，並以成本項目為專欄設置了「生產成本明細帳」和「電力產品成本計算單」。具體成本項目包括「燃料費」「生產用水費」「材料費」「工資及福利費」「折舊費」「修理費」「其他費用」等。由於電力產品不能儲存，不存在未完工的在產品，因而無需將生產費用在完工產品和在產品之間進行分配。該發電廠所產電力，除少量自用外，全部對外供應，因此當月發

生的全部生產費用，即為當月電力產品的總成本，除以對外供應的電力產量，即為電力產品的單位成本。

成本計算程序及相應的帳務處理如下：

201×年10月，該發電廠根據燃料車間提供的燃料耗用統計表編製「燃料費用分配表」（見表4-1）。

表 4-1 燃料費用分配表

201×年10月

燃料名稱	數量（噸）	單價（元/噸）	金額（元）
山西原煤	8,000	300	2,400,000
濟南原煤	5,000	280	1,400,000
合計	13,000	—	3,800,000

該發電廠根據「燃料費用分配表」編製會計分錄如下：

借：生產成本——燃料費　　　　　　　　　　　　　　　　　3,800,000
　　貸：原材料　　　　　　　　　　　　　　　　　　　　　　3,800,000

該發電廠根據不同生產車間各種用途的領料憑證編製「材料費用分配表」（見表4-2）。

表 4-2 材料費用分配表

201×年10月

車間	材料名稱	數量（千克）	單價（元/千克）	金額（元）
燃料車間	1#材料	3,000	60	180,000
鍋爐車間	2#材料	1,000	30	30,000
汽機車間	3#材料	2,200	50	110,000
電機車間	4#材料	800	35	28,000
修理車間	5#材料	2,700	20	54,000
合計	—	—	—	402,000

該發電廠根據「材料費用分配表」編製會計分錄如下：

借：生產成本——材料費　　　　　　　　　　　　　　　　　402,000
　　貸：原材料　　　　　　　　　　　　　　　　　　　　　　402,000

該發電廠根據各生產車間工資結算憑證匯總表編製「工資及福利費分配表」（見表4-3）。

表 4-3 工資及福利費分配表

201×年10月　　　　　　　　　　　　　　　　　　　　　　　　單位：元

車間	工資	福利費	合計
燃料車間	200,000	28,000	228,000

表4-3(續)

車間	工資	福利費	合計
鍋爐車間	150,000	21,000	171,000
汽機車間	180,000	25,200	205,200
電機車間	100,000	14,000	114,000
修理車間	80,000	11,200	91,200
合計	710,000	99,400	809,400

該發電廠根據「工資及福利費分配表」編製會計分錄如下：
借：生產成本——工資及福利費　　　　　　　　　　809,400
　貸：應付職工薪酬——工資　　　　　　　　　　　710,000
　　　應付職工薪酬——福利費　　　　　　　　　　 99,400

該發電廠本月應付水費286,000元，其中生產用水費270,000元，各車間公共用水費16,000元，根據有關憑證編製會計分錄如下：
借：生產成本——生產用水費　　　　　　　　　　270,000
　　生產成本——其他費用（水費）　　　　　　　 16,000
　貸：應付帳款　　　　　　　　　　　　　　　　286,000

該發電廠根據「固定資產折舊計算表」（略）確認各車間本月計提折舊費530,000元，編製會計分錄如下：
借：生產成本——折舊費　　　　　　　　　　　　530,000
　貸：累計折舊　　　　　　　　　　　　　　　　530,000

該發電廠本月發生修理費用350,000元，用銀行存款支付，編製會計分錄如下：
借：生產成本——修理費　　　　　　　　　　　　350,000
　貸：銀行存款　　　　　　　　　　　　　　　　350,000

該發電廠結轉應由本月生產負擔的低值易耗品攤銷額22,000元（低值易耗品採用分期攤銷法），編製會計分錄如下：
借：生產成本——其他費用（低值易耗品攤銷）　　 22,000
　貸：週轉材料——低值易耗品——攤銷　　　　　 22,000

該發電廠結轉應由本月生產負擔的車間財產保險費用31,000元，編製會計分錄如下：
借：生產成本——其他費用（保險費）　　　　　　 31,000
　貸：其他應付款　　　　　　　　　　　　　　　 31,000

該發電廠根據上述會計處理登記按成本項目設置專欄的生產成本明細帳（見表4-4）。

表 4-4　　　　　　　　　　　　生產成本明細帳

201×年 10 月　　　　　　　　　　　　　　　單位：元

摘要	燃料費	生產用水費	材料費	工資及福利費	折舊費	修理費	其他費用	合計
分配燃料費	3,800,000							3,800,000
分配材料費			402,000					402,000
分配人工費				809,400				809,400
分配水費		270,000					16,000	286,000
分配折舊費					530,000			530,000
分配修理費						350,000		350,000
分配易耗品							22,000	22,000
分配保險費							31,000	31,000
本月合計	3,800,000	270,000	402,000	809,400	530,000	350,000	69,000	6,230,400
本月轉出	3,800,000	270,000	402,000	809,400	530,000	350,000	69,000	6,230,400

成本計算單中，生產量扣除該發電廠用電量即為該發電廠供電量；電力成本除以該發電廠供電量，即為電力單位成本。由於燃料成本占電力成本的比重較大，從重要性原則考慮還要突出反應電力的燃料單位成本，以便加強對燃料成本的分析和考核。

該發電廠根據生產成本明細帳和產量統計資料，編製「電力產品成本計算單」（見表 4-5）。

表 4-5　　　　　　　　　　　　電力產品成本計算單

201×年 10 月

成本項目	生產量（千度）	總成本（元）	單位成本（元）
燃料費		3,800,000	
生產用水費		270,000	
材料費		402,000	
工資及福利費		809,400	107.04
折舊費		530,000	
修理費		350,000	
其他費用		69,000	
合計	—	6,230,400	—
生產量	39,000		
其中：廠用電量	3,500		
廠供電量	35,500		
產品單位成本	—	—	175.50

該發電廠根據生產成本明細帳結轉本月電力成本，編製會計分錄如下：

借：主營業務成本　　　　　　　　　　　　　　6,230,400
　貸：生產成本　　　　　　　　　　　　　　　　　6,230,400

(二) 典型品種法舉例

【例4-2】南方公司201×年8月生產甲、乙兩種產品，本月有關成本計算資料如下：

1. 月初在產品成本

甲、乙兩種產品的月初在產品成本如表4-6所示：

表4-6　　　　　　　　甲、乙產品月初在產品成本資料表
　　　　　　　　　　　　　　　201×年8月　　　　　　　　　　單位：元

摘要	直接材料	直接人工	製造費用	合計
甲產品月初在產品成本	164,000	32,470	3,675	200,145
乙產品月初在產品成本	123,740	16,400	3,350	143,490

2. 本月生產數量

甲產品本月完工500件，月末在產品100件，實際生產工時100,000小時；乙產品本月完工200件，月末在產品40件，實際生產工時50,000小時。甲、乙兩種產品的原材料都在生產開始時一次投入，加工費用發生比較均衡，月末在產品完工程度均為50%。

3. 本月發生生產費用

(1) 本月發出材料匯總表如表4-7所示：

表4-7　　　　　　　　　　　　發出材料匯總表
　　　　　　　　　　　　　　　201×年8月　　　　　　　　　　單位：元

領料部門和用途	原材料	包裝物	低值易耗品	合計
基本生產車間耗用				
甲產品耗用	800,000	10,000		810,000
乙產品耗用	600,000	4,000		604,000
甲、乙產品共同耗用	28,000			28,000
車間一般耗用	2,000		100	2,100
輔助生產車間耗用				
供電車間耗用	1,000			1,000
機修車間耗用	1,200			1,200
廠部管理部門耗用	1,200		400	1,600
合計	1,433,400	14,000	500	1,447,900

註：生產甲、乙兩種產品共同耗用的材料，按甲、乙兩種產品直接耗用原材料的比例進行分配。

（2）本月工資結算匯總表及職工福利費用計算表（簡化格式）如表 4-8 所示：

表 4-8　　　　　　　　　　　　　工資及福利費匯總表

201×年 8 月　　　　　　　　　　　　　　　單位：元

人員類別	應付工資總額	應計提福利費	合計
基本生產車間			
產品生產工人	420,000	58,800	478,800
車間管理人員	20,000	2,800	22,800
輔助生產車間			
供電車間	8,000	1,120	9,120
機修車間	7,000	980	7,980
廠部管理人員	40,000	5,600	45,600
合計	495,000	69,300	564,300

（3）本月以現金支付的費用為 2,500 元，其中基本生產車間負擔的辦公費 250 元，市內交通費 65 元；供電車間負擔的市內交通費 145 元；機修車間負擔的外部加工費 480 元；廠部管理部門負擔的辦公費 1,360 元，材料市內運輸費 200 元。

（4）本月以銀行存款支付的費用為 14,700 元，其中基本生產車間負擔的辦公費 1,000 元，水費 2,000 元，差旅費 1,400 元，設計製圖費 2,600 元；供電車間負擔的水費 500 元，外部修理費 1,800 元；機修車間負擔的辦公費 400 元；廠部管理部門負擔的辦公費 3,000 元，水費 1,200 元，招待費 200 元，市話費 600 元。

（5）本月應計提固定資產折舊費 22,000 元，其中基本生產車間折舊 10,000 元，供電車間折舊 2,000 元，機修車間折舊 4,000 元，廠部管理部門折舊 6,000 元。

（6）根據「預付帳款」帳戶的記錄，本月應分攤財產保險費 3,195 元，其中供電車間負擔 800 元，機修車間負擔 600 元，基本生產車間負擔 1,195 元，廠部管理部門負擔 600 元。

南方公司的成本計算程序如下：

1. 設置有關成本費用明細帳和產品成本計算單

按品種設置基本生產成本明細帳（見表 4-15、表 4-16）和成本計算單（見表 4-26、表 4-27），按車間設置輔助生產成本明細帳（見表 4-17、表 4-18）和製造費用明細帳（見表 4-19），其他與成本計算無關的費用明細帳，如管理費用明細帳等從略。

2. 要素費用的分配

根據各項生產費用發生的原始憑證和其他有關資料，編製各項要素費用分配表，分配各項要素費用。

（1）分配材料費用。生產甲、乙兩種產品共同耗用材料按甲、乙兩種產品直接耗用原材料的比例分配。分配結果見表 4-9、表 4-10。

表 4-9　　　　　　　　　　甲、乙產品共同耗用材料分配表

201×年 8 月　　　　　　　　　　　　單位：元

產品名稱	直接耗用原材料	分配率	分配共耗材料
甲產品	800,000		16,000
乙產品	600,000		12,000
合計	1,400,000	0.02	28,000

表 4-10　　　　　　　　　　　材料費用分配表

201×年 8 月　　　　　　　　　　　　單位：元

會計科目	明細科目	原材料	週轉材料——包裝物	週轉材料——低值易耗品	合計
基本生產成本	甲產品	816,000	10,000		826,000
	乙產品	612,000	4,000		616,000
	小計	1,428,000	14,000		1,442,000
輔助生產成本	供電車間	1,000			1,000
	機修車間	1,200			1,200
	小計	2,200			2,200
製造費用	基本生產車間	2,000		100	2,100
管理費用	修理費	1,200		400	1,600
合計		1,433,400	14,000	500	1,447,900

根據材料費用匯總表，編製發出材料的會計分錄如下：

借：基本生產成本——甲產品　　　　　　　　　　　826,000
　　　　　　　　　——乙產品　　　　　　　　　　　616,000
　　輔助生產成本　　供電車間　　　　　　　　　　1,000
　　　　　　　　　——機修車間　　　　　　　　　　1,200
　　製造費用　　基本生產車間　　　　　　　　　　2,100
　　管理費用——修理費　　　　　　　　　　　　　1,600
　貸：原材料　　　　　　　　　　　　　　　　　　1,433,400
　　　週轉材料——包裝物　　　　　　　　　　　　14,000
　　　週轉材料——低值易耗品　　　　　　　　　　500

（2）分配工資及福利費用。甲、乙兩種產品應分配的工資及福利費按甲、乙兩種產品的實際生產工時比例分配。分配結果見表 4-11。

表 4-11　　　　　　　　　　　工資及福利費用分配表

201×年 8 月　　　　　　　　　　　　　　金額單位：元

分配對象			工資		福利費	
會計科目	明細科目	分配標準	分配率	分配額	分配率	分配額
基本生產成本	甲產品	100,000		280,000		39,200
	乙產品	50,000		140,000		19,600
	小計	150,000	2.80	420,000	0.392	58,800
輔助生產成本	供電車間			8,000		1,120
	機修車間			7,000		980
	小計			15,000		2,100
製造費用	基本生產車間			20,000		2,800
管理費用	工資、福利費			40,000		5,600
合計				495,000		69,300

根據工資及福利費分配表，編製工資及福利費分配業務的會計分錄如下：

借：基本生產成本——甲產品　　　　　　　　　　　　280,000
　　　　　　　　——乙產品　　　　　　　　　　　　140,000
　　輔助生產成本——供電車間　　　　　　　　　　　8,000
　　　　　　　　——機修車間　　　　　　　　　　　7,000
　　製造費用——基本生產車間　　　　　　　　　　　20,000
　　管理費用——修理費　　　　　　　　　　　　　　40,000
　貸：應付職工薪酬——工資　　　　　　　　　　　495,000
借：基本生產成本——甲產品　　　　　　　　　　　　39,200
　　　　　　　　——乙產品　　　　　　　　　　　　19,600
　　輔助生產成本——供電車間　　　　　　　　　　　1,120
　　　　　　　　——機修車間　　　　　　　　　　　980
　　製造費用——基本生產車間　　　　　　　　　　　2,800
　　管理費用——修理費　　　　　　　　　　　　　　5,600
　貸：應付職工薪酬——福利費　　　　　　　　　　69,300

（3）計提固定資產折舊費用及攤銷待攤費用。分配結果見表 4-12、表 4-13。

表 4-12　　　　　　　　　　　折舊費用計算表

201×年 8 月　　　　　　　　　　　　　　單位：元

會計科目	明細科目	費用項目	分配金額
製造費用	基本生產車間	折舊費	10,000

表4-12(續)

會計科目	明細科目	費用項目	分配金額
輔助生產成本	供電車間	折舊費	2,000
	機修車間	折舊費	4,000
管理費用		折舊費	6,000
合計			22,000

根據折舊費用計算表，編製計提折舊的會計分錄如下：
借：製造費用——基本生產車間　　　　　　　　　　　10,000
　　輔助生產成本——供電車間　　　　　　　　　　　2,000
　　　　　　　　——機修車間　　　　　　　　　　　4,000
　　管理費用——折舊費　　　　　　　　　　　　　　6,000
　　貸：累計折舊　　　　　　　　　　　　　　　　　22,000

表 4-13　　　　　　　待攤費用（財產保險費）分配表
　　　　　　　　　　　　　201×年 8 月　　　　　　　　　單位：元

會計科目	明細科目	費用項目	分配金額
製造費用	基本生產車間	保險費	1,195
輔助生產成本	供電車間	保險費	800
	機修車間	保險費	600
管理費用		保險費	600
合計			3,195

根據待攤費用分配表，編製攤銷財產保險費的會計分錄如下：
借：製造費用——基本生產車間　　　　　　　　　　　1,195
　　輔助生產成本——供電車間　　　　　　　　　　　800
　　　　　　　　——機修車間　　　　　　　　　　　600
　　管理費用——財產保險費　　　　　　　　　　　　600
　　貸：預付帳款——財產保險費　　　　　　　　　　3,195

（4）分配本月現金和銀行存款支付費用。分配結果見表4-14。

表 4-14　　　　　　　　　　其他費用分配表
　　　　　　　　　　　　　201×年 8 月　　　　　　　　　單位：元

會計科目	明細科目	現金支付	銀行存款支付	合計
製造費用	基本生產車間	315	7,000	7,315
輔助生產成本	供電車間	145	2,300	2,445
	機修車間	480	400	880

表4-14(續)

會計科目	明細科目	現金支付	銀行存款支付	合計
管理費用		1,560	5,000	6,560
合計		2,500	14,700	17,200

根據其他費用分配表,編製會計分錄如下:

借:製造費用——基本生產車間　　　　　　　　　　　7,315
　　輔助生產成本——供電車間　　　　　　　　　　　2,445
　　　　　　　——機修車間　　　　　　　　　　　　880
　　管理費用——財產保險費　　　　　　　　　　　　6,560
　貸:庫存現金　　　　　　　　　　　　　　　　　　2,500
　　　銀行存款　　　　　　　　　　　　　　　　　14,700

(5) 根據各項要素費用分配表及編製的會計分錄,登記有關基本生產成本明細帳(見表4-15、表4-16)、輔助生產成本明細帳(見表4-17、表4-18)和製造費用明細帳(見表4-19)。

表4-15　　　　　　　　　　　基本生產成本明細帳

產品名稱:甲產品　　　　　　　　　　　　　　　　　　　　單位:元

| 10年 || 憑證字號 | 摘要 | 直接材料 | 直接人工 | 製造費用 | 合計 |
月	日						
7	31		月末在產品成本	164,000	32,470	3,675	200,145
8	31	略	材料費用分配表	826,000			826,000
	31		工資福利費分配表		319,200		319,200
	31		生產用電分配表	6,120			6,120
	31		製造費用分配表			37,300	37,300
	31		本月生產費用合計	832,120	319,200	37,300	1,188,620
	31		本月累計	996,120	351,670	40,975	1,388,765
	31		結轉完工入庫產品成本	830,100	319,700	37,250	1,187,050
	31		月末在產品成本	166,020	31,970	3,725	201,715

表4-16　　　　　　　　　　　基本生產成本明細帳

產品名稱:乙產品　　　　　　　　　　　　　　　　　　　　單位:元

| 10年 || 憑證字號 | 摘要 | 直接材料 | 直接人工 | 製造費用 | 合計 |
月	日						
7	31		月末在產品成本	123,740	16,400	3,350	143,490
8	31	略	材料費用分配表	616,000			616,000

表4-16(續)

10年		憑證字號	摘要	直接材料	直接人工	製造費用	合計
月	日						
	31		工資福利費分配表		159,600		159,600
	31		生產用電分配表	3,060			3,060
	31		製造費用分配表			18,650	18,650
	31		本月生產費用合計	619,060	159,600	18,650	797,310
	31		本月累計	742,800	176,000	22,000	940,800
	31		結轉完工入庫產品成本	619,000	160,000	20,000	799,000
	31		月末在產品成本	123,800	16,000	2,000	141,800

表 4-17　　　　　　　　　輔助生產成本明細帳
車間名稱：供電車間　　　　　　　　　　　　　　　　　單位：元

10年		憑證字號	摘要	直接材料	直接人工	製造費用	合計
月	日						
8	1	略	材料費用分配表	1,000			1,000
	31		工資福利費分配表		9,120		9,120
	31		計提折舊費			2,000	2,000
	31		分攤財產保險費			800	800
	31		其他費用			2,445	2,445
	31		本月合計	1,000	9,120	5,245	15,365
	31		結轉各受益部門	1,000	9,120	5,245	15,365

表 4-18　　　　　　　　　輔助生產成本明細帳
車間名稱：機修車間　　　　　　　　　　　　　　　　　單位：元

10年		憑證字號	摘要	直接材料	直接人工	製造費用	合計
月	日						
8	31	略	材料費用分配表	1,200			1,200
	31		工資及福利費分配表		7,980		7,980
	31		計提折舊費			4,000	4,000
	31		分攤財產保險費			600	600
	31		其他費用			880	880
	31		本月合計	1,200	7,980	5,480	14,660
	31		結轉各受益部門	1,200	7,980	5,480	14,660

表 4-19　　　　　　　　　　　製造費用明細帳

車間名稱：基本生產車間　　　　　　　　　　　　　　　　　　　　　　　單位：元

10年 月	日	憑證號	摘要	材料費	人工費	折舊費	修理費	水電費	保險費	其他	合計
8	31	略	材料費用分配表	2,100							2,100
	31		工資及福利費分配表		22,800						22,800
	31		折舊費用計算表			10,000					10,000
	31		待攤費用分配表						1,195		1,195
	31		其他費用分配表							7,315	7,315
	31		輔助生產分配表				10,500	2,040			12,540
	31		本月合計	2,100	22,800	10,000	10,500	2,040	1,195	7,315	55,950
	31		結轉製造費用	2,100	22,800	10,000	10,500	2,040	1,195	7,315	55,950

3. 分配輔助生產費用

（1）根據各輔助生產車間製造費用明細帳匯集的製造費用總額，分別轉入該車間輔助生產成本明細帳。本例題供電車間和機修車間提供單一產品或服務，未單獨設置製造費用明細帳，車間發生的間接費用直接計入各車間輔助生產成本明細帳。

（2）根據輔助生產成本明細帳（見表 4-17、表 4-18）歸集的待分配輔助生產費用和輔助生產車間本月勞務供應量，採用計劃成本分配法分配輔助生產費用（見表 4-21），並據以登記有關生產成本明細帳或成本計算單和有關費用明細帳。

本月供電車間和機修車間提供的勞務量見表 4-20。每度電的計劃成本為 0.34 元，每小時機修費的計劃成本為 3.50 元；成本差異全部由管理費用負擔。按車間生產甲、乙兩種產品的生產工時比例分配，其中甲產品的生產工時為 100,000 小時，乙產品的生產工時為 50,000 小時。分配記入產品成本計算單中「直接材料」成本項目，分配結果見表 4-22。

表 4-20　　　　　　　供電和機修車間提供的勞務量表

受益部門	供電車間（度）	機修車間（小時）
供電車間		400
機修車間	3,000	
基本生產車間	33,000	3,000
產品生產	27,000	
一般耗費	6,000	3,000
廠部管理部門	10,000	1,100
合計	46,000	4,500

表 4-21　　　　　　　　　　輔助生產費用分配表
201×年 8 月

受益部門	供電（單位成本 0.34 元）		機修（單位成本 3.50 元）	
	用電度數（度）	計劃成本（元）	機修工時（小時）	計劃成本（元）
供電車間			400	1,400
機修車間	3,000	1,020		
基本生產車間	33,000	11,220	3,000	10,500
產品生產	27,000	9,180		
一般耗費	6,000	2,040	3,000	10,500
廠部管理部門	10,000	3,400	1,100	3,850
合計	46,000	15,640	4,500	15,750
實際成本		16,765		15,680
成本差異		1,125		-70

註：供電車間實際成本 = 15,365 + 1,400 = 16,765（元）
　　機修車間實際成本 = 14,660 + 1,020 = 15,680（元）

表 4-22　　　　　　　　　　產品生產用電分配表
2010 年 8 月　　　　　　　　　　　　　　　　單位：元

產品	生產工時（小時）	分配率	分配金額
甲產品	100,000		6,120
乙產品	50,000		3,060
合計	150,000	0.061,2	9,180

根據輔助生產費用分配表，編製會計分錄如下：
①結轉輔助生產計劃成本。
借：輔助生產成本——供電車間　　　　　　　　　　　　1,400
　　　　　　　　——機修車間　　　　　　　　　　　　1,020
　　基本生產成本——甲產品　　　　　　　　　　　　　6,120
　　　　　　　　——乙產品　　　　　　　　　　　　　3,060
　　製造費用——基本生產車間　　　　　　　　　　　12,540
　　管理費用　　　　　　　　　　　　　　　　　　　　7,250
　　貸：輔助生產成本——供電車間　　　　　　　　　15,640
　　　　　　　　　　——機修車間　　　　　　　　　15,750
②結轉輔助生產成本差異，為了簡化成本計算工作，成本差異全部計入管理費用。
借：管理費用　　　　　　　　　　　　　　　　　　　　1,055
　　貸：輔助生產成本——供電車間　　　　　　　　　　1,125

——機修車間

4. 分配製造費用

根據基本生產車間製造費用明細帳（見表4-19）歸集的製造費用總額，編製製造費用分配表，並登記基本生產成本明細帳和有關成本計算單。

本例題按甲、乙兩種產品的生產工時比例分配製造費用，分配結果見表4-23。

表4-23　　　　　　　　　　　製造費用分配表

車間名稱：基本生產車間　　　　　　　　　　　　　　　　　　　　單位：元

產品	生產工時（小時）	分配率	分配金額
甲產品	100,000		37,300
乙產品	50,000		18,650
合計	150,000	0.373	55,950

根據製造費用分配表，編製會計分錄如下：

借：基本生產成本——甲產品　　　　　　　　　　　37,300
　　　　　　　　　——乙產品　　　　　　　　　　　18,650
　貸：製造費用——基本生產車間　　　　　　　　　　55,950

5. 在完工產品與在產品之間分配生產費用

根據各產品成本計算單歸集的生產費用合計數和有關生產數量記錄，在完工產品和月末在產品之間分配生產費用。

南方公司本月甲產品完工入庫500件，月末在產品100件；乙產品完工入庫200件，月末在產品40件。按約當產量法分別計算甲、乙兩種產品的完工產品成本和月末在產品成本。月末在產品約當產量計算情況見表4-24和表4-25。

表4-24　　　　　　　　　　　在產品約當產量計算表

產品名稱：甲產品　　　　　　　　　　　　　　　　　　　　　　單位：件

成本項目	在產品數量	投料程度（加工程度）	約當產量
直接材料	100	100%	100
直接人工	100	50%	50
製造費用	100	50%	50

表4-25　　　　　　　　　　　在產品約當產量計算表

產品名稱：乙產品　　　　　　　　　　　　　　　　　　　　　　單位：件

成本項目	在產品數量	投料程度（加工程度）	約當產量
直接材料	40	100%	40
直接人工	40	50%	20
製造費用	40	50%	20

根據甲、乙兩種產品的月末在產品約當產量，採用約當產量法在甲、乙兩種產品的完工產品與月末在產品之間分配生產費用。編製成本計算單見表4-26、表4-27。

表4-26　　　　　　　　　　　產品成本計算單　　　　　　　　　　　單位：元

產品名稱：甲產品　　　　　　　產成品：500件　　　　　　　　在產品：100件

摘要	直接材料	直接人工	製造費用	合計
月初在產品成本	164,000	32,470	3,675	200,145
本月發生生產費用	832,120	319,200	37,300	1,188,620
生產費用合計	996,120	351,670	40,975	1,388,765
完工產品數量（件）	500	500	500	
在產品約當量（件）	100	50	50	
總約當產量（件）	600	550	550	
分配率（單位成本）	1,660.20	639.40	74.50	2,374.10
完工產品總成本	830,100	319,700	37,250	1,187,050
月末在產品成本	166,020	31,970	3,725	201,715

表4-27　　　　　　　　　　　產品成本計算單

產品名稱：乙產品　　　　　　　產成品：200件　　　　　　　　在產品：40件

摘要	直接材料	直接人工	製造費用	合計
月初在產品成本	123,740	16,400	3,350	143,490
本月發生生產費用	619,060	159,600	18,650	797,310
生產費用合計	742,800	176,000	22,000	940,800
完工產品數量	200	200	200	
在產品約當量	40	20	20	
總約當產量	240	220	220	
分配率（單位成本）	3,095	800	100	
完工產品總成本	619,000	160,000	20,000	799,000
月末在產品成本	123,800	16,000	2,000	141,800

6. 編製完工產品成本匯總表

根據表4-26、表4-27中的分配結果，編製完工產品成本匯總表（見表4-28），並據以結轉完工產品成本。

表4-28　　　　　　　　　　　完工產品成本匯總表

　　　　　　　　　　　　　　　201×年8月　　　　　　　　　　　單位：元

成本項目	甲產品（500件）		乙產品（200件）	
	總成本	單位成本	總成本	單位成本
直接材料	830,100	1,660.20	619,000	3,095

表4-28(續)

成本項目	甲產品（500件）		乙產品（200件）	
	總成本	單位成本	總成本	單位成本
直接人工	319,700	639.40	160,000	800
製造費用	37,250	74.50	20,000	100
合計	1,187,050	2,374.10	799,000	3,995

根據完工產品成本匯總表或成本計算單及成品入庫單，結轉完工入庫產品的生產成本。編製會計分錄如下：

借：庫存商品——甲產品　　　　　　　　　　　　　　1,187,050
　　　　　　——乙產品　　　　　　　　　　　　　　 799,000
　　貸：基本生產成本——甲產品　　　　　　　　　　 1,187,050
　　　　　　　　　——乙產品　　　　　　　　　　　 799,000

通過上述舉例，可以看出產品成本計算實際上是會計核算中成本費用科目的明細核算。為了正確計算各產品成本，必須正確編製各種費用分配表和分配、歸集各項費用的會計分錄，並且按平行登記的原理，既登記有關總帳，又登記該總帳科目所屬的明細帳。最後將各種生產費用分配歸集到基本生產成本帳戶及其所屬的各種產品成本的明細帳中，計算各種產品的總成本和單位成本。

第二節　分批法

一、分批法的基本內容

（一）分批法的含義和適用範圍

分批法是以產品的批別（或訂單）為計算對象，歸集費用，計算產品成本的一種方法。在小批單件生產的企業中，企業的生產活動基本上是根據訂貨單位的訂單簽發工作號來組織生產的。按產品批別計算產品成本，往往與按訂單計算產品成本相一致，因此分批法也叫訂單法。分批法主要適用於單件、小批生產的重型機械、船舶、精密工具、儀器等製造企業；不斷更新產品種類的時裝等製造企業；新產品的試製、機器設備的修理作業以及輔助生產的工具、器具、模具的製造。

（二）分批法的特點

1. 以產品的批別（或訂單）作為成本計算對象

嚴格說來，按批別組織生產，並不一定就是按訂單組織生產，還要結合企業自身的生產負荷能力來合理組織安排產品生產的批量與批次。

（1）如果一張訂單中要求生產好幾種產品，為了便於考核分析各種產品的成本計劃執行情況、加強生產管理，就要將該訂單按照產品的品種劃分成幾個批別組織生產。

（2）如果一張訂單中只要求生產一種產品，但數量極大，超過企業的生產負荷能力，或者購貨單位要求分批交貨的，也可將該訂單分為幾個批別組織生產。

（3）如果一張訂單中只要求生產一種產品，但該產品屬於價值高、生產週期長的大型複雜產品（如萬噸輪），也可將該訂單按產品的零部件分為幾個批別組織生產。

（4）如果在同一時期接到的幾張訂單要求生產的都是同一種產品，為了更經濟合理地組織生產，也可將這幾張訂單合為一批組織生產。

因此，在某種意義上，分批法的批別或批次應是指內部訂單，而與外部訂單不是嚴格一致的。

2. 間接費用在各批次或各訂單之間分配可以選擇採用「當月分配法」或「累計分配法」

（1）「當月分配法」的特點是分配間接費用（主要為製造費用）時，不論各批次或各訂單產品是否完工，都要按當月分配率分配其應負擔的間接費用。採用「當月分配法」，各月份月末間接費用明細帳沒有餘額，未完工批次或訂單也要按月結轉間接費用。如果企業在投產批次比較多而多數為未完工批次或訂單時，按月結轉未完工批次產品的間接費用意義不大，而且手續繁瑣。在這種情況下，就應考慮採用「累計分配法」分配間接費用。

（2）「累計分配法」的特點是分配間接費用時，只對當月完工的批次或訂單按累計分配率進行分配，將未完工批次或訂單的間接費用總額保留在間接費用明細帳中不進行分配，但在各批產品成本計算單中要按月登記發生的工時，以便計算各月的累計分配率和在某批次產品完工時，按其累計工時匯總結轉應負擔的間接費用總額。採用「累計分配法」，間接費用明細帳月末留有餘額，完工批次或訂單一次負擔其間接費用，因此可以簡化成本核算工作。但是如果各月份的間接費用水平相差懸殊，採用這種方法會影響各月成本計算的準確性。

3. 成本計算期與會計報告期不一致，與生產週期一致

採用分批法計算產品成本的企業，各批產品成本計算單雖然按月歸集費用，但只有在該批次或訂單產品全部完工時，才能計算其實際成本。當某一批次產品完工后，各基本生產車間應及時進行清理盤點，盤點出來的該批次的在產品及剩餘材料應辦理退庫手續並相應衝減該批次產品成本，如果某批次產品尚未完工，則不計算其成本。因此，分批法的產品成本計算是不定期的，成本計算期與某批次或訂單產品的生產週期一致。

4. 在完工產品與月末在產品之間分配生產費用

在單件或小批生產，購貨單位要求一次交貨的情況下，每批產品要求同時完工，這樣該批產品完工前的成本明細帳上歸集的生產費用，即為在產品成本；完工後的成本明細帳上所歸集的生產費用，即為完工產品成本。因此，在通常情況下，生產費用不需要在完工產品和在產品之間分配。但是如果產品批量較大、購貨單位要求分次交貨時，就會出現批內產品跨月陸續完工的情況，這時應採用適當的方法將生產費用在完工產品和月末在產品之間分配，採用的分配方法視批內產品跨月陸續完工的數量占批量的比重大小而定。

(三) 分批法的成本計算程序

第一，按產品批別設置產品基本生產成本明細帳、輔助生產成本明細帳、帳內按成本項目設置專欄，按車間設置製造費用明細帳。

第二，根據各生產費用的原始憑證或原始憑證匯總表和其他有關資料，編製各種要素費用分配表，分配各要素費用並登帳。對於直接計入費用，應按產品批別列示並直接計入各個批別的產品成本明細帳；對於輔助生產車間發生的直接費用，直接計入輔助生產成本明細帳；對於間接計入費用，應按生產地點歸集，並按適當的方法分配計入各個批別的產品成本明細帳。

第三，期末，將輔助生產車間歸集的製造費用分配轉入輔助生產成本明細帳，再匯集輔助生產車間發生的費用，按其提供的勞務數量，在各批別或訂單產品、製造費用以及其他受益對象之間進行分配。對於輔助生產車間生產的產品，應計算其完工產品成本，從輔助生產成本明細帳中轉出。

第四，將基本生產車間「製造費用明細帳」中歸集的製造費用進行匯總，根據投產的批別或訂單的完成情況，選擇採用「當月分配法」或「累計分配法」分配製造費用。對於投產批別多數完工的情況，或各月費用發生不均衡的情況，應採用「當月分配法」；相反，則應選擇「累計分配法」。

第五，月末根據完工批別產品的完工通知單，將計入已完工的該批產品的成本明細帳所歸集的生產費用，按成本項目加以匯總，計算出該批完工產品的總成本和單位成本，並轉帳。如果出現批內產品跨月陸續完工並已銷售或提貨的情況，這時應採用適當的方法將生產費用在完工產品和月末在產品之間分配，計算出該批已完工產品的總成本和單位成本。

二、間接費用的「當月分配法」舉例

【例4-3】某單件小批生產企業設有兩個基本生產車間和一個輔助生產車間，成本核算採用一級核算體制。由於產品生產是按「生產任務通知單」分批投產，而且投產批次不是很多，所以成本計算採用分批法，製造費用分配採用「當月分配法」。該企業各批次產品的生產，都是在工序加工過程中陸續投料，在產品完工程度為50%。完工產品和在產品之間的費用分配採用約當產量法。輔助生產車間的間接費用通過「製造費用」進行歸集，基本生產成本明細帳設置「直接材料」「直接人工」和「製造費用」三個成本項目。

該企業5月份產品的生產情況如下：

307批次甲產品，3月份投產10臺，5月份完工，由第一基本生產車間負責生產；

406批次乙產品，4月份投產100臺，5月份完工40臺，在產品60臺，由第二基本生產車間負責生產；

408批次丙產品，4月份投產60臺，5月份尚無一臺完工，由第一基本生產車間負責生產；

501批次丁產品，5月份投產50臺，當月全部完工，由第二基本生產車間負責生產。

該企業成本計算程序如下：

第一、確立成本核算的帳簿體系，即成本計算對象。按批別設置成本計算單（4個），設置輔助生產成本明細帳（1個），設置製造費用明細帳（2個）。

第二、根據費用發生的原始憑證，編製要素費用分配表，並進行相應的帳務處理（本例略），據以登記有關明細帳和成本計算單。登記方法為各車間、各批次的直接費用直接計入，發生的間接費用按其地點歸集計入製造費用明細帳中。

第三、歸集和分配輔助生產費用。月末，先匯總修理車間的「製造費用明細帳」（見表4-35），將發生的費用86,200元轉入修理車間的「輔助生產成本明細帳」中的「製造費用」專欄（見表4-32）。然后，再對「輔助生產成本明細帳」中歸集的費用，按各受益對象耗用的修理工時進行分配。修理車間提供的修理工時資料，直接列示於編製的「輔助生產成本分配明細表」（見表4-40）。根據輔助生產成本的分配情況進行相應的帳務處理，據以登記到基本生產車間的「製造費用明細帳」的「修理費」專欄（見表4-33和表4-34）及「管理費用明細帳」（略）中。

第四、歸集和分配基本生產車間「製造費用明細帳」。將一車間、二車間發生的製造費用匯總，分別按照各車間生產各批次產品的本月實際工時比例進行分配，編製一車間、二車間「製造費用分配明細表」（見表4-41和表4-42），據以分別轉入各批次「產品成本計算單」的「製造費用」專欄中。

第五、計算、結轉車間完工產品成本。307批次甲產品1臺和501批次丁產品50臺本月完工，將其產品成本計算單中登記的費用進行匯總，即可求得307批次和501批次產品的完工總成本；408批次丙產品由於全部為在產品，所以成本計算單匯集的費用即為月末在產品成本，無須進行完工產品和在產品成本的分配計算；只有406批次乙產品本月存在批內陸續完工情況，應採用約當產量法計算40臺完工產品和60臺在產品成本，計算結果直接填列在其產品成本計算單中（見表4-36～表4-39）。

第六、匯總一車間和二車間的「完工產品車間成本匯總表」（見表4-30和表4-31），編製「產品成本匯總計算表」（見表4-29），據以進行產成品驗收入庫的帳務處理。

表4-29　　　　　　　　　　產品成本匯總計算表
201×年5月　　　　　　　　　　　　　　　　單位：元

項目產品批次		產量（臺）	直接材料	直接工資	製造費用	合計
307批次甲產品	總成本	10	835,000	471,000	497,600	1,803,600
	單位成本		835,000	471,000	497,600	1,803,600
406批次乙產品	總成本	40	563,200	384,000	214,280	1,161,480
	單位成本		140,800	96,000	53,570	290,370
501批次丁產品	總成本	50	286,000	225,000	33,300	544,300
	單位成本		57,200	45,000	6,660	108,860
總成本合計			1,684,200	1,080,000	745,180	3,509,380

表 4-30　　　　　　　　　完工產品車間成本匯總表（一車間）

201×年 5 月　　　　　　　　　　　　　　單位：元

產品批次	產量（臺）	直接材料	生產工時（小時）	直接工資	製造費用	費用合計
307 批次甲產品	10	835,000	96,000	471,000	497,600	1,803,600
合計	—	835,000	96,000	471,000	497,600	1,803,600

表 4-31　　　　　　　　　完工產品車間成本匯總表（二車間）

201×年 5 月　　　　　　　　　　　　　　單位：元

產品批次	產量（臺）	直接材料	生產工時	直接工資	製造費用	費用合計
406 批次乙產品	40	563,200	30,000	384,000	214,280	1,161,480
501 批次丁產品	50	286,000	9,600	225,000	33,300	544,300
合計		849,200	39,600	609,000	247,580	1,705,780

表 4-32　　　　　　　　　修理車間輔助生產成本明細帳

201×年 5 月　　　　　　　　　　　　　　單位：元

摘要	直接材料	直接工資	製造費用	合計
分配材料費	44,300			44,300
分配工資及福利費		37,500		37,500
分配製造費用			86,200	86,200
合計	44,300	37,500	86,200	168,000
轉出	44,300	37,500	86,200	168,000

表 4-33　　　　　　　　　製造費用明細帳（第一基本生產車間）

201×年 5 月　　　　　　　　　　　　　　單位：元

摘要	工資及福利費	辦公費	折舊費	勞動保護費	機物料	修理費	其他	合計
合計	42,840	29,800	36,000	38,200	26,600	105,000	39,000	317,440
轉出	42,840	29,800	36,000	38,200	26,600	105,000	39,000	317,440

表 4-34　　　　　　　　　製造費用明細帳（第二基本生產車間）

201×年 5 月　　　　　　　　　　　　　　單位：元

摘要	工資及福利費	辦公費	折舊費	勞動保護費	機物料	修理費	其他	合計
合計	21,000	19,300	18,000	7,500	12,270	32,620	7,600	118,290
轉出	21,000	19,300	18,000	7,500	12,270	32,620	7,600	118,290

表 4-35　　　　　　　　　　製造費用明細帳（修理車間）
201×年 5 月　　　　　　　　　　單位：元

摘要	辦公費	折舊費	勞動保護費	其他	合計
合計	17,500	42,000	16,000	10,700	86,200
轉出	17,500	42,000	16,000	10,700	86,200

表 4-36　　　　　　　　　　產品成本計算單（307 批次甲產品）
201×年 5 月　　　　　　　　　　單位：元
車間別：一車間　　　　　　批量：10 臺　　　　　　完工：10 臺

摘要	直接材料	生產工時（小時）	直接工資	製造費用	費用合計
月初在產品成本	560,000	62,000	320,000	280,000	1,160,000
分配材料費	275,000	—	—	—	275,000
分配工資及福利費	—	34,000	151,000	—	151,000
分配製造費用	—	—	—	217,600	217,600
合計	835,000	96,000	471,000	497,600	1,803,600
轉出完工產品成本	835,000	96,000	471,000	497,600	1,803,600

表 4-37　　　　　　　　　　產品成本計算單（408 批次丙產品）
201×年 5 月　　　　　　　　　　單位：元
車間別：一車間　　　　　　批量：60 臺　　　　　　完工：0 臺

摘要	直接材料	生產工時（小時）	直接工資	製造費用	費用合計
月初在產品成本	155,000	18,000	91,000	675,000	921,000
分配材料費	121,000	—	—	—	121,000
分配工資及福利費	—	15,600	87,000	—	87,000
分配製造費用	—	—	—	99,840	99,840
合計	276,000	33,600	178,000	774,840	1,228,840
月末在產品成本	276,000	33,600	178,000	774,840	1,228,840

表 4-38　　　　　　　　　　產品成本計算單（406 批次乙產品）
201×年 5 月　　　　　　　　　　單位：元
車間別：二車間　　　　　　批量：100 臺　　　　　　完工：40 臺

摘要	直接材料	生產工時（小時）	直接工資	製造費用	費用合計
月初在產品成本	580,000	28,000	360,000	290,000	1,230,000
分配材料費	405,600	—	—	—	405,600

表4-38(續)

摘要	直接材料	生產工時（小時）	直接工資	製造費用	費用合計
分配工資及福利費	—	24,500	312,000	—	312,000
分配製造費用	—	—	—	84,990	84,990
合計	985,600	52,500	672,000	374,990	2,032,590
約當產量（臺）	70	70	70	70	70
單位成本	140,800	7,500	96,000	53,570	290,370
轉出完工產品成本	563,200	30,000	384,000	214,280	1,161,480
月末在產品成本	422,400	22,500	288,000	160,710	871,110

表 4-39　　　　　　　　　產品成本計算單（501 批次丁產品）
201×年 5 月　　　　　　　　　　　　　單位：元
車間別：二車間　　　　　　批量：50 臺　　　　　　　　完工：50 臺

摘要	直接材料	生產工時（小時）	直接工資	製造費用	費用合計
分配材料費	286,000				286,000
分配工資及福利費		9,600	225,000		225,000
分配製造費用				33,300	33,300
合計	286,000	9,600	225,000	33,300	544,300
轉出完工產品成本	286,000	9,600	225,000	33,300	544,300

表 4-40　　　　　　　　輔助生產成本分配明細表（修理車間）
201×年 5 月

分配對象		實際工時（小時）	分配率（元/小時）	分配金額（元）
基本生產	一車間	37,500		105,000
	二車間	11,650		32,620
行政管理部門		10,850		30,380
合計		60,000	2.8	168,000

表 4-41　　　　　　　　製造費用分配明細表（第一基本生產車間）
201×年 5 月

分配對象	實際工時（小時）	分配率（元/小時）	分配金額（元）
307 批次甲產品	34,000		217,600
408 批次丙產品	15,600		99,840
合計	49,600	6.4	317,440

表 4-42　　　　　　　製造費用分配明細表（第二基本生產車間）
201×年 5 月

分配對象	實際工時（小時）	分配率（元/小時）	分配金額（元）
406 批次乙產品	24,500		84,990
501 批次丁產品	9,600		33,300
合計	34,100	3.469	118,290

三、間接費用「累計分配法」舉例

【例4-4】某單件小批生產企業實行一級成本核算組織方式，由於投產產品批次較多，但完工批次較少，所以成本計算採用分批法，製造費用採用「累計分配法」。該企業 201×年 5 月從事 8 批產品的生產加工，分別是 301#、302#、303#、401#、402#、403#、501#和502#；成本項目包括「直接材料」「直接人工」和「製造費用」三項。本月只有 301#和302#產品完工，其他 6 批產品均未完工。

成本計算程序如下：

第一，設置產品成本計算單及有關帳簿體系。本例應按 8 批產品設置 8 張產品成本計算單，此題只列示了 301#、302#、303#和401#產品成本計算單，分別見表 4-43、表 4-44、表 4-45 和表 4-46。另外還設置了「基本生產成本明細帳」（見表 4-47）和「製造費用明細帳」（見表 4-48）。為簡化舉例，其他帳表略。

表 4-43　　　　　　　產品成本計算單（301#）　　　　　　　單位：元
批量：100 臺　　　　　　201×年 5 月　　　　　　　完工：100 臺

摘要	工時	直接材料	直接人工	製造費用	合計
月初在產品成本	69,700	658,000	446,000	—	1,104,000
本月發生費用	28,500	195,000	151,000	785,600	1,131,600
合計	98,200	853,000	597,000	785,600	2,235,600
轉出完工產品成本	98,200	853,000	597,000	785,600	2,235,600
單位成本	9,820	85,300	59,700	78,560	223,560

表 4-44　　　　　　　產品成本計算單（302#）　　　　　　　單位：元
批量：50 臺　　　　　　　201×年 5 月　　　　　　　完工：50 臺

摘要	工時（小時）	直接材料	直接人工	製造費用	合計
月初在產品成本	38,000	293,000	284,000	—	577,000
本月發生費用	15,100	169,000	113,000	424,800	706,800
合計	53,100	462,000	397,000	424,800	1,283,800
轉出完工產品成本	53,100	462,000	397,000	424,800	1,283,800
單位成本	10,620	92,400	79,400	84,960	256,760

表 4-45　　　　　　　　　　產品成本計算單（303#）　　　　　　　單位：元

批量：120 臺　　　　　　　　　　201×年 5 月　　　　　　　　　　完工：0 臺

摘要	工時 （小時）	直接材料	直接人工	製造費用	合計
月初在產品成本	78,500	678,000	456,000		1,134,000
本月發生費用	30,200	256,000	207,000		463,000
合計	108,700	934,000	663,000		1,597,000

表 4-46　　　　　　　　　　產品成本計算單（401#）　　　　　　　單位：元

批量：30 臺　　　　　　　　　　201×年 5 月　　　　　　　　　　完工：0 臺

摘要	工時 （小時）	直接材料	直接人工	製造費用	合計
月初在產品成本	15,600	273,000	181,000		454,000
本月發生費用	16,400	283,000	161,000		444,000
合計	32,000	556,000	342,000		898,000

表 4-47　　　　　　　　　　基本生產成本明細帳

201×年 5 月　　　　　　　　　　　　　　　　　　　　　　　　單位：元

摘要	工時 （小時）	直接材料	直接人工	製造費用	合計
月初在產品成本	583,000	5,910,000	4,690,000	—	10,600,000
本月發生費用	177,000	1,730,000	1,960,000	1,210,400	4,900,400
合計	760,000	7,640,000	6,650,000	1,210,400	15,500,400
轉出完工產品成本	151,300	1,315,000	994,000	1,210,400	3,519,400
月末在產品成本	608,700	6,325,000	5,656,000	—	11,981,000

表 4-48　　　　　　　　　　製造費用明細帳

201×年 5 月

摘要	工資及 福利費	辦公費	折舊費	修理費	機物料	水電費	其他	合計
月初余額								3,250,000
本月發生額	560,000	313,000	890,000	625,000	220,000	105,000	117,000	2,830,000
合計	560,000	313,000	890,000	625,000	220,000	105,000	117,000	6,080,000
本月轉出								1,210,400
月末余額								4,869,600

第二，根據各項費用發生的原始憑證，編製要素費用分配表，據以登記有關明細

帳和成本計算單。「直接材料」「直接人工」費用直接計入成本計算單的相應項目中；間接費用先歸集到「製造費用明細帳」中，同時還要按不同批別產品登記其生產工時情況。

第三，將「製造費用明細帳」登記的費用匯總，編製「製造費用分配表」（見表4-49），計算累計分配率，對完工各批次產品分配製造費用，並計入完工批次產品成本計算單中。未完工各批次產品本月不分配製造費用，未完工批次產品發生的製造費用匯總保留在「製造費用明細帳」或「基本生產成本明細帳」中。

表 4-49　　　　　　　　　　製造費用分配表
201×年 5 月

分配對象	累計工時（小時）	累計分配率（元/小時）	累計製造費用（元）
301#產品	98,200		785,600
302#產品	53,100		424,800
小計	151,300		1,210,400
未完工產品	608,700		4,869,600
合計	760,000	8	6,080,000

第四，匯總完工各批次產品的成本，編製「完工產品成本匯總計算表」（見表4-50），據以登記「基本生產成本明細帳」（見表4-47），並辦理完工產品的入庫手續。

表 4-50　　　　　　　　　　完工產品成本匯總表
201×年 5 月　　　　　　　　　　　　　　　　單位：元

產品批次	產品（臺）	生產工時（小時）	直接材料	直接人工	製造費用	費用合計
301#產品	100	98,200	853,000	597,000	785,600	2,235,600
302#產品	50	53,100	462,000	397,000	424,800	1,283,800
合計	—	151,300	1,315,000	994,000	1,210,400	3,519,400

第三節　分步法

一、分步法的基本內容

(一) 分步法的含義及適用範圍

分步法是以產品生產步驟和產品品種為成本計算對象，來歸集和分配生產費用、計算產品成本的一種方法。分步法主要適用於連續、大量、多步驟生產的工業企業，如冶金、水泥、紡織、釀酒、磚瓦等企業。這些企業從原材料投入到產品完工，要經

過若干連續的生產步驟，除最后一個步驟生產的是產成品外，其他步驟生產的都是完工程度不同的半成品，這些半成品除少數可能出售外，都是下一步驟加工的對象。因此，應按步驟、按產品品種設置產品成本明細帳，分別按成本項目歸集生產費用。

(二) 分步法的特點

　　1. 分步法是以產品的生產步驟和產品品種作為成本計算對象，成本明細帳按每個加工步驟的各種或各類產品設置

　　如果只生產一種產品，成本計算對象就是該種產成品及其所經過的各個生產步驟，產品成本明細帳應該按照產品的生產步驟設置；如果生產多種產品，成本計算對象則應是各種產品及其所經過的各個生產步驟。在實際工作中，產品成本計算的分步與產品實際的生產步驟的劃分並不是嚴格一致的。計算產品成本時，可以只對管理上有必要分步計算成本的生產步驟單獨設立產品成本明細帳，單獨計算成本；管理上不要求單獨計算成本的生產步驟，則可以與其他生產步驟合併設立產品成本明細帳，合併計算成本。

　　2. 計算產品成本一般是按月定期進行

　　在大量大批生產的企業裡，原材料連續投入，產品連續不斷地轉移到下一生產步驟，生產過程中始終有一定數量的在產品，成本計算一般在月末進行。因此，成本計算是定期的，成本計算期與產品的生產週期不一致，但與會計報告期一致。

　　3. 生產費用需要在完工產品與在產品之間分配

　　在大量、大批的多步驟生產中，由於生產過程較長，而且往往都是跨月陸續完工，所以在月終計算成本時各步驟都有在產品。因此，要將生產費用採用適當的方法，在完工產品與在產品之間進行分配。

　　4. 各步驟之間的成本需要結轉

　　由於產品生產分步進行，上一步驟生產的半成品是下一步的加工對象，所以為了計算各種產品的產成品成本，還需要按照產品的品種，結轉各步驟成本。也就是說，與其他成本計算方法不同之處，在採用分步法計算產品成本時，在各個步驟之間還有個成本結轉問題，這是分步法的一個重要特點。

(三) 分步法的分類

　　在分步法下，連續加工式的生產，生產過程較長，各步驟的半成品及其成本是連續不斷地向下一步驟移動，各步驟成本的結轉可採用逐步結轉和平行結轉兩種方法。因此，分步法可分為逐步結轉分步法和平行結轉分步法。逐步結轉分步法還可分為逐步綜合結轉分步法和逐步分項結轉分步法。逐步綜合結轉分步法可能需要進行成本還原，逐步分項結轉分步法則不必進行成本還原。平行結轉法對上一步驟的半成品成本不進行結轉，只計算每一步驟中應由最終完工產品成本負擔的那部分份額，然后平行相加即可求得最終完工產品的成本。平行結轉法適用於不需要分步計算半成品成本的企業。在連續式複雜生產的企業中，半成品具有獨立經濟利益的情況下，成本計算不宜選擇平行結轉分步法，應採用逐步結轉分步法。

二、逐步結轉分步法

(一) 逐步結轉分步法概述

1. 逐步結轉分步法的含義

　　逐步結轉分步法也稱計算半成品成本分步法，是按照產品加工步驟的順序，逐步計算並結轉半成品成本，直至最后步驟計算出產成品成本的一種方法。從第一步驟開始，先計算該步驟完工半成品成本，並轉入第二步驟，加上第二步驟的加工費用，算出第二步驟半成品成本，再轉入第三步驟，依此類推，到最后步驟算出完工產品成本。逐步結轉法下如果半成品完工后，不是立即轉入下一步驟，而是通過中間成品庫週轉時，應設立「自製半成品」明細帳。當完工半成品入庫時，借記「自製半成品」科目，貸記「基本生產成本」科目。逐步結轉分步法主要適用於成本管理中需要提供各個生產步驟半成品成本資料的企業。

2. 逐步結轉分步法的成本計算程序

　　(1) 設置產品成本計算單。逐步結轉分步法下產品成本計算對象是每種產品及其所經過生產步驟半成品成本，因此應按每種產品及其所經過的生產步驟設置「產品成本計算單」。「產品成本計算單」內按規定的成本項目設置專欄。

　　(2) 歸集生產費用。逐步結轉分步法下生產費用的歸集是按產品和生產步驟進行的。當發生費用時，能直接確認為某種產成品或每步驟半成品的成本，應直接計入；不能直接計入的，則應採用適當的方法分配計入。對於除第一步驟以外的其他各生產步驟，還應登記轉入該步驟的上步驟生產的半成品的成本。

　　(3) 在產品成本的計算。期末時，應將歸集在各步驟成本計算單上的生產費用合計，採用適當的方法，在完工半成品（最后步驟為完工產品）和狹義在產品之間進行分配。

　　(4) 半成品成本的計算。當在產品成本計算出來之后，對於除最后步驟外的其餘各步驟來說，將生產費用合計扣除狹義在產品的成本，其餘額就是完工半成品的成本。半成品實物可一次全部轉入下步驟，也可通過半成品庫收發。隨著半成品實物的轉移，其成本也從本步驟成本明細帳上轉出，轉入下一步驟成本計算單（或半成品明細帳）中。

　　(5) 產成品成本的計算。逐步結轉分步法下，產成品成本是在最后步驟生產出來的，因此將最后步驟成本計算單上的生產費用扣除期末在產品的成本，其餘額為完工產品成本。

　　這一核算的簡明程序如圖4-1所示。

　　如圖4-1所示，第一步驟完工半成品在驗收入庫時，應根據完工轉出的半成品成本編製會計分錄，借記「自製半成本」科目，貸記「生產成本」科目；第二步驟領用時，再編製相反的會計分錄。如果半成品完工后不通過半成品庫收發，而直接轉入下一步驟，半成品成本應在各步驟的產品成本明細帳之間直接結轉，不編製上述會計分錄。逐步結轉分步法實際上是品種法的多項連續使用。採用逐步結轉分步法，按照結

```
        第一步驟甲產品                              第二步驟甲產品
         成本明細帳                                  成本明細帳
   原材料         2 000                        半成品         1 000
   其他費用         500                        其他費用        1 600
   半產品成本      1 000 ─┐                    產成品成本      2 200
   在產品成本      1 500   │                    在產品成本        400
                          │
                          │                       半成品明細帳
                          └─→
```

	月初餘額	本月收入	本月發出
4月	400	1 000	1 000
5月	40		

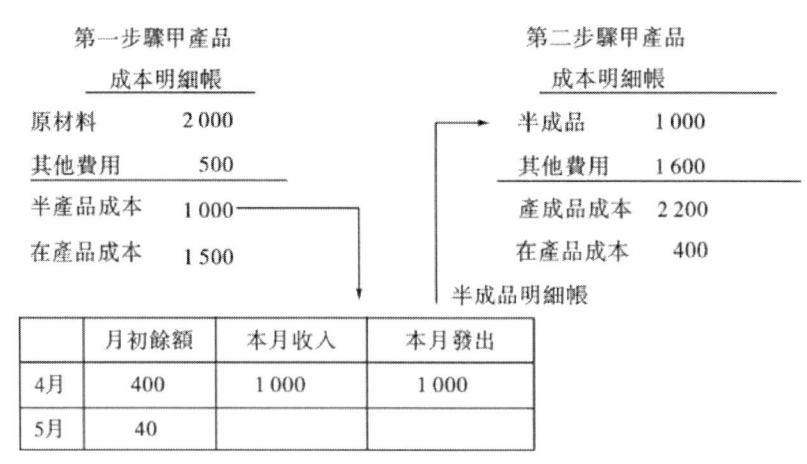

圖 4-1　逐步結轉分步法簡明程序圖（單位：元）

轉的半成品成本在下一步驟產品成本明細帳中的反應方法，分為綜合結轉和分項結轉兩種方法。

(二) 綜合結轉分步法

綜合結轉分步法是指上一生產步驟的半成品成本轉入下一生產步驟時，是以「半成品」或「直接材料」綜合項目計入下一生產步驟成本計算單的方法。綜合結轉可以按照半成品的實際成本結轉，也可以按照半成品的計劃成本（或定額成本）結轉。按實際成本綜合結轉，各步驟所耗上一步驟的半成品費用，應根據所耗半成品的實際數量乘以半成品的實際單位成本計算。由於各月所產半成品的實際單位成本不同，因而所耗半成品實際單位成本的計算。可根據企業的實際情況，選擇使用先進先出法、加權平均法及后進先出法等方法。按計劃成本綜合結轉，半成品日常收發的明細核算均按計劃成本計價。在半成品實際成本計算出來后，再計算半成品差異額和差異率，調整領用半成品計劃成本，而半成品收發的總分類核算則按實際成本計價。

1. 綜合結轉分步法的成本計算程序

採用綜合結轉分步法計算產品成本的程序如下：

(1) 根據確定的成本計算對象設置「產品成本計算單」。

(2) 上一步驟根據本步驟發生的各種生產費用，計算該步驟完工半成品成本，直接轉入下一步驟或半成品倉庫。

(3) 第二步驟以後的各生產步驟將從上一步驟或半成品倉庫轉入的半成品成本，以「半成品」或「直接材料」綜合項目計入本步驟成本計算單中，再加上本步驟發生的費用，計算出本步驟完工的半成品成本，再以綜合項目轉下一步驟成本計算單中。

(4) 最后計算出完工產成品的成本。

2. 按實際成本綜合結轉舉例

【例 4-5】某企業生產甲產品，經過三個生產步驟，原材料在開始生產時一次性投入。月末在產品按約當產量法計算，有關資料見表 4-51 和表 4-52。要求：採用綜合

結轉分步法計算產品成本。

表 4-51　　　　　　　　　　　　　　產量資料　　　　　　　　　　　　　　單位：件

項目	第一步驟	第二步驟	第三步驟
月初在產品數量	2,000	1,000	800
本月投產數量	18,000	16,000	14,000
本月完工產品數量	16,000	14,000	12,000
月末在產品數量	4,000	3,000	2,800
在產品完工程度	50%	50%	50%

表 4-52　　　　　　　　　　　　　　生產費用資料　　　　　　　　　　　　　單位：元

成本項目	月初在產品成本			本月發生費用		
	第一步驟	第二步驟	第三步驟	第一步驟	第二步驟	第三步驟
直接材料	4,050,000	1,380,000	140,000	18,500,000	—	—
燃料及動力	300,000	530,000	374,000	15,000,000	19,000,000	14,500,000
直接工資	1,040,000	2,115,000	984,000	22,000,000	65,000,000	36,000,000
製造費用	1,760,000	2,330,000	1,814,000	31,000,000	42,000,000	68,000,000
合計	7,150,000	6,355,000	3,312,000	86,500,000	126,000,000	118,500,000

成本結轉與帳務處理如下：

（1）第一步驟產品成本的計算。

直接材料費用分配率＝(4,050,000+18,500,000)÷(16,000+4,000)
　　　　　　　　　＝1,127.5（元）

完工半成品應分配的直接材料費用＝16,000×1,127.5＝18,040,000（元）

在產品應分配的直接材料費用＝4,000×1,127.5＝4,510,000（元）

燃料及動力費用分配率＝(300,000+15,000,000)÷(16,000+4,000×50%)
　　　　　　　　　　＝850（元）

完工半成品應分配的燃料及動力費＝16,000×850＝13,600,000（元）

在產品應分配的燃料及動力費＝4,000×50%×850＝1,700,000（元）

其他費用計算方法同上。

據此可編製如下「第一步驟產品成本計算單」（見表 4-53）。

表 4-53　　　　　　　　　　第一步驟產品成本計算單　　　　　　　　　　單位：元

項目	直接材料	燃料及動力	直接工資	製造費用	合計
月初在產品成本	4,050,000	300,000	1,040,000	1,760,000	7,150,000
本月發生費用	18,500,000	15,000,000	22,000,000	31,000,000	86,500,000
合計	22,550,000	15,300,000	23,040,000	32,760,000	93,650,000

表4-53(續)

項目		直接材料	燃料及動力	直接工資	製造費用	合計
產品產量	完工產品產量	16,000	16,000	16,000	16,000	——
	在產品約當產量	4,000	2,000	2,000	2,000	—
	合計	22,000	18,000	18,000	18,000	
單位成本		1,127.5	850	1,280	1,820	5,077.5
轉出半成品成本		18,040,000	136,000,000	20,480,000	29,120,000	81,240,000
在產品成本		4,510,000	17,000,000	2,560,000	3,640,000	12,410,000

將第一步驟產品成本計算單中完工的半成品成本81,240,000元計入「第二步驟產品成本計算單」中的「半成品」成本項目中。

(2) 第二步驟產品成本的計算。

第二步驟半成品成本合計 = 1,380,000+81,240,000（第一步驟轉入）
$$= 82,620,000（元）$$

半成品成本分配率（單位成本） = (1,380,000+81,240,000)÷(14,000+3,000)
$$= 4,860（元）$$

完工產品應分配的半成品成本 = 14,000×4,860 = 68,040,000（元）

在產品應分配的半成品成本 = 3,000×4,860 = 14,580,000（元）

燃料及動力費用分配率（單位成本） = (530,000+19,000,000)÷(14,000+3,000×50%)
$$= 1,260（元）$$

完工半成品應分配的燃料和動力費用 = 1,260×14,000 = 17,640,000（元）

在產品應分配的燃料及動力費用 = 1,500×1,260 = 1,890,000（元）

其他費用計算方法同上。

據此可編製如下「第二步驟產品成本計算單」如下（見表4-54）。

表4-54　　　　　　　　　　第二步驟產品成本計算單　　　　　　　　單位：元

項目		半成品	燃料及動力	直接工資	製造費用	合計
月初在產品成本		1,380,000	530,000	2,115,000	2,330,000	6,355,000
本月發生費用		81,240,000	19,000,000	65,000,000	42,000,000	207,240,000
合計		82,620,000	19,530,000	67,115,000	44,330,000	213,595,000
產品產量	完工產品產量	14,000	14,000	14,000	14,000	——
	在產品約當產量	3,000	1,500	1,500	1,500	——
	合計	17,000	15,500	15,500	15,500	——
單位成本		4,860	1,260	4,330	2,860	13,310
轉出半成品成本		680,400,000	176,400,000	60,620,000	40,040,000	186,340,000
月末在產品成本		145,800,000	18,900,000	6,495,000	4,290,000	27,255,000

將第二步驟完工的半成品18,634,0,000元以「半成品」綜合成本項目轉入第三步驟產品成本計算單中。

（3）第三步驟產品成本的計算。

第三步驟半成品成本合計 = 140,000+186,340,000（第二步驟轉入）
$$= 186,480,000（元）$$

半成品成本分配率（單位成本） = （140,000+186,340,000）÷（12,000+2,800）
$$= 12,600（元）$$

完工產品應分配的半成品成本 = 12,000×12,600 = 151,200,000（元）

在產品應分配的半成品成本 = 2,800×12,600 = 35,280,000（元）

燃料及動力費用分配率（單位成本） =（374,000+1,4,500,000）÷（12,000
$$+2,800$$
$$×50\%）$$
$$= 1,110（元）$$

完工產品應分配的燃料及動力費用 = 12,000×1,110 = 13,320,000（元）

在產品應分配的燃料及動力費用 = 1,400×1,110 = 1,554,000（元）

其他費用計算方法同上。

據此可編製如下「第三步驟產品成本計算單」（見表4-55）。

表4-55　　　　　　　　　第三步驟產品成本計算單　　　　　　　　單位：元

項目		半成品	燃料及動力	直接工資	製造費用	合計
月初在產品成本		140,000	374,000	984,000	1,814,000	3,312,000
本月發生費用		186,340,000	14,500,000	36,000,000	68,000,000	304,840,000
合計		186,480,000	14,874,000	36,984,000	69,814,000	308,152,000
產品產量	完工產品產量	12,000	12,000	12,000	12,000	—
	在產品約當產量	2,800	1,400	1,400	1,400	—
	合計	14,800	13,400	13,400	13,400	
單位成本		12,600	1,110	2,760	5,210	21,680
完工產品成本		151,200,000	13,320,000	33,120,000	62,520,000	260,160,000
月末在產品成本		35,280,000	1,554,000	3,864,000	7,294,000	47,992,000

3. 按計劃成本綜合結轉舉例

在逐步結轉分步法下，如採用實際成本結轉，只有在上步驟成本計算完成後，才能進行下一步驟的成本計算，這對於實行多步驟生產的企業來說，勢必影響成本計算的及時性。為了解決這一問題，可採用按計劃成本綜合結轉的方式。

採用按計劃成本綜合結轉時，后步驟耗用上步驟自製半成品時，先按計劃成本計價，其他各成本項目的計算方法與按實際成本綜合結轉法相同，這樣計算出來的各步驟的半成品成本稱為計劃價格成本。最后在各步驟計劃價格成本的基礎上，計算各步

驟完工半成品的成本差異，分配給消耗這些半成品的產品負擔，將轉入各步驟成本計算單中的半成品計劃成本調整為實際成本。

按計劃成本綜合結轉的公式如下：

某步驟耗用半成品計劃成本＝半成品計劃單位成本×耗用數量

半成品成本差異率＝(月初結存半成品成本差異額+本月收入半成品成本差異額+上步驟轉入的半成品成本差異)÷(月初結存半成品計劃成本+本月收入半成品計劃成本)×100％

本月產成品應負擔的半成品成本差異＝∑(某步驟耗用半成品計劃成本×該半成品成本差異率)

【例4-6】某企業生產甲產品，經過三個基本生產車間，採用逐步結轉分步法（按計劃成本綜合結轉法）進行成本計算。原材料在開始生產時一次性投入，在產品成本按約當產量法計算，各步驟在產品完工程度按50％計算，半成品經過半成品倉庫收發，有關產量資料見表4-56。

表4-56　　　　　　　　　　　　產量資料　　　　　　　　　　　　單位：件

項目	一車間	二車間	三車間
月初在產品數量	300	900	1,600
本月投入數量	5,100	5,500	6,200
本月完工數量	5,000	6,000	7,000
月末在產品數量	400	400	800

一車間月初在產品成本、本月發生的生產費用以及完工半成品成本和月末在產品成本的計算結果見表4-57。

表4-57　　　　　　　　　　一車間產品成本計算單
　　　　　　　　　　　　計劃單位成本：986元　　　　　　　　　　　　單位：元

項目	直接材料	燃料及動力	直接工資	製造費用	合計
月初在產品成本	100,000	80,000	50,000	40,000	270,000
本月發生費用	1,682,000	1,272,000	1,120,000	922,000	4,996,000
生產費用合計	1,782,000	1,352,000	1,170,000	962,000	5,266,000
完工半成品產量（件）	5,000	5,000	5,000	5,000	—
在產品約當產量（件）	400	200	200	200	—
產量合計（件）	5,400	5,200	5,200	5,200	—
單位成本	330	260	225	185	1,000
轉出半成品成本	1,650,000	1,300,000	1,125,000	925,000	5,000,000
月末在產品成本	132,000	52,000	45,000	37,000	266,000

根據「一車間產品成本計算單」的計算結果，一車間半成品單位計劃價格成本為

10,000元，二車間領用的數量為5,500件。半成品成本差異分配率的計算如下：

一車間半成品成本差異分配率 =（-3,600+70,000）÷（591,600+4,930,000）
$$\times 100\%$$
$$=1.2\%$$

發出半成品的計劃成本=5,500×9,860=54,230,000（元）

發出半成品應負擔的成本差異=5,423,000×1.2%=65,076（元）

根據上述計算結果，編製「一車間自製半成品成本明細帳」（見表4-58）。

表4-58　　　　　　　　　一車間自製半成品成本明細帳

計劃單位成本：986元　　　　　　　　　　　　　　單位：元

月初（月末）			本月收入					本月發出	
數量（件）	計劃成本	差異	數量（件）	計劃價格成本	計劃成本	差異	差異率（%）	數量（件）	計劃成本
600	591,600	-3,600	5,000	5,000,000	4,930,000	70,000	1.2	5,500	5,423,000
100	98,600	1,324							

二車間月初在產品成本、本月發生的生產費用以及完工半成品成本和月末在產品成本的計算結果見表4-59。

表4-59　　　　　　　　　二車間產品成本計算單

計劃單位成本：1,800元　　　　　　　　　　　　　　單位：元

項目	自製半成品	燃料及動力	直接工資	製造費用	合計
月初在產品成本	887,400	140,000	130,000	150,000	1,307,400
本月發生費用	5,423,000	1,100,000	1,730,000	1,920,800	10,173,800
生產費用合計	6,310,400	1,240,000	1,860,000	2,070,800	11,481,200
完工半成品產量（件）	6,000	6,000	6,000	6,000	—
在產品約當產量（件）	400	200	200	200	
產量合計（件）	6,400	6,200	6,200	6,200	
單位成本	986	200	300	334	1,820
轉出半成品成本	5,916,000	1,200,000	1,800,000	2,004,000	10,920,000
月末在產品成本	394,400	40,000	60,000	66,800	561,200

根據「二車間產品成本計算單」的計算結果，二車間半成品單位計劃價格成本為1,800元，三車間領用的數量為620件。半成品成本差異分配率的計算如下：

二車間半成品成本差異分配率=（-8,680+65,076+120,000）÷（800,000+10,800,000）×100%=1.4%

發出半成品的計劃成本=6,200×18,000=111,600,000（元）

發出半成品應負擔的成本差異=11,160,000×1.4%=156,240（元）

根據上述計算結果，編製「二車間自製半成品成本明細帳」（見表 4-60）。

表 4-60　　　　　　　　　　二車間自製半成品成本明細帳

計劃單位成本 1,800 元　　　　　　　　　　　　　　　單位：元

月初（月末）			本月收入					本月減少		
數量（件）	計劃成本	差異	數量（件）	實際成本	計劃成本	本步差異	上步轉入差異	差異率（%）	數量（件）	計劃成本	差異
1,000	1,800,000	-8,680	6,000	10,920,000	10,800,000	120,000	65,076	-1.4	6,200	11,160,000	156,240
800	1,440,000	20,160									

三車間月初在產品成本、本月發生的生產費用以及完工半成品成本和月末在產品成本的計算結果見表 4-61。

表 4-61　　　　　　　　　　　三車間產品成本計算單

計劃單位成本：2,450 元　　　　　　　　　　　　　　單位：元

項目	自製半成品	燃料及動力	直接工資	製造費用	合計
月初在產品成本	2,880,000	171,800	219,000	201,200	3,472,000
本月發生費用	11,160,000	1,308,200	1,705,000	1,574,800	15,748,000
生產費用合計	14,040,000	1,480,000	1,924,000	1,776,000	19,220,000
完工產成品產量（件）	7,000	7,000	7,000	7,000	
在產品約當產量（件）	800	400	400	400	──
產量合計（件）	7,800	7,400	7,400	7,400	──
單位成本	1,800	200	260	240	2,500
轉出產成品成本	12,600,000	1,400,000	1,820,000	1,680,000	17,500,000
月末在產品成本	1,440,000	80,000	104,000	96,000	1,720,000

三車間本月完工產成品數量為 7,000 件，單位計劃價格成本為 25,000 元，應負擔的半成品成本差異為 156,240 元。根據上述資料編製的「商品產品成本計算表」見表 4-62。

表 4-62　　　　　　　　　　　商品產品成本計算表

計劃單位成本：2,450 元　　　　　　　　　　　　　　單位：元

產品名稱	產量（件）	計劃價格成本	半成品成本差異	實際總成本	實際單位成本
甲產品	7,000	17,500,000	156,240	17,656,240	2,522.32

4. 成本還原

採用綜合逐步結轉分步法計算產品成本時，如果企業管理工作中需要按原始成本項目考核產品成本的構成，此時則需要進行成本還原。所謂成本還原，就是將產品耗用各步驟半成品的綜合成本，逐步分解還原為原始的成本項目。成本還原的方法是從最後的步驟開始，將其耗用上步驟半成品的綜合成本逐步分解，還原為原始成本項

目。成本還原的方法有如下兩種：

（1）項目結構率法。項目結構率法是指按半成品各成本項目占全部成本的比重還原的方法。該方法計算步驟如下：

①計算半成品各成本項目占全部成本的比重。計算公式如下：

各成本項目占全部成本的比重＝上步驟完工半成品各成本項目的金額÷上步驟完工半成品成本合計×100%

②將半成品的綜合成本進行分解。分解的方法是用產成品成本中半成品的綜合成本乘以上一步驟生產的該種半成品的各成本項目的比重。計算公式如下：

半成品成本還原＝本月產成品耗用上步驟半成品的成本×各成本項目占全部成本的比重

③計算還原后成本。還原后成本是根據還原前成本加上半成品成本還原計算的。計算公式如下：

還原后產品成本＝還原前產品成本＋半成品成本還原

④如果成本計算有兩個以上的步驟，在第一次成本還原后還有未還原的半成品成本，這時應將未還原的半成品成本進行還原，即用未還原的半成品成本乘以前一步驟該種半成品的各個成本項目的比重。后面的還原步驟和方法同上，直至全還原到第一步驟為止，才能將半成品成本還原為原來的成本項目。

【例4-7】現以【例4-5】的成本計算結果的資料為基礎，進行成本還原的計算，並將計算結果填入表4-63中。

表4-63　　　　　　　產品成本還原計算表　　　產量：1,200件　單位：元

項目	成本項目	還原前產品成本 (1)	本月生產半成品成本 (2)	還原分配率 (4)=(3)欄各項÷(3)欄合計	半成品成本還原 (5)=(4)×(2)欄半成品項目	還原后總成本 (6)=(2)+(5)	還原后單位成本 (7)=(6)÷完工產品產量
按第二步驟半成品成本結構進行還原	直接材料						
	半成品	151,200,000	68,040,000	0.37	55,944,000	55,944,000	4,662
	燃料及動力	13,320,000	17,640,000	0.09	13,608,000	26,928,000	2,244
	直接工資	33,120,000	60,620,000	0.33	49,896,000	83,016,000	6,918
	製造費用	62,520,000	40,040,000	0.21	31,752,000	94,272,000	7,856
	合計	260,160,000	186,340,000	—	151,200,000	260,160,000	21,680
按第一步驟半成品成本結構進行還原	直接材料		18,040,000	0.22	12,307,680	12,307,680	1,025.64
	半成品	55,944,000					
	燃料及動力	26,928,000	13,600,000	0.17	9,510,480	36,438,480	3,036.54
	直接工資	83,016,000	20,480,000	0.25	13,986,000	97,002,000	8,083.50
	製造費用	94,272,000	29,120,000	0.36	20,139,840	114,411,840	9,534.32
	合計	260,160,000	81,240,000		55,944,000	260,160,000	21,680

（2）還原分配率法。還原分配率方法是指按各步驟耗用半成品的總成本占上一步驟完工半成品總成本的比重還原。計算步驟如下：

①計算成本還原分配率是指產成品成本中半成品成本占上一步驟所產該種半成品

總成本的比重。計算公式如下：

成本還原分配率＝本月產成品耗用上步驟半成品成本合計÷本月生產該種半成品成本合計×100%

②計算半成品成本還原是用成本還原分配率乘以本月生產該種半成品各成本項目的金額。計算公式如下：

半成品成本還原＝成本還原分配率×本月生產該種半成品各成本項目金額

③計算還原后產品成本是用還原前產品成本加上半成品成本還原。計算公式如下：

還原后產品成本＝還原前產品成本＋半成品成本還原

④如果成本計算需要經過兩個以上的步驟，則需重複上述三個步驟進行再次還原，直至還原到第一步驟為止。

【例4-8】仍以【例4-5】的計算結果資料為基礎，進行成本還原的計算，並將計算結果填入表4-64中。

表4-64　　　　　　　　　　產品成本還原計算表　　　產量：1,200件　　單位：元

	成本項目	還原前產品成本 (1)	本月生產半成品成本 (2)	還原分配率 (3)	半成品成本還原 (4)=(3)×(2)	還原后總成本 (5)=(1)+(4)	還原后單位成本 (6)=(5)÷產量
按第二步驟半成品成本結構進行還原	直接材料			151,200,000÷186,340,000＝0.811,4			
	半成品	151,200,000	68,040,000		55,207,660	55,207,660	4,600.64
	燃料及動力	13,320,000	17,640,000		14,313,100	27,633,100	2,302.76
	直接工資	33,120,000	60,620,000		49,187,070	82,307,070	6,858.92
	製造費用	62,520,000	40,040,000		32,492,170	95,012,170	7,917.68
	合計	260,160,000	186,340,000		151,200,000	260,160,000	21,680
按第一步驟半成品成本結構進行還原	直接材料		18,040,000	55,207,660÷81,240,000＝0.679,56	12,259,260	12,259,260	1,021.61
	半成品	55,207,660					
	燃料及動力	27,633,100	13,600,000		9,242,020	36,875,120	3,072.93
	直接工資	82,307,070	20,480,000		13,917,390	96,224,460	8,018.71
	製造費用	95,012,170	29,120,000		19,788,990	114,801,160	9,566.75
	合計	260,160,000	81,240,000		55,207,660	260,160,000	21,680

（三）分項結轉分步法

分項結轉分步法是指上一步驟轉入下一步驟的半成品成本不是以「半成品」或「直接材料」成本項目進行反應的，而是區分成本項目計入下一步驟成本計算單的有關成本項目中。如果半成品通過半成品庫收發，那麼在自製半成品明細帳中登記半成品成本時，也要按照成本項目分別登記。採用分項結轉法能提供按原始成本項目反應的產品成本結構，不需要進行成本還原。分項結轉法一般適用於在管理上不要求計算各步驟完工產品所耗半成品費用和本步驟加工費用，而要求按原始成本項目計算產品成本的企業。

【例4-9】某企業生產甲產品，由兩個車間進行，採用分項結轉分步法計算產品成本，在產品按定額成本計算，原材料在開始生產時一次性投入。產量資料、定額及生

產費用資料如表 4-65、表 4-66 所示：

表 4-65　　　　　　　　　　　　　產量資料　　　　　　　　　　　　　單位：件

項目	一車間	二車間
月初在產品	1,000	800
本月投產	2,000	2,500
本月完工	2,500	3,000
月末在產品	500	300

表 4-66　　　　　　　　　　　定額及生產費用資料　　　　　　　　　　單位：元

項目	單件定額成本 一車間	單件定額成本 二車間	月初在產品成本（定額成本）一車間	月初在產品成本（定額成本）二車間	本月發生生產費用 一車間	本月發生生產費用 二車間
直接材料	200	200	200,000	160,000	410,000	—
燃料及動力	50	60	25,000	24,000	120,000	160,000
直接工資	30	20	15,000	8,000	61,000	48,000
製造費用	40	10	20,000	4,000	65,000	22,000
合計	320	290	260,000	196,000	656,000	230,000

根據上述資料，可編成如下「一車間產品成本計算單」（見表 4-67）。

表 4-67　　　　　　　　　　　一車間產品成本計算　　　　　　　　　　單位：元

項目	直接材料	燃料及動力	直接工資	製造費用	合計
月初在產品成本（定額成本）	200,000	25,000	15,000	20,000	260,000
本月發生費用	410,000	120,000	61,000	65,000	656,000
合計	610,000	145,000	76,000	85,000	916,000
完工半成品成本	510,000	132,500	68,500	75,000	786,000
月末在產品成本（定額成本）	100,000	12,500	7,500	10,000	130,000

根據一車間轉出完工半成品成本，分別按成本項目轉入二車間成本計算單中相同成本項目中，即可編製成如下「二車間產品成本計算單」（見表 4-68）。

表 4-68　　　　　　　　　　　二車間產品成本計算　　　　　　　　　　單位：元

項目	直接材料	燃料及動力	直接工資	製造費用	合計
月初在產品成本（定額成本）	160,000	24,000	8,000	4,000	196,000
本月發生費用	—	160,000	48,000	22,000	230,000
上車間車轉入	510,000	132,500	68,500	75,000	786,000
合計	670,000	316,500	124,500	101,000	1,212,000

表4-68(續)

項目	直接材料	燃料及動力	直接工資	製造費用	合計
完工產品成本	610,000	307,500	121,500	99,500	1,138,500
月末在產品成本（定額成本）	60,000	9,000	3,000	1,500	73,500

(四) 逐步結轉分步法的優缺點

逐步結轉分步法的優點在於：第一，能夠提供各個生產步驟的半成品成本資料。第二，成本核算時實物流與成本流一致，因此能為在產品的實物管理和生產資金管理提供資料。第三，採用綜合結轉分步法結轉半成品，能全面反應各步驟完工產品中所耗上一步驟半成品費用水平和本步驟加工費用水平，有利於各步驟的成本管理；採用分項結轉法結轉半成品成本時，可以直接提供按原始成本項目反應的產品成本資料，滿足企業分析和考核產品構成和水平的需要，不必進行成本還原。

逐步結轉分步法的缺點在於：第一，核算工作比較複雜，核算工作的及時性也較差。第二，如果採用綜合結轉法，需要進行成本還原，如果採用分項結轉法，結轉的核算工作量較大，兩者都增大了核算工作量。

綜上所述，採用逐步結轉分步法時，應根據實際單位的特點，選擇適合企業的成本計算模式。

三、平行結轉分步法

(一) 平行結轉分步法概述

平行結轉分步法又稱為不計算半成品成本分步法，是指半成品成本並不隨半成品實物的轉移而結轉，而是在哪一步驟發生就留在該步驟的成本明細帳內，直到最後加工成產成品，才將其成本從各步驟的成本明細帳中轉出的方法。採用該方法，各生產步驟只歸集計算本步驟直接發生的生產費用，不計算結轉本步驟所耗用上一步驟的半成品成本；各生產步驟分別與完工產品直接聯繫，本步驟只提供在產品成本和加入最終產品成本的份額，平行獨立、互不影響地進行成本計算，從而把份額計入完工產品成本。

平行結轉分步法適用於多步驟複雜生產，總體來說，只要不要求提供各步驟半成品成本，採用逐步結轉分步法計算成本的企業都可採用平行結轉分步法。但企業內部的業績計量與評價在很大程度上依賴於各車間的成本指標考核，這必然要求各車間要計算半成品成本。因此，平行結轉分步法的應用範圍將大大縮小，更多的企業將採用逐步結轉分步法。

平行結轉分步法具體適用於下列企業：第一，半成品無獨立經濟意義或雖有半成品但不要求單獨計算半成品成本的企業，如磚瓦廠、瓷廠等。第二，一般不計算零配件成本的裝配式複雜生產企業，如大批量生產的機械製造企業。

(二) 平行結轉分步法的成本計算程序

第一，按每種產品的品種及其經過的生產步驟設置產品成本計算單，歸集生產

費用。

第二，按每種產品及其經過的生產步驟歸集生產費用，計算出每一步驟所發生的生產費用總額。

第三，採用一定的方法計算每一生產步驟應計入產成品成本中的份額。在計算各步驟應計入產成品成本的份額時，需將各步驟成本計算單上的生產費用採用一定的方法，在完工產品和廣義在產品之間進行分配。

第四，將各生產步驟中應計入產成品成本中的份額平行地加以匯總，計算出每種產成品的總成本和單位成本。

第五，將各步驟產品成本計算單上歸集的生產費用扣除應計入產成品成本中的份額，其余額就是廣義在產品成本。

平行結轉分步的核算程序可用圖4-2表示。

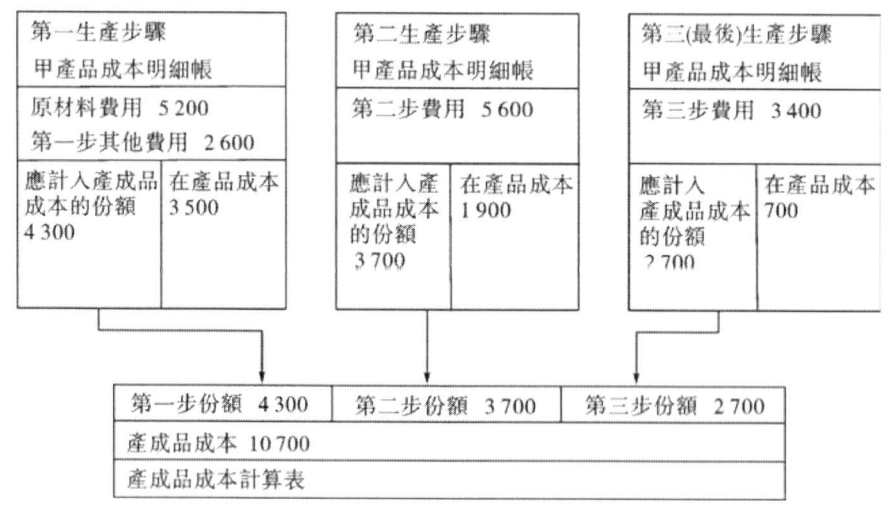

```
┌─────────────────────┐  ┌─────────────────────┐  ┌─────────────────────┐
│ 第一生產步驟         │  │ 第二生產步驟         │  │ 第三(最後)生產步驟   │
│ 甲產品成本明細帳     │  │ 甲產品成本明細帳     │  │ 甲產品成本明細帳     │
├─────────────────────┤  ├─────────────────────┤  ├─────────────────────┤
│ 原材料費用  5 200   │  │ 第二步費用  5 600   │  │ 第三步費用  3 400   │
│ 第一步其他費用 2 600│  │                     │  │                     │
├──────────┬──────────┤  ├──────────┬──────────┤  ├──────────┬──────────┤
│應計入產成品│在產品成本│  │應計入產成品│在產品成本│  │應計入   │在產品成本│
│成本的份額 │ 3 500    │  │成本成本的 │ 1 900    │  │產成品成本│ 700      │
│ 4 300    │          │  │份額       │          │  │的份額   │          │
│          │          │  │ 3 700    │          │  │ 2 700   │          │
└──────────┴──────────┘  └──────────┴──────────┘  └─────────┴──────────┘
     │                           │                          │
     └───────────────┬───────────┴──────────────┬───────────┘
                     ▼                          ▼
┌──────────────────┬──────────────────┬──────────────────┐
│ 第一步份額 4 300 │ 第二步份額 3 700 │ 第三步份額 2 700 │
├──────────────────┴──────────────────┴──────────────────┤
│ 產成品成本 10 700                                       │
├────────────────────────────────────────────────────────┤
│ 產成品成本計算表                                        │
└────────────────────────────────────────────────────────┘
```

圖4-2 平行結轉分步法成本計算程序圖（單位：元）

(三) 平行結轉分步法下應計入產成品成本中的份額及約當產量的計算

在採用平行結轉分步法計算產品成本時，若在產品成本按約當產量法計算，則各步驟應計入產成品成本中的份額按下式計算：

某步驟應計入產成品成本中的份額＝產成品數量×該步驟半成品單位成本

某步驟半成品單位成本＝(該步驟月初廣義在產品成本＋該步驟本月發生的生產費用)÷該步驟完工產品數量(約當產量)

上式中各步驟完工產品數量（約當產量）是由三部分組成的，即本月完工產成品數量、各步驟月末尚未完工的在產品數量以及本步驟已經加工完成轉到半成品庫和以後各步驟尚未製成為產成品的半成品數量。其計算公式如下：

某步驟完工產品數量(約當產量)＝本月完工產成品數量＋該步驟月末在產品約當產量＋該步驟已完工留存在半成庫和以后各步驟月末半成品數量

(四) 平行結轉分步法舉例

【例4-10】某企業生產甲產品，經過三個步驟，材料在開始生產時一次投入，月末在產品按約當產量法計算，各步驟在產品完工程度均為50%。有關產量記錄和生產費用記錄資料見表4-69、表4-70。

表4-69　　　　　　　　　　　　　產量記錄　　　　　　　　　　　　單位：件

項目	一步驟	二步驟	三步驟
月初在產品	1,000	2,000	800
本月投產	20,000	15,000	17,000
本月完工	15,000	17,000	16,000
月末在產品	6,000	——	1,800

表4-70　　　　　　　　　　　　生產費用資料　　　　　　　　　　　　單位：元

成本項目	月初在產品成本 一步驟	二步驟	三步驟	合計	本月發生費用 一步驟	二步驟	三步驟	合計
直接材料	20,000	——	——	20,000	432,200	——	——	432,200
燃料及動力	8,000	4,000	3,000	15,000	324,800	67,200	132,200	524,200
直接工資	6,000	5,000	7,000	18,000	243,600	84,000	297,200	624,800
製造費用	3,000	2,000	2,400	7,400	121,800	33,600	115,900	271,300
合計	37,000	11,000	12,400	60,400	1,122,400	184,800	545,300	1,852,500

第一步驟產品成本計算的結果如下：

在產品數量(計算直接材料費用使用) = 16,000+1,800+6,000 = 23,800(件)

在產品數量(計算加工費用使用) = 16,000+1,800+6,000×50% = 20,800(件)

單位成本(直接材料) = 452,200÷23,800 = 190(元)

單位成本(燃料及動力) = 332,800÷20,800 = 160(元)

應計入產成品成本中的份額(直接材料) = 16,000×190 = 3,040,000(元)

計入產成品成本的份額(燃料及動力) = 16,000×160 = 2,560,000(元)

其餘指標的計算方法同上。據此可編製成如下「第一步驟產品成本計算單」(見表4-71)。

表4-71　　　　　　　　　　第一步驟產品成本計算單　　　　　　　　　　單位：元

行次	項目	直接材料	燃料及動力	直接工資	製造費用	合計
(1)	月初在產品成本	20,000	8,000	6,000	3,000	37,000
(2)	本月發生費用	432,200	324,800	243,600	121,800	1,122,400
(3)=(1)+(2)	合計	452,200	332,800	249,600	124,800	1,159,400

表4-71(續)

行次	項目		直接材料	燃料及動力	直接工資	製造費用	合計
(4)	完工產品產量（件）	產量	16,000	16,000	16,000	16,000	—
(5)	廣義在產品數量（件）		7,800	4,800	4,800	4,800	—
(6) = (4) + (5)	合計（件）		23,800	20,800	20,800	20,800	—
(7) = (3) ÷ (6)	單位成本		19	16	12	6	53
(8) = (4) × (7)	應計入產成品成本份額		3,040,000	2,560,000	192,000	96,000	848,000
(9) = (3) - (8)	月末在產品成本		148,200	76,800	57,600	28,800	311,400

第二步驟產品成本計算的結果如下：

單位成本(燃料及動力) = 71,200 ÷ 17,800 = 4(元)

應計入產成品成本中的份額(燃料及動力) = 16,000 × 4 = 64,000(元)

其餘指標的計算方法同上。據此可編製如下「第二步驟產品成本計算單」（見表4-72）。

表4-72　　　　　　　　　第二步驟產品成本計算單　　　　　　　　　單位：元

行次	項目		直接材料	燃料及動力	直接工資	製造費用	合計
(1)	月初在產品成本			4,000	5,000	2,000	11,000
(2)	本月發生費用			67,200	84,000	33,600	184,800
(3) = (1) + (2)	合計			71,200	89,000	35,600	195,800
(4)	完工產品產量（件）	產量		16,000	1,6,000	16,000	—
(5)	廣義在產品數量（件）			1,800	1,800	1,800	—
(6) = (4) + (5)	合計（件）			17,800	17,800	17,800	—
(7) = (3) ÷ (6)	單位成本			4	5	2	11
(8) = (4) × (7)	應計入產成品成本份額			64,000	80,000	32,000	176,000
(9) = (3) - (8)	月末在產品成本			7,200	9,000	3,600	19,800

第三步驟成本計算的結果如下：

單位成本(燃料及動力) = 135,200 ÷ 16,900 = 8(元)

應計入產成品成本中的份額(燃料及動力) = 16,000 × 8 = 1,280,000(元)

其餘指標的計算方法同上。據此可編製如下「第三步驟產品成本計算單」（見表4-73）。

表4-73　　　　　　　　　第三步驟產品成本計算單　　　　　　　　　單位：元

行次	項目	直接材料	燃料及動力	直接工資	製造費用	合計
(1)	月初在產品成本		3,000	7,000	2,400	12,400
(2)	本月發生費用		132,200	297,200	115,900	545,300

表4-73(續)

行次	項目		直接材料	燃料及動力	直接工資	製造費用	合計
(3) = (1) + (2)	合計			135,200	304,200	118,300	557,700
(4)	產量	完工產品產量		16,000	16,000	16,000	
(5)		廣義在產品數量		900	900	900	—
(6) = (4) + (5)		合計		16,900	16,900	16,900	—
(7) = (3) ÷ (6)	單位成本			8	18	7	33
(8) = (4) × (7)	應計入產成品成本份額			128,000	288,000	112,000	528,000
(9) = (3) − (8)	月末在產品成本			7,200	16,200	6,300	29,700

根據上述計算，將各步驟成本計算單中「應計入產成品成本份額」平行進行匯總，即可編成如下「完工產品成本匯總計算單」（見表4-74）。

表4-74　　　　　　　　　　完工產品成本匯總計算單　　　　　　　　　單位：元

項目	直接材料	燃料及動力	直接工資	製造費用	合計
第一步驟	304,000	256,000	192,000	96,000	848,000
第二步驟	—	64,000	80,000	32,000	176,000
第三步驟	—	128,000	288,000	112,000	528,000
成本合計	304,000	448,000	560,000	240,000	1,552,000
單位成本	19	28	35	15	97

(五) 平行結轉分步法的優缺點

平行結轉分步法的優點在於：第一，各生產步驟月末可以同時進行成本計算，不必等待上一步驟半成品成本的結轉，從而加快了成本計算工作的速度，縮短了成本計算的時間。第二，能直接提供按原始成本項目反應的產品成本的構成，有利於進行成本分析和成本考核。

平等結轉分步法的缺點在於：半成品成本的結轉同其實物結轉相脫節，各步驟成本計算單上的月末在產品成本與實際結存在該步驟的在產品成本不一致，不利於對生產資金的管理。

(六) 平行結轉分步法與逐步結轉分步法的比較

1. 計算方法不同

逐步結轉分步法要求各步驟計算出半成品成本，由最后一步計算出完工產品成本，因此又稱為「半成品成本法」。平行結轉分步法各步驟只計算本步驟生產費用應計入產成品成本的「份額」，最后將各步驟應計入產成品成本的「份額」平行匯總，計算出最終完工產品的成本，因此又稱為「不計算半成品成本法」。

2. 在產品的概念不同

逐步結轉分步法所指的在產品是指本步驟尚未完工，仍需要在本步驟繼續加工的在產品，是狹義的在產品。平行結轉分步法所指的在產品是指本步驟尚未完工以及后面各步驟仍在加工，尚未最終完工的在產品，因此是廣義的在產品。

3. 完工產品的概念不同

逐步結轉分步法所指的完工產品是指各步驟的完工產品，通常是半成品，只有最后步驟的完工產品才是產成品，因此是廣義的完工產品。因為半成品成本隨實物的轉移而轉移，所以最后步驟完工產品成本就是產成品成本。平行結轉分步法所指的完工產品是指最后步驟的完工產品，因此是狹義的完工產品。

4. 成本費用的結轉和計算方法不同

逐步結轉分步法的成本費用隨半成品實物的轉移而結轉到下一步驟的生產成本費用中去，即成本費用隨實物的轉移而轉移。因此，各步驟生產的成本費用既包括本步驟發生的費用，又包括上一步驟轉來的費用。產品在最后步驟完工時計算出來的成本，就是完工產品成本。平行結轉分步法的生產費用並不隨半成品的轉移而轉入下一步驟，因此各步驟生產的成本費用僅是本步驟發生的成本費用。產品最終完工時，各步驟將產成品在本步驟應承擔的成本費用「份額」轉出，並由此匯總出完工產品成本。

5. 提供的成本資料不同

逐步結轉分步法下能提供各步驟所占用的生產資金數額，但在綜合結轉分步法下不能提供按原始成本項目反應的成本結構，有時需要進行複雜的成本還原。平行結轉分步法下不能提供各步驟所占用的生產資金數額，但能直接提供按原始成本項目反應的產品成本構成，不需要進行成本還原。

6. 成本計算的及時性不同

逐步結轉分步法除第一步驟外，其余步驟均需在上一步驟成本計算后才能進行，影響了成本計算的及時性。平行結轉分步法各步驟可以同時進行計算，加快了成本計算的速度。

7. 適用性不同

平行結轉分步法一般適用於半成品種類較多，逐步結轉半成品成本的工作量較大，管理上不要求提供各步驟半成品成本資料的生產企業。逐步結轉分步法一般適用於半成品種類不多，逐步結轉半成品成本的工作量不大，管理上要求提供各生產步驟半成品成本資料的生產企業。

【思考與練習】

一、單項選擇題

1. 工業企業的生產組織類型和管理要求對產品成本計算的影響，主要表現在（　　）。

　　A. 完工產品與在產品之間分配費用的方法

B. 成本計算期的確定

C. 間接費用分配方法的確定

D. 成本計算對象的確定

2. 決定成本計算對象的因素是生產特點和（　　）。

A. 成本計算實體　　　　　　B. 成本計算時期

C. 成本管理要求　　　　　　D. 成本計算方法

3. 成本計算的基本方法和輔助方法之間的劃分標準是（　　）。

A. 成本計算工作的繁簡

B. 對於計算產品實際成本是否必不可少

C. 對成本管理作用的大小

D. 成本計算是否及時

4. 管理上不要求分步驟計算成本的多步驟生產，適合採用的成本計算方法是（　　）。

A. 簡化的分批法　　　　　　B. 分批法

C. 品種法　　　　　　　　　D. 分類法

5. 產品成本計算的分步法適用於（　　）。

A. 大量大批的多步驟生產　　B. 小批生產

C. 單件生產　　　　　　　　D. 大量大批的單步驟生產

6. 成本還原的對象是（　　）。

A. 本步驟生產費用

B. 上步驟轉來的生產費用

C. 產成品成本

D. 各步驟所耗上一步驟半成品的綜合成本

7. 在產品成本計算的分步法下，假設本月產成品所耗半成品費為 a 元，而本月所產半成品成本為 b 元，則還原分配率為（　　）。

A. a/(a-b)　　　　　　　　B. (a-b)/a

C. a/b　　　　　　　　　　D. b/a

8. 成本還原是指從（　　）生產步驟起，將其耗用上一步驟的自製半成品的綜合成本，按照上一步驟完工半成品的成本項目的比例分解還原為原來的成本項目。

A. 最前一個　　　　　　　　B. 中間一個

C. 最後一個　　　　　　　　D. 隨意任選一個

9. 在逐步結轉分步法下，其完工產品與在產品之間的費用分配，是指在（　　）之間的費用分配。

A. 產成品與廣義的在產品

B. 完工半成品與月末加工中的在產品

C. 產成品與月末在產品

D. 前面各步驟完工半成品與加工中的在產品，最後步驟的產成品與加工中的在產品

10. 在逐步結轉分步法下，根據半成品入庫單等原始憑證，應編製會計分錄為（　　）。

　　A. 借：產成品
　　　　貸：半成品費用
　　B. 借：自製半成品
　　　　貸：基本生產成本
　　C. 借：半成品費用
　　　　貸：產成品
　　D. 借：基本生產成本
　　　　貸：自製半成品

11. 分項結轉分步法的缺點是（　　）。

　　A. 成本結轉工作比較複雜
　　B. 需要進行成本還原
　　C. 不能提供原始項目的成本資料
　　D. 不便於加強各生產步驟的成本管理

12. 採用平行結轉分步法，不論半成品是在各生產步驟之間直接結轉還是通過半成品庫收發，都（　　）。

　　A. 不通過自製半成品科目進行總分類核算
　　B. 通過自製半成品科目進行總分類核算
　　C. 不通過產成品科目進行總分類核算
　　D. 通過產成品科目進行總分類核算

13. 在平行結轉分步法下，其完工產品與在產品之間的費用分配是指下列兩者之間的費用分配（　　）。

　　A. 完工半成品與廣義在產品
　　B. 廣義在產品與狹義在產品
　　C. 產成品與月末廣義在產品
　　D. 產成品與月末狹義在產品

14. 採用平行結轉分步法（　　）。

　　A. 不能全面地反應各個生產步驟產品的生產耗費水平
　　B. 能夠全面地反應最後一個生產步驟產品的生產耗費水平
　　C. 能夠全面地反應各個生產步驟產品的生產耗費水平
　　D. 能夠全面地反應第一個生產步驟產品的生產耗費水平

15. 分批法的主要特點是（　　）。

　　A. 以產品批別為成本計算對象
　　B. 生產費用不需要在批內完工產品與在產品之間進行分配
　　C. 費用歸集與分配比較簡便
　　D. 成本計算期長

16. 採用簡化的分批法進行成本核算的企業，為了核算累計間接計入費用，一般要求特別設置（　　）。

　　A. 製造費用二級帳
　　B. 基本生產成本明細帳
　　C. 基本生產成本二級帳
　　D. 基本生產成本總帳

17. 採用簡化的分批法，在產品完工之前，產品成本明細帳應（　　）。

　　A. 登記間接費用和生產工時
　　B. 只登記直接材料費用

C. 只登記間接費用，不登記直接費用

D. 登記直接材料費用和生產工時

18. 採用簡化的分批法進行成本計算，適用的情況是（　　）。

　　A. 投產批數繁多，而且未完工批數較多

　　B. 投產批數較少，而且未完工批數較少

　　C. 投產批數繁多，而且完工批數較多

　　D. 投產批數較少，而且未完工批數較多

19. 產品成本計算的分類法適用於（　　）。

　　A. 可以按照一定的標準分類的產品

　　B. 品種、規格繁多的產品

　　C. 品種、規格繁多，而且可以按照一定標準分類的產品

　　D. 大量大批生產的產品

20. 在產品的品種、規格繁多的工業企業中，能夠簡化成本計算工作的方法是（　　）。

　　A. 定額法　　　　　　　　　B. 分步法

　　C. 分類法　　　　　　　　　D. 分批法

21. 能夠配合和加強生產費用和產品成本定額管理的產品成本計算的輔助方法是（　　）。

　　A. 分類法　　　　　　　　　B. 分步法

　　C. 分批法　　　　　　　　　D. 定額法

22. 下列各項中，既是一種成本計算方法，又是一種成本管理方法的是（　　）。

　　A. 分類法　　　　　　　　　B. 分批法

　　C. 品種法　　　　　　　　　D. 定額法

23. 如果比重不大，為了簡化成本計算工作，副產品、聯產品採用的計算成本方法可以相類似於（　　）。

　　A. 品種法　　　　　　　　　B. 分批法

　　C. 分類法　　　　　　　　　D. 定額法

24. 當副產品的售價不能抵償其銷售費用時，副產品的成本可以（　　）。

　　A. 按計劃單位成本計價

　　B. 不計價

　　C. 按實際單位成本計價

　　D. 按售價減去按正常利潤率計算的銷售利潤后的余額計價

25. 定額成本法下，在消耗定額降低時，月初在產品的定額成本調整數和定額變動差異數（　　）。

　　A. 兩者都是正數　　　　　　B. 兩者都是負數

　　C. 前者是正數，后者是負數　D. 前者是負數，后者是正數

26. 定額法的主要缺點是（　　）。

　　A. 只適用於大批量生產的機械製造企業

B. 較其他成本計算方法核算工作量大

C. 不能合理簡便地解決完工產品與在產品之間的費用分配問題

D. 不便於成本分析工作

27. 產品成本計算的定額法在實際工作中是（　　）。

　　A. 單獨應用的

　　B. 與產品成本計算的輔助方法同時應用的

　　C. 與產品成本計算的基本方法結合應用的

　　D. 因企業類型而異，不一定與產品成本計算的基本方法同時應用的

28. 採用定額法時，產品實際消耗材料應分配的材料成本差異的計算方法是（　　）。

　　A. 材料定額費用×材料成本差異率

　　B. (材料定額費用±材料脫離定額差異)×材料成本差異率

　　C. 材料實際消耗量×材料成本差異率

　　D. 材料定額消耗量×材料計劃單價×材料成本差異率

29. 計算月初在產品的定額變動差異，是為了（　　）。

　　A. 調整月初在產品的定額成本　　B. 調整本月發生的定額成本

　　C. 正確計算本月累計定額成本　　D. 正確計算本月產成品定額成本

30. 在計算一種產品成本時（　　）。

　　A. 可能結合採用幾種成本計算方法　　B. 不可能結合採用幾種成本計算方法

　　C. 可能同時採用幾種成本計算方法　　D. 必須結合採用幾種成本計算方法

二、多項選擇題

1. 廣義在產品包括（　　）。

　　A. 尚在各步驟加工的在產品

　　B. 轉入各半成品庫準備繼續加工的半成品

　　C. 對外銷售的自製半成品

　　D. 已入庫的外購半成品

　　E. 未經驗收入庫的完工產品和待返修的廢品

2. 工業企業確定產品成本計算方法時，要考慮的因素有（　　）。

　　A. 生產組織　　　　　　　　　B. 生產特點

　　C. 工藝過程　　　　　　　　　D. 管理要求

　　E. 成本核算要求

3. 工業企業的生產，按照生產組織可以劃分為（　　）。

　　A. 大量生產　　　　　　　　　B. 成批生產

　　C. 單步驟生產　　　　　　　　D. 單件生產

　　E. 多步驟生產

4. 下列產品成本計算方法中，屬於產品成本計算基本方法的有（　　）。

　　A. 定額法　　　　　　　　　　B. 分批法

C. 分步法 D. 品種法

E. 分類法

5. 品種法適用於（　　）。

    A. 大量生產

    B. 單步驟生產

    C. 要求分步計算成本的多步驟生產

    D. 單件小批生產

    E. 管理上不要求分步驟計算成本的多步驟生產

6. 產品成本計算的分步法，可以分為（　　）。

    A. 品種法 B. 逐步結轉法

    C. 分類法 D. 平行結轉法

    E. 分批法

7. 在大量、大批生產的情況下，根據管理要求的不同可以採用的產品成本計算的基本方法有（　　）。

    A. 品種法 B. 分批零件法

    C. 約當產量法 D. 分步法

    E. 定額法

8. 採用逐步結轉分步法，按照結轉的半成品成本在下一步驟產品成本明細帳中的反應方法，可分為（　　）。

    A. 平行結轉法 B. 按實際成本結轉法

    C. 按計劃成本結轉法 D. 綜合結轉法

    E. 分項結轉法

9. 平行結轉分步法的適用情況是（　　）。

    A. 半成品對外銷售

    B. 半成品不對外銷售

    C. 管理上不要求提供各步驟半成品資料

    D. 半成品種類較多，逐步結轉半成品成本工作量較大

10. 在分批法下，企業可以用於組織生產，計算成本的方法有（　　）。

    A. 按照訂單

    B. 按照產品的組成部分分批

    C. 按照產品的品種劃分批別

    D. 將一張訂單中規定的一種產品分為數批

    E. 將同時期的幾張訂單中相同的產品合為一批

11. 採用簡化分批法，要求（　　）。

    A. 必須設立基本生產二級帳

    B. 不分批計算在產品成本

    C. 在基本生產成本二級帳中只登記間接計入費用

    D. 分批計算在產品成本

E. 必須計算累計間接計入費用分配率

12. 採用簡化分批法，在某批產品完工以前，成本計算單只需按月登記（　　）。
    A. 直接費用　　　　　　　　B. 間接費用
    C. 工時數　　　　　　　　　D. 生產成本
    E. 製造費用

13. 採用分批法計算產品成本時，如果批內產品跨月陸續完工的情況不多，則先計算完工產品成本時，可以採用（　　）。
    A. 定額單位成本　　　　　　B. 計劃單位成本
    C. 單位變動成本　　　　　　D. 實際單位成本
    E. 最近一期相同產品的實際單位成本

14. 以下各種成本計算方法中，屬於輔助方法的有（　　）。
    A. 品種法　　　　　　　　　B. 分批法
    C. 分類法　　　　　　　　　D. 定額法
    E. 分步法

15. 分類法進行成本計算適用於（　　）。
    A. 企業產品、規格繁多，按照一定標準劃分為若干類別企業的成本計算
    B. 工業企業的聯產品的成本計算
    C. 工業企業的副產品的成本計算
    D. 某些等級產品的成本計算
    E. 某些零星產品的成本計算

16. 在實際成本計算工作中，可以採用分類法的所屬行業有（　　）。
    A. 鋼鐵企業　　　　　　　　B. 無線電元件企業
    C. 針織企業　　　　　　　　D. 食品企業
    E. 有聯產品的化工企業

17. 在分類法下，選擇作為同類產品中的標準產品的條件主要包括（　　）。
    A. 產量較大　　　　　　　　B. 產品價格比較穩定
    C. 銷量穩定　　　　　　　　D. 產品生產比較穩定或規格折中
    E. 產量較小

18. 常用的核算原材料定額差異的方法有（　　）。
    A. 切割核算法　　　　　　　B. 盤存法
    C. 標準成本法　　　　　　　D. 分步法
    E. 限額法

19. 定額法的主要優點包括（　　）。
    A. 促進節約生產消耗，降低產品成本
    B. 便於進行產品成本的定期分析，挖掘降低成本的潛力
    C. 有利於提高成本的定額管理和計劃管理工作的水平
    D. 能合理簡便地解決完工產品和在產品之間分配費用問題
    E. 產品成本核算工作量小

20. 指明以下屬於幾種產品成本計算方法同時應用的有（　　）。
　　A. 基本生產車間採用分步法，場內供電車間採用品種法
　　B. 發電廠的發電車間採用品種法，供水車間不單獨計算供水成本
　　C. 大量生產產品時採用分步法，小批生產產品時採用分批法
　　D. 毛坯生產採用品種法，加工裝配採用分步法
　　E. 大量、大批、多步驟生產，管理上要求計算步驟成本，各步驟成本按定額法計算

三、判斷題

（　　）1. 在所有的成本計算方法中，品種法是最基本的方法，計算出每種產品的單位成本是企業進行成本計算的最終目的。

（　　）2. 平行結轉分步法的完工產品為每步驟完工的半成品，在產品為各步驟尚未加工完成的在產品和各步驟已完工但尚未最終完成的產品。

（　　）3. 採用逐步結轉分步法計算成本時，各步驟的費用由兩部分組成，一部分是本步驟發生的費用，另一部分是上一步驟轉入的半成品成本。

（　　）4. 分步法下，無論是逐步結轉還是平行結轉，最終都需要通過「自製半成品」會計科目進行成本核算。

（　　）5. 分步法計算產品成本，按步驟設置的成本明細帳，可能與實際的生產步驟一致，也可能與實際的生產步驟不一致。

（　　）6. 零件分批法下，先按零件生產的批別計算各批零件的成本，然後按照各產品所耗各種零件的成本合計數作為各該批產品成本。

（　　）7. 分類法和定額法是成本計算的輔助方法，可以單獨應用於各種類型的生產。

（　　）8. 同類產品的類內各種產品之間分配費用時，所有的成本項目要選擇相同的分配標準。

（　　）9. 實際工作中，如果定額管理基礎比較好的企業，則可以單獨採用定額法計算產品成本。

（　　）10. 定額法不僅是一種成本計算方法，也是一種成本管理方法。

四、計算題

1. M廠有一個基本生產車間（A車間）和一個輔助生產車間（機修車間），基本生產車間生產甲、乙兩種產品，為大批大量生產，採用品種法進行產品成本核算。輔助生產車間的製造費用不單獨核算。月初在產品成本如下：
甲產品：原材料40,800元，工資及福利費24,000元，製造費用32,762元。
乙產品：原材料費用18,000元，工資及福利費6,000元，製造費用9,254元。
該廠201×年1月份發生下列經濟業務：
(1) 本月發生其他支出，假定均為全月匯總金額，並以銀行存款支付。
A車間：辦公費2,000元，差旅費3,000元，運輸費4,080元。

機修車間：辦公費1,000元，差旅費2,000元，運輸費3,100元。
另外支付全廠本月電費總額12,000元。

（2）A車間領用材料120,000元，其中直接用於甲產品的Ⅰ號材料30,000元，直接用於乙產品的Ⅱ號材料28,000元，甲、乙產品共同耗用Ⅲ號材料62,000元（甲產品定額消耗量為6,000千克，乙產品的定額消耗量為4,000千克）。A車間機物料消耗8,000元，輔助生產車間領用材料13,000元，廠部領用材料9,000元。以上共計150,000元。

（3）機修車間報廢低值易耗品一批，實際成本（原值）為6,000元，殘料入庫，計價300元，採用五五攤銷法進行核算。

（4）本月工資總額63,000元，其中A車間生產工人工資40,000元（按甲、乙產品耗用的生產工時比例分配，甲產品生產工時為6,000小時，乙產品生產工時為2,000小時），車間管理人員工資為7,000元，機修車間工人工資12,000元，廠部管理人員工資4,000元。

（5）按工資總額的14%計提職工福利費用。

（6）分配本月電費，根據電表記錄，甲產品耗電10,000度，乙產品耗電4,000度，A車間照明用電100度，廠部耗電3,000度，機修車間耗電2,000度。

（7）分配本月固定資產折舊費用。A車間月初、月末在用固定資產原值為300,000元；機修車間月初在用固定資產原值100,000元，月末在用固定資產原值120,000元；廠部在用固定資產原值月初、月末均為140,000元；按月折舊率1%計算折舊額。

（8）201×年10月，以存款支付下年全廠書報訂閱費6,000元，其中廠部3,600元，機修車間和A車間各1,200元。採用分期攤銷法，攤銷期為12個月。

（9）本月機修車間完成修理工時5,000小時，其中為A車間提供4,000小時，為廠部提供1,000小時。輔助生產費用規定採用直接分配法按修理工時比例分配。

（10）A車間的製造費用按甲、乙產品生產工時比例分配。

（11）甲產品本月完工2,000件，月末在產品1,000件，完工率為50%，原材料在生產開始時一次投入。採用約當產量法分配完工產品成本和月末在產品成本。

乙產品本月完工1,000件，乙產品各月末在產品數量變化不大，採用固定成本計價法計算期末在產品成本。

要求：

（1）根據上述資料，編製各種費用分配表，分配各項費用。

（2）根據各種費用分配表，編製會計分錄。

（3）根據各種費用分配表和會計分錄，登記各種成本、費用明細帳。

（4）計算完工產品成本和月末在產品成本，編製結轉完工產品成本會計分錄。

2. N工廠下設一個基本生產車間（A車間），小批生產甲、乙、丙三種產品，成本計算單中設「直接材料」「直接人工」「製造費用」三個成本項目。

（1）201×年2月份產品的批號和生產情況如下：

121# 甲產品　100件　上年度12月5日投產

122# 乙產品　200件　201×年1月10日投產

123# 丙產品　300 件　201×年 2 月 6 日投產

（2）2 月份各批產品的期初在產品成本詳見表 4-75。

表 4-75　　　　　　　　　期初在產品成本明細表　　　　　　　單位：元

成本項目	121#	122#
直接材料	14,200	7,000
直接人工	1,200	700
製造費用	950	400
合計	16,350	8,100

（3）201×年 2 月份發生的生產費用詳見表 4-76。

表 4-76　　　　　　　　　　生產費用表　　　　　　　　　　單位：元

產品批號及名稱	直接材料	直接人工	製造費用	合計
121#甲產品	3,000	400	700	4,100
122#乙產品		700	800	1,500
123#丙產品	6,000	580	120	5,700

（4）批號 123#丙產品本月末完工 100 件，月末在產品 200 件，原材料在生產開始時一次投入，平均加工程度為 50%。按約當產量法分配完工產品成本和月末在產品成本。

批號 122#乙產品，本月 25 日完工 50 件，其余未完工。完工產品按計劃單位成本計價：直接材料 35 元，直接人工 8 元，製造費用 7 元，合計 50 元。

批號 121#甲產品本月 20 日全部完工。

要求：（1）根據上述資料開設各批號產品成本計算單，並進行登記。

（2）編製完工產品驗收入庫的會計分錄。

3. W 工廠下設一個基本生產車間（A 車間），小批生產甲、乙、丙、丁四種產品，採用簡化的分批法計算產品成本。

201×年 3 月初結存在產品 2 批：311 批號甲產品 4 件，312 批號乙產品 6 件，月初在產品成本及耗用工時資料表 4-77。基本生產成本二級帳月初在產品成本及工時記錄為：直接材料 19,000 元，直接人工 9,000 元，製造費用 12,000 元，生產工時 4,000 小時。

表 4-77　　　　各批在產品成本及耗用工時生產記錄明細表　　　　單位：元

批號及產品名稱	直接材料	生產工時（小時）	投產日期
311#甲產品	11,000	1,000	201×年 2 月
312#乙產品	8,000	3,000	201×年 2 月

201×年 3 月 W 工廠發生下列經濟業務：

（1）領用材料：311 批號甲產品 20,000 元，312 批號乙產品 7,000 元，313 批號丙產品（本月投產，批量 10 件）30,000 元，314 批號丁產品（本月投產，批量 5 件）1,000元。基本生產車間一般耗用 8,000 元。

（2）分配工資 18,000 元，其中基本生產車間工人工資 16,000 元，車間管理人員工資 2,000 元。

（3）按工資總額的 14% 計提福利費用。

（4）基本生產車間折舊費用 2,000 元。

（5）以銀行存款支付基本生產車間其他支出 9,000 元。

（6）結轉基本生產車間製造費用。

（7）本月耗用工時共 6,000 小時，其中 311 批號甲產品 1,000 小時，312 批號乙產品 1,500 小時，313 批號丙產品 3,000 小時，314 批號丁產品 500 小時。

（8）本月 311 批號甲產品全部完工；312 批號乙產品完工 2 件，完工產品工時為 1,000 小時，完工產品直接材料費用按計劃成本結轉（計劃單位成本 3,500 元）；313 批號丙產品和 314 批號丁產品本月全部未完工。

要求：（1）編製要素費用分配和結轉製造費用的會計分錄。

（2）計算登記基本生產成本二級帳和各批產品成本明細帳。

（3）編製本月完工產品入庫的會計分錄。

4．×工廠生產甲產品，順序經過兩個車間進行生產，半成品甲通過倉庫收發（半成品成本採用加權平均法計算）。採用綜合結轉分步法計算在產品成本。

（1）201×年 4 月份第一車間和第二車間發生的生產費用（不包括所耗半成品的費用）如表 4-78 所示：

表 4-78　　　　　　　　　生產費用表　　　　　　　　　單位：元

車間名稱	原材料	工資及福利費	製造費用
第一車間	13,500	8,000	10,300
第二車間		6,500	11,200

（2）各車間的月初、月末在產品均按定額成本計算，定額成本資料如表 4-79 所示：

表 4-79　　　　　　　　在產品定額成本資料　　　　　　　　單位：元

車間名稱	原材料		半成品		工資及福利費		製造費用	
	月初	月末	月初	月末	月初	月末	月初	月末
第一車間	3,800	3,420			2,000	1,800	4,600	4,140
第二車間			6,200	3,100	1,300	650	1,250	5,000

（3）甲半成品月初庫存 120 件，實際成本總額為 9,000 元，本月份第一車間加工成半成品甲 500 件入庫，二車間從半成品庫領用 600 件，本月完工產成品甲 400 件。

要求：（1）開設並登記基本生產成本明細帳。

（2）編製一車間完工及二車間領用半成品的會計分錄。

（3）進行成本還原。

（4）編製完工產品入庫分錄。

5. Y工廠生產甲產品，經三個步驟順序加工，採用綜合結轉分步法計算成本；半成品通過半成品庫收發。201×年5月Y工廠有關成本資料如表4-80所示：

表4-80　　　　　　　甲產品成本項目明細表（綜合結轉）

完工產量：100件　　　　　　　　　　　單位：元

成本項目 生產步驟	半成品	直接材料	直接人工	製造費用	合計
第一步驟所產半成品		80,000	11,400	8,600	100,000
第二步驟所產半成品	70,000		6,000	4,000	80,000
第三步驟所產產成品	100,000		8,000	6,000	114,000

要求：編製成本還原表進行成本還原。

6. Z工廠大量生產甲產品，經兩個步驟連續加工制成。自製半成品通過倉庫收發，原材料於生產開始時一次投入，每件產成品耗用1件半成品。月初在產品及自製半成品的成本和數量如表4-81所示：

表4-81　　　　　　　月初在產品數量及成本資料　　　　　　　單位：元

項目	數量（件）	直接材料	直接人工	製造費用	成本合計
一車間月初在產品	20	2,100	300	280	2,680
二車間月初在產品	40	4,000	650	550	5,200
月初自製半成品	200	21,000	2,200	3,600	26,800

Z工廠201×年6月份發生下列業務：

（1）一車間投產500件。投入費用：直接材料52,500元，直接人工4,760元，製造費用7,540元。本月完工甲半成品400件，月末在產品120件。

（2）二車間領用甲半成品300件（採用加權平均法計價）。投入費用：直接人工4,200元，製造費用3,300元。本月完工甲產品260件，月末在產品80件。各步驟在產品按約當產量法計算，加工程度為50%。

要求：採用分項結轉法計算成本，開設和登記各步驟產品成本明細帳；開設和登記自製半成品明細帳，並編製結轉半成品和產成品成本的會計分錄。

7. E工廠設有三個生產車間，第一車間生產A半成品，第二車間將A半成品加工成B半成品，第三車間將B半成品加工成C產品，原材料在生產開始時一次投入，各加工步驟狹義在產品的加工程度為40%。201×年7月E工廠有關產量和成本資料如表4-82和表4-83所示：

表 4-82　　　　　　　　　　　　　產量記錄　　　　　　　　　　　　單位：件

車間名稱	月初狹義在產品	本月投入	本月產出	月末狹義在產品
一車間	90	350	400	40
二車間	60	400	360	100
三車間	30	360	340	50

表 4-83　　　　　　各車間月初在產品成本和本月成本資料　　　　　　單位：元

車間	直接材料 月初	直接材料 本月發生	直接人工 月初	直接人工 本月發生	製造費用 月初	製造費用 本月發生
一車間	1,700	22,750	800	12,000	2,200	14,000
二車間			830	9,200	620	5,500
三車間			1,600	6,000	900	5,000

要求：（1）根據資料，開設和登記產品成本明細帳，採用平行結轉分步法計算成本。

（2）編製產品成本匯總表及產成品入庫會計分錄。

8.F工廠生產的甲、乙、丙三種產品，其結構、所用原材料和工藝過程相近，合為A類計算成本。該類內各種產品之間分配費用的方法為原材料費用按系數法分配（以乙產品為標準產品）；其他費用按定額工時比例法分配。201×年8月份有關資料見表4-84和表4-85。

表 4-84　　　　　　各種產品產量和單位產品定額資料　　　　　　單位：元

產品名稱	產量（件）	原材料費用定額	工時定額
甲	24	4,256	32
乙	18	5,320	28
丙	30	6,916	22

表 4-85　　　　　　　　　A類產品成本資料　　　　　　　　　單位：元

項目	原材料	直接人工	製造費用	合計
月初在產品定額成本	84,820	28,060	90,100	202,980
月末在產品定額成本	61,960	26,420	84,700	173,080
本月生產費用	106,680	37,000	120,180	263,860

要求：（1）開設並登記A類產品成本明細帳。

（2）分配類內完工產品成本，編製A類完工產品成本計算表及編製結轉完工產品成本的會計分錄。

第五章　商業成本核算

【案例導入】

　　小李、小張和小王三人是好朋友，他們立志要通過自主創業干一番大事業。經過緊張的籌備，他們三人合辦了一家公司，專門從事電腦硬件的銷售業務。第一年，他們購進電腦硬件 100 萬元，購買辦公設備 70 萬元（當年折舊總額為 7 萬元），發生日常辦公費用 5 萬元，支付房屋租金 15 萬元，發放工資 30 萬元。截至當年 12 月 31 日，該公司主營業務收入為 200 萬元，已銷商品成本為 80 萬元。小王說今年公司開業大吉，建議在元旦那天辦一個聯歡會，邀請過去的同窗好友和合作夥伴參加。小李和小張不同意，認為公司今年不過是盈虧平衡，聚會就不要辦了。小王一聽就知道問題出在了哪裡。請問：你能算出該公司當年的利潤嗎？小李和小張的算法錯在哪裡？他們為什麼會發生這樣的錯誤呢？你能指導一下他們嗎？

【內容提要】

　　本章主要闡述商業成本核算的內容和成本核算的特點，重點介紹批發商品的數量成本金額核算法、零售商品的售價金額核算法和鮮活商品的成本金額核算法下商品購進成本和銷售成本的計算與核算。

　　商業企業即商品流通企業，是指以從事商品流通為主營業務的獨立核算的經濟單位，是商品流通中交換關係的主體。這類企業主要通過低價格購進商品、高價格出售商品的方式實現商品進銷差價，以進銷差價彌補企業的各項費用和稅金，從而獲得利潤。商業企業經營活動的特點，決定了其成本計算方法與製造企業有根本的不同。製造企業因為生產產品，所以需要歸集產品生產耗費，計算產品生產成本，而商業企業沒有產品生產成本過程，不存在產品生產成本的歸集與計算問題，其成本計算主要解決商品購進成本的確定和已銷商品成本的計算與結轉。從範圍上講，商業企業不僅包括商品流通過程的批發企業、零售企業，也包括物資供應和國際貿易企業。本章主要闡述商品批發企業和零售企業成本核算。

第一節　商業成本核算概述

一、商業企業成本核算的內容

（一）商品採購成本

　　商品採購成本是因購進商品而發生的有關支出。採購成本包括購買價款、相關稅費、運輸費、裝卸費、保險費以及其他可歸屬於商品採購成本的費用。商業企業在採購商品過程中發生的運輸費、裝卸費、保險費、包裝費、購進過程中的合理損耗以及其他可歸屬於商品採購成本的費用等進貨費用，應當計入商品採購成本，也可以先進行歸集，期末根據所購商品的存銷情況進行分攤，對於已售商品的進貨費用，計入當期損益；對於未售商品的進貨費用，計入期末存貨成本。企業採購商品的進貨費用金額較小的，也可以在發生時直接計入當期損益。購進用於出口的商品到達交貨地車站、碼頭以前所支付的各項費用則應作為當期損益列入銷售費用。

　　企業進口商品的採購成本是指商品在到達目的港以前發生的各種支出，主要包括商品購買價款、進口稅金以及代理進口費用。其中，商品購買價款是指進口商品按對外承付貨款日國家外匯牌價結算的到岸價（CIF）。如果對外合同是以離岸價（FOB）成交的，在商品到達目的港以前，由企業以外匯支付的運費、保險費、佣金等應計入商品採購成本內。進口稅金是指商品報關檢驗時應繳納的稅金，包括進口關稅、消費稅以及按規定應計入商品採購成本的增值稅。代理進口費是指企業委託其他單位代理進口支付給受託單位的代理費用。

　　此外，企業購進商品發生的採購折扣、購貨退回以及經確認的索賠收入、能直接認定的進口佣金都應衝減商品採購成本。

（二）商品銷售成本

　　商品的銷售成本包括已銷商品的採購成本和存貨跌價準備兩部分。對於商業企業來說，已銷商品的採購成本可根據企業所採用的存貨計價方法確定。存貨跌價準備是按期末庫存商品的一定比例計提的，是商品銷售成本的又一組成部分。企業出口商品退回的稅金可抵扣當期出口商品的銷售成本。

（三）商品流通費用

　　商品流通費用是指商品流通過程中發生的不能計入商品採購成本的間接費用，主要包括銷售費用、管理費用和財務費用。

　　1. 銷售費用

　　銷售費用是指商業企業在組織購、銷、存等經濟活動的過程中所發生的各項費用。銷售費用主要包括廣告費、展覽費、檢驗費、商品損耗、進出口商品累計佣金、經營人員的工資及福利費等。

2. 管理費用

管理費用是指商業企業行政管理部門為組織和管理企業經營活動發生的各項費用。管理費用主要包括管理人員工資及福利費、業務招待費、技術開發費、勞動保險費、折舊費、修理費、商標註冊費、審計費、壞帳損失、房產稅、土地使用稅、印花稅、車船使用稅、諮詢費、訴訟費、職工教育經費、工會會費、董事會會費等。

3. 財務費用

財務費用是指商業企業為籌集業務經營所需資金等發生的費用。財務費用主要包括利息支出（減利息收入）、支付給金融機構的手續費以及匯兌損益等。

以上所述的銷售費用、管理費用和財務費用，不計入商業企業的經營成本，而是在其發生的會計期間，全部作為期間費用計入當期損益。

二、商業企業商品核算方法和銷售成本計算

由於商品批發和零售企業在經營上有著不同的特點，其商品核算的方法也有所不同。商品批發企業商品核算方法主要有數量成本金額核算法和數量售價金額核算法。商品零售企業的商品核算方法主要有成本金額核算法、售價金額核算法和數量售價金額核算法等。

商業企業已銷商品銷售成本的計算方法也因商品核算方法不同而不同。在採用數量成本金額核算法的企業，商品的銷售成本可以採用個別計價法、先進先出法、月末一次加權平均法、移動加權平均法，在商品品種、類別繁多的情況下，還可以採用毛利率法。採用成本金額核算法的企業，可以按實地盤存制計算銷售成本。庫存商品採用售價金額核算法或數量售價金額核算法的企業，在商品銷售以後，可以先按售價金額結轉銷售成本，月末再將商品進銷差價在已銷商品和庫存商品之間進行分攤，將已銷商品的進銷差價沖減和調整原按售價結轉的銷售成本。商業企業庫存商品核算和銷售成本計算比較如表 5-1 所示：

表 5-1　　　　商業企業庫存商品核算和銷售成本計算比較表

庫存商品核算方法	數量成本金額核算法	數量售價金額核算法	成本金額核算法	售價金額核算法
成本計算對象	商品品種或類別	商品品種或類別	實物負責人或櫃組	實物負責人或櫃組
帳戶設置及運用	「庫存商品」總帳以成本金額核算，明細帳按商品品種、類別並結合存放地點以數量及成本金額進行記錄	「庫存商品」總帳以售價金額核算，明細帳按商品品種、類別並結合存放地點以數量及售價金額進行記錄，同時開設「商品進銷差價」帳戶分類核算進銷差價	「庫存商品」總帳以成本金額核算，明細帳按商品品種、類別並結合存放地點按成本金額進行記錄	「庫存商品」總帳以售價金額核算，明細帳按商品品種、類別結合存放地點以售價金額進行記錄，同時開設「商品進銷差價」帳戶分類核算進銷差價

表5-1(續)

庫存商品核算方法	數量成本金額核算法	數量售價金額核算法	成本金額核算法	售價金額核算法
商品銷售成本計算	分別採用個別計價法、先進先出法、月末一次加權平均法、移動加權平均法或毛利率法計算	商品銷售時按商品售價結轉銷售成本，月末計算出已銷商品進銷差價，調整已結轉的銷售成本。確定已銷商品的進銷差價的核算方法主要有兩種，即進銷差價率法和實地盤存差價法	月末實地盤點確定庫存商品的成本金額，按「以存計銷」的方法倒擠銷售成本	商品銷售時按商品售價結轉銷售成本，月末計算出已銷商品進銷差價，調整已結轉的銷售成本。確定已銷商品的進銷差價的核算方法主要有兩種，即進銷差價率法和實地盤存差價法
適用範圍	大中型批發企業和農副產品收購企業	批發企業和貴重零售商品的核算	經營鮮活商品的零售企業	商品零售企業

三、商業企業成本的結轉

商業企業應按適當的方法，對商品購銷業務的成本進行結轉。

企業在採購商品時，按照專用發票上列明的商品貨款金額借記「在途物資」帳戶，按照專用發票上列明的增值稅額借記「應交稅費——應交增值稅（進項稅額）」帳戶，按照專用發票上列明的價稅合計數貸記「銀行存款」等帳戶。商品採購完畢，驗收入庫時，再借記「庫存商品」帳戶，貸記「在途物資」帳戶。由於「庫存商品」帳戶既可以按成本金額核算也可以按售價核算，所以在具體運用該帳戶時，如果企業採用的是成本金額核算法，則在該帳戶中按商品的成本金額計價登記；如果企業採用的是售價金額核算法，則應按商品的售價金額計價登記。批發企業一般採用成本金額核算法，零售企業一般採用售價金額核算法。

企業在銷售商品時，要填製增值稅專用發票，分別列明商品的貨款和增值稅額，此時應根據所取得的價稅合計數借記「銀行存款」等帳戶，根據銷售取得的貨款額貸記「主營業務收入」帳戶，根據增值稅額貸記「應交稅費——應交增值稅（銷項稅額）」帳戶。同時編製結轉商品銷售成本的會計分錄。如果庫存商品按成本核算，則結轉銷售成本時按實際金額，借記「主營業務成本」帳戶，貸記「庫存商品」帳戶。如果庫存商品按售價金額核算，則結轉銷售成本時按銷售價格，借記「主營業務成本」帳戶，貸記「庫存商品」帳戶。同時結轉已銷商品的進銷差價，借記「商品進銷差價」帳戶，貸記「主營業務成本」帳戶。

期末計算損益時，將「主營業務收入」和「主營業務成本」帳戶的余額結轉到「本年利潤」帳戶。

商業企業發生的銷售費用、管理費用和財務費用，在發生當期按照費用屬性分別計入「銷售費用」「管理費用」「財務費用」帳戶，期末將各帳戶的余額結轉到「本年利潤」帳戶。

第二節　商品批發成本核算

一、批發企業的商品經營特點

批發企業是指從生產企業和其他企業購進商品，供應給零售企業和其他批發企業用於轉賣或供應給生產企業用於進一步加工的商業企業。批發企業是商品流通過程的起始階段和中間環節，主要任務是組織工農業產品的收購、組織適銷對路的商品、安排好市場供應，在商業企業中發揮蓄水池和調節器的作用。批發企業在業務經營上具有以下特點：

第一，批發企業一般經營大宗商品買賣，交易次數雖然不多，但商品購銷量大，企業的規模也大，專業性較強。

第二，批發企業為了保證市場供應，一般有較大的商品儲備，除自備倉庫儲存外，往往會委託外單位和租借外單位的倉庫儲存商品，因此對商品不僅要進行價值管理，還必須進行數量核算。

第三，批發企業的購銷對象，一般是生產企業和商品零售企業，交易額大，但交易次數不如零售企業頻繁。

批發企業的業務特點，決定了商品批發成本核算的特點。批發企業一般按照購進商品的進貨原價，實行數量成本金額核算法，對庫存商品從數量和成本上進行控制，詳細反應各種商品的增減變動情況。另外，對於一部分商品進銷價格相對穩定的小型批發企業商品核算，也可以採用數量售價金額核算法。

二、商品批發企業成本核算

商品批發企業成本核算包括數量成本金額核算法和數量售價金額核算法。

數量成本金額核算法是指按商品品名、規格同時用數量和成本金額反應其收、發及結存情況的一種商品核算方法。「庫存商品」總帳以商品成本金額核算商品的增減變動及結存情況。在該種核算法下，企業庫存商品按實際成本金額確認。批發商品的銷售成本，應根據經營商品的不同特點，分別採用個別計價法、先進先出法、月末一次加權平均法、移動加權平均法和毛利率法，定期計算和結轉已銷商品的成本。

數量售價金額核算法是指同時已售數量和售價金額核算庫存商品增減變動及結存情況的核算方法，一般適用於會計部門、業務部門、倉庫在同一辦公地點，並且商品進銷價格相對穩定的小型批發企業商品核算，零售企業的貴重商品也可採用數量售價金額核算。在該種方法下，「庫存商品」總帳以商品售價核算商品的增減變動及結存情況。為了將商品售價調整為商品成本，並核算商品售價和成本之間的差額，需要設置「商品進銷差價」帳戶。採用數量售價金額核算法時，商品銷售成本的計算與零售企業按售價金額核算方法基本相同，具體核算方法見第三節商品零售成本核算。

(一) 商品批發數量成本金額核算法

1. 批發商品採購成本的核算

如前所述，批發企業商品購進成本，包括商品的實際買價、商品購進過程中發生的國內運輸費、裝卸費、保險費、包裝費、購進過程中的合理損耗，以及其他可歸屬於存貨採購成本的費用。

2. 已銷商品成本計算方法

商品批發企業已銷商品成本的核算，一般採用數量成本金額核算法。按現行制度規定，採用數量成本金額核算法的企業，對銷售成本的核算可採用個別計價法、先進先出法、月末一次加權平均法、移動加權平均法和毛利率法計算已銷商品的銷售成本，但企業一經選定某種方法后，年度內一般不得變更。

(1) 個別計價法。個別計價法是指對庫存和發出的每一特定存貨或每一批特定存貨的個別成本或每批成本加以認定的一種方法。用個別計價法，在發出、銷售商品時，按所發出、銷售商品的實際成本確定銷售成本。採用這種方法，要求對每批購進的商品分別存放，並為各批商品分別標明批次、數量及其成本；在商品發出、銷售時，應在發貨單中填明其進貨的批次和成本，以便據以計算該批商品發出、銷售的成本，登記庫存商品明細帳。採用這種方法不論是銷售發出還是其他發出，都應按其實際成本計價。在計算已銷商品的成本時，應按其銷售數量乘以其成本單價。如果發出、銷售的商品包括兩批或兩批以上的進貨時，也應按兩個或兩個以上的單價分別計算。已銷商品成本的計算公式如下：

已銷商品成本＝商品銷售數量×各批商品的實際成本單價

(2) 先進先出法。先進先出法是假定「先入庫的存貨先發出」，並根據這種假定的成本流轉次序確定發出存貨成本的一種方法，即商品的銷售成本應按結存商品中最先購進的那一批商品的成本計算。這就需要從數量金額或庫存商品明細帳中，查閱先購進的商品的數量和單價，然後根據此單價確定銷售商品的成本。

先進先出法的優點是先購進商品最先發出，期末庫存商品的成本接近實際。先進先出法的缺點是在物價持續上漲的情況下，會使商品的當月銷售成本偏低、庫存商品的成本偏高，從而高估當期利潤；在物價持續下降的情況下，會使商品的當月銷售成本偏高、月末庫存商品的成本偏低，從而低估當期利潤。

採用先進先出法，確定商品銷售成本或期末商品存貨成本的先後次序不同，產生了兩種不同的核算方法。按商品購銷業務的順序逐批計算、逐筆結轉已銷商品成本，再確定期末存貨成本，即為順算成本法。其計算公式如下：

商品銷售成本＝商品銷售數量×商品單位成本

期末商品存貨成本＝期初商品存貨成本＋本期增加商品的成本－本期非銷售付出的商品成本－商品銷售成本

在月末先計算結存商品成本，然後根據月初結存、本月收入和月末結存商品成本，倒擠本月已銷商品成本，即為倒算成本法。其計算公式如下：

期末商品存貨成本＝期末商品存貨數量×商品單位成本

商品銷售成本=期初商品存貨成本+本期增加商品的成本-本期非銷售付出的商品成本-期末商品存貨成本

倒算法可以簡化核算工作，但不能逐批反應每批商品發出、銷售的成本。

（3）月末一次加權平均法。月末一次加權平均法是在存貨按實際成本進行明細分類核算時，以本月各批進貨數量和月初數量為權數計算存貨的平均單位成本的一種方法，即以本月進貨數量和月初數量之和，去除本月進貨成本和月初成本之和，來確定加權平均單位成本，從而計算出本月發出存貨及月末存貨的成本。其計算公式如下：

$$存貨的加權平均單位成本 = \frac{本月初庫存存貨的實際成本 + \sum(本月各批進貨的實際單位成本 \times 本月各批進貨的量)}{月初庫存存貨數量 + \sum 本月各批進貨數量}$$

本月發出存貨的成本=本月發出存貨的數量×加權平均單位成本

本月月末庫存存貨的成本=月末庫存存貨的數量×加權平均單位成本

採用月末一次加權平均法，已銷商品成本只在月末計算一次，銷售商品時在庫存商品明細帳中只登記銷售數量，可以大大簡化核算工作。但平時不能計算、登記庫存商品明細帳的發出商品成本和結存成本，不利於庫存商品資金的日常管理。

（4）移動加權平均法。移動加權平均法是指在每次收貨以後，立即根據庫存存貨數量和總成本，計算出新的平均單位成本的一種計算方法。其計算公式如下：

$$存貨的移動平均單位成本 = \frac{本次進貨之前庫存存貨的實際成本 + 本次進貨的實際成本}{本次進貨之前庫存存貨數量 + 本次進貨的數量}$$

發出存貨的成本=本次發出存貨的數量×移動平均單位成本

月末庫存存貨的成本=月末庫存存貨的數量×月末存貨的移動平均單位成本

（5）毛利率法。毛利率法是指月末以當月商品銷售淨額×（1-毛利率）估算銷售成本的成本計算方法。毛利率法是以企業各期毛利率相對穩定或基本相同的假設為前提，根據上季度毛利率來計算本期銷售商品成本和期末庫存商品成本的方法。毛利率是指已銷商品毛利額占商品銷售淨額的比率，已銷商品毛利額是指商品銷售淨額大於其成本的差額。由於各月商品銷售價格、採購成本和銷售結構的變化，都會影響已銷商品的毛利率，因此一般情況下企業為了簡化成本的核算，在一個季度的前兩個月可以按上季度的毛利率估算銷售成本，同時為了保證銷售成本計算的合理性，季末還必須按加權平均法或先進先出法等方法計算出期末庫存商品成本和全季的商品銷售成本，減去前兩個月估算的銷售成本，作為季度的第三個月的銷售成本。採用毛利率法，為了進一步地簡化程序，一般按商品的類別計算已銷商品的成本。因為同類商品的毛利率基本相同，但各類商品的毛利率往往有較大的差異，所以應注意商品的合理分類。其計算公式如下：

銷售淨額=商品銷售收入-銷售退回與折讓

當月銷售成本=本月商品銷售淨額×(1-上季度毛利率)

期末存貨成本=期初存貨成本+本期購貨成本-本期銷售成本

季末調整當月銷售成本=上月末存貨成本+本月購入存貨成本-季末存貨成本

其中季末存貨成本是按加權平均法或先進先出法等方法計算得出的。

上述各種計算已銷商品成本的方法，各有優缺點，企業應根據自身商品經營的情況和管理的要求選擇採用。但是為保證各期核算資料的可比性，企業採用的方法一經確定，不得隨意變更。

(二) 商品批發企業成本的核算方法舉例

【例5-1】某批發企業庫存商品甲商品的明細帳如表5-2所示。要求：按照商品批發數量成本金額核算法，分別採用個別計價法、先進先出法、月末一次加權平均法和移動加權平均法計算商品銷售成本。

表 5-2　　　　　　　　　　　　　庫存商品明細帳

商品類別：　　　　　　　　　　　　　　　　　　　　　　計量單位：件　金額單位：元
商品編號：　　　　　　　　　　　　　　　　　　　　　　商品名稱及規格：甲商品

月	日	憑證號碼	摘要	收入 數量	收入 單價	收入 金額	發出 數量	發出 單價	發出 金額	結存 數量	結存 單價	結存 金額
9	1	0005	期初余額							400	4.00	1,600
9	5	0012	購進	1,000	3.80	3,800				1,400		
9	10	0025	銷售				900			500		
9	14	0037	購進	800	4.00	3,200				1,300		
9	17	0046	銷售				600			700		
9	21	0062	購進	900	4.20	3,780				1,600		
9	28	0097	銷售				1,000			600		
			本月合計	2,700		10,780	2,500			600		

1. 個別計價法

已知甲商品10日銷售的900件商品中有300件為期初庫存，另外600件為5日購進的商品；17日銷售的600件商品中有100件為期初庫存，另外500件為14日購進的商品；28日銷售的1,000件商品中有400件為5日購進的商品，另外600件為21日購進的商品。

10日已銷售商品成本＝300×4+600×3.8＝3,480（元）

17日已銷售商品成本＝100×4+500×4＝2,400（元）

28日已銷售商品成本＝400×3.8+600×4.2＝4,040（元）

已銷商品成本合計＝3,480+2,400+4,040＝9,920（元）

期末庫存商品成本＝300×4+300×4.2＝2,460（元）

採用個別計價法計算已銷商品成本，一般情況下均應逐筆計算結轉銷售成本，並逐筆登記庫存商品明細帳，在各明細帳上分別結轉銷售成本。明細帳登記如表5-3所示：

表 5-3　　　　　　　　　庫存商品明細帳（個別計價法）

商品類別：　　　　　　　　　　　　　　　　　計量單位：件　金額單位：元
商品編號：　　　　　　　　　　　　　　　　　商品名稱及規格：甲商品

月	日	憑證號碼	摘要	收入 數量	收入 單價	收入 金額	發出 數量	發出 單價	發出 金額	結存 數量	結存 單價	結存 金額
9	1	0005	期初余額							400	4.00	1,600
9	5	0012	購進	1,000	3.80	3,800				400 1,000	4.00 3.80	1,600 3,800
9	10	0025	銷售				300 600	4.00 3.80	1,200 2,280	100 400	4.00 3.80	400 1,520
9	14	0037	購進	800	4.00	3,200				900 400	4.00 3.80	3,600 1,520
9	17	0046	銷售				100 500	4.00 4.00	400 2,000	300 400	4.00 3.80	1,200 1,520
9	21	0062	購進	900	4.20	3,780				300 400 900	4.00 3.80 4.20	1,200 1,520 3,780
9	28	0097	銷售				400 600	3.80 4.20	1,520 2,520	300 300	4.00 4.20	1,200 1,260
9	30		本月合計	2,700		10,780	2,500		9,920	600		2,460

2. 先進先出法

採用先進先出法計算已銷商品成本，可以逐筆結轉，也可以期末定期結轉。

逐筆結轉當月銷售成本計算如下：

10 日已銷售商品成本 = 400×4+500×3.8 = 3,500（元）

17 日已銷售商品成本 = 500×3.8+100×4 = 2,300（元）

28 日已銷售商品成本 = 700×4+300×4.2 = 4,060（元）

已銷商品成本合計 = 3,500+2,300+4,060 = 9,860（元）

期末庫存商品成本 = 600×4.2 = 2,520（元）

逐筆結轉已銷商品成本並登記庫存商品明細帳如表 5-4 所示：

表 5-4　　　　　　　　　庫存商品明細帳（先進先出法）

商品類別：　　　　　　　　　　　　　　　　　計量單位：件　金額單位：元
商品編號：　　　　　　　　　　　　　　　　　商品名稱及規格：甲商品

月	日	憑證號碼	摘要	收入 數量	收入 單價	收入 金額	發出 數量	發出 單價	發出 金額	結存 數量	結存 單價	結存 金額
9	1	0005	期初余額							400	4.00	1,600
9	5	0012	購進	1,000	3.80	3,800				400 1,000	4.00 3.80	1,600 3,800
9	10	0025	銷售				400 500	4.00 3.80	1,600 1,900	500	3.80	1,900

表5-4(續)

月	日	憑證號碼	摘要	收入 數量	收入 單價	收入 金額	發出 數量	發出 單價	發出 金額	結存 數量	結存 單價	結存 金額
9	14	0037	購進	800	4.00	3,200				500 800	3.80 4.00	1,900 3,200
9	17	0046	銷售				500 100	3.80 4.00	1,900 400	700	4.00	2,800
9	21	0062	購進	900	4.20	3,780				700 900	4.00 4.20	2,800 3,780
9	28	0097	銷售				700 300	4.00 4.20	2,800 1,260	600	4.20	2,520
9	30		本月合計	2700		10,780	2,500		9,860	600		2,520

先進先出法期末定期結轉已銷商品成本計算如下：

期末庫存商品成本＝600×4.2＝2,520（元）

已銷商品成本＝1,600+10,780-2,520＝9,860（元）

定期結轉已銷商品成本並登記庫存商品明細帳如表5-5所示：

表5-5　　　　　　　　　庫存商品明細帳（先進先出法）

商品類別：　　　　　　　　　　　　　　　　計量單位：件　金額單位：元

商品編號：　　　　　　　　　　　　　　　　商品名稱及規格：甲商品

月	日	憑證號碼	摘要	收入 數量	收入 單價	收入 金額	發出 數量	發出 單價	發出 金額	結存 數量	結存 單價	結存 金額
9	1	0005	期初余額							400	4.00	1,600
9	5	0012	購進	1,000	3.80	3,800				1,400		
9	10	0025	銷售				900			500		
9	14	0037	購進	800	4.00	3,200				1,300		
9	17	0046	銷售				600			700		
9	21	0062	購進	900	4.20	3,780				1,600		
9	28	0097	銷售				1,000			600		
9	30		結轉銷售成本						9,860	600	4.20	2,520
			本月合計	2,700		10,780	2,500		9,860	600	4.20	2,520

從上例可以看出，採用期末定期結轉明細帳的登記和銷售成本計算較逐筆結轉法簡單，實際工作中被廣泛採用。

3. 月末一次加權平均法

月末一次加權平均法是以月初結存商品的成本與全月採購收入商品的成本之和，除以月初結存商品的數量與全月採購收入商品的數量之和，算出以數量為權數的商品的平均單位成本，從而對發出商品進行成本計價的一種方法。同上例，當月銷售成本計算如下：

月末一次加權平均單位成本＝（1,600＋3,800＋3,200＋3,780）÷（400＋1,000＋800＋900）

＝3.993,5（元/件）

本月累計銷售成本＝2,500×3.993,5＝9,984（元）

期末庫存商品成本＝600×3.993,5＝2,396（元）

或先計算期末庫存，再倒擠已銷商品成本。

期末庫存商品成本＝600×3.993,5＝2,396（元）

本月累計銷售成本＝1,600＋10,780－2,396＝9,984（元）

採用月末一次加權平均法計算已銷商品成本，應在月末定期結轉商品銷售成本，可以在各明細帳上分散結轉，也可以在商品類目帳上集中結轉。

月末一次加權平均法已銷商品成本業登記庫存商品明細帳如表5-6所示：

表5-6　　　　　　　　　庫存商品明細帳（月末一次加權平均法）

商品類別：　　　　　　　　　　　　　　　　　　計量單位：件　金額單位：元

商品編號：　　　　　　　　　　　　　　　　　　商品名稱及規格：甲商品

月	日	憑證號碼	摘要	收入 數量	收入 單價	收入 金額	發出 數量	發出 單價	發出 金額	結存 數量	結存 單價	結存 金額
9	1	0005	期初余額							400	4.00	1,600
9	5	0012	購進	1,000	3.80	3,800				1,400		
9	10	0025	銷售				900			500		
9	14	0037	購進	800	4.00	3,200				1,300		
9	17	0046	銷售				600			700		
9	21	0062	購進	900	4.20	3,780				1,600		
9	28	0097	銷售				1,000			600		
9	30		結轉銷售成本				2,500	3.993,5	9,984	600	3.993,5	2,396
			本月合計	2,700		10,780	2,500	3.993,5	9,984	600	3.993,5	2,396

4. 移動加權平均法

採用移動加權平均法逐筆計算結轉已銷商品成本，需在每次收貨以後，立即根據庫存存貨數量和總成本，計算出新的平均單位成本。

5日結存商品單位成本＝(1,600＋3,800)÷(400＋1,000)＝3.857,1(元/件)

10日銷售成本＝900×3.857,1＝3,471(元)

14日結存商品單位成本＝(1,929＋3,200)÷(500＋800)＝3.945,4(元/件)

17日銷售成本＝600×3.945,4＝2,367(元)

21日結存商品單位成本＝(2,762+3,780)÷(700+900)＝4,088,8(元/件)

28日銷售成本＝1,000×4,088,8＝4,089(元)

28日結存商品成本＝600×4,088,8＝2,453(元)

移動加權平均法已銷商品成本並登記庫存商品明細帳如表5-7所示：

表5-7　　　　　　　　庫存商品明細帳（移動加權平均法）

商品類別：　　　　　　　　　　　　　　　　　　計量單位：件　金額單位：元

商品編號：　　　　　　　　　　　　　　　　　　商品名稱及規格：甲商品

月	日	憑證號碼	摘要	收入			發出			結存		
				數量	單價	金額	數量	單價	金額	數量	單價	金額
9	1	0005	期初余額							400	4.00	1,600
9	5	0012	購進	1,000	3.80	3,800				1,400	3.857,1	5,400
9	10	0025	銷售				900	3.857,1	3,471	500	3.857,1	1,929
9	14	0037	購進	800	4.00	3,200				1,300	3.945,4	5,129
9	17	0046	銷售				600	3.945,4	2,367	700	3.945,4	2,762
9	21	0062	購進	900	4.20	3,780				1,600	4.088,8	6,542
9	28	0097	銷售				1,000	4.088,8	4,089	600	4.088,8	2,453
			本月合計	2,700		10,780	2,500		9,927	600	4.088,8	2,453

5. 毛利率法

【例5-3】某商品批發公司按照商品批發數量成本金額核算法，採用毛利率法核算。201×年1月1日乙類商品庫存200,000元，1月份購進商品400,000元，銷售收入500,000元；2月份購進商品450,000元，銷售收入550,000元；3月份購進商品500,000元，銷售收入640,000元。3月末按先進先出法計算出月末庫存商品190,000元。已知上年度第四季度該類商品的毛利率為20%，按毛利率法計算1月、2月份銷售成本，3月份對全季銷售成本進行調整。

(1) 計算1月份銷售商品和月末結存商品的成本。

1月份已銷商品銷售成本＝500,000×(1－20%)＝400,000（元）

1月末庫存商品成本＝200,000+400,000－400,000＝200,000（元）

(2) 計算2月份銷售商品和月末結存商品的成本。

2月份已銷商品銷售成本＝550,000×(1－20%)＝440,000（元）

2月末庫存商品成本＝200,000+450,000－440,000＝210,000（元）

(3) 計算3月份商品銷售成本。

3月份已銷商品銷售成本＝210,000+500,000－190,000＝520,000（元）

(4) 計算1季度的毛利率作為下季度計算成本的基礎。

1季度全部銷售收入＝500,000+550,000+640,000＝1,690,000（元）

1季度已銷商品成本＝400,000+440,000+520,000＝1,360,000（元）

1季度毛利＝1,690,000－1,360,000＝330,000（元）

1季度毛利率＝330,000÷1,690,000＝19.53%

商品流通企業按上述方法計算出已銷商品成本金額後，應編製商品銷售成本結轉的會計分錄，即借記「主營業務成本」科目，貸記「庫存商品」科目。

第三節　商品零售成本核算

一、零售企業的經營特點

商品零售企業是指向生產企業或批發企業購進商品，銷售給個人消費或銷售給企事業單位用於繼續加工生產或非生產消費的商品流通企業。與批發企業比較，零售企業具有以下特點：

第一，零售企業網點設置比較分散，一般實行綜合經營，品種規格繁多，進貨次數頻繁。

第二，銷售對象主要是廣大消費者，交易頻繁，數量零星，多數商品採取「一手交錢，一手交貨」的方式。

第三，在商業體制改革中，零售企業業務經營範圍不斷拓展，許多零售企業開展以一業為主，多種經營，有的兼營批發，有的建立自選市場，有的開展以賣代租的售後服務等業務活動。

二、商品零售企業成本核算

根據商品零售企業購銷活動的特點和經營管理的要求，可以分別採用售價金額核算法、數量售價金額核算法和成本全額核算法。除少數貴重物品及鮮活商品外，商品零售企業的庫存商品一般採用售價金額核算法。

(一) 售價金額核算法的特點和應設置的帳戶

售價金額核算法是指以商品的售價金額（增值稅含稅價格，以下簡稱含稅價格）來反應庫存商品的購進、銷售和儲存情況的核算方法。在這種方法下，庫存商品帳上反應的是商品的售價金額，商品售出以後，也以售價金額結轉商品銷售成本。因此，零售企業商品銷售成本的會計核算有別於其他企業，其基本內容如下：

第一，建立實物負責制。零售企業根據經營商品的特點和崗位責任制的要求，將經營的商品按其類別劃分為若干營業櫃組，每個櫃組都確定實物負責人，對所經營的商品負責。

第二，售價記帳，金額控制。零售企業對庫存商品的進、銷、存變化情況都按零售價格予以反應。庫存商品總帳按售價總金額登記，庫存商品明細帳按實物負責人（或櫃組）設置明細帳戶，並以售價金額記帳，不記數量。

第三，設置「商品進銷差價」帳戶。零售商品按售價金額核算，按商品銷售價格與成本之間的差價設置「商品進銷差價」帳戶，月末再按一定方法將商品進銷差價在

本期已銷商品與期末庫存商品之間進行分攤，將商品銷售成本調整為實際成本。「商品進銷差價」帳戶與庫存商品一樣，按實物負責人（或櫃組）進行明細核算。

第四，必須定期進行商品盤存。實行售價金額核算，平時只控制金額，不控制數量，因此月末必須對實物負責人所經營的商品進行一次全面盤點，及時查明實物數量，防止差錯發生。

商品驗收入庫時，按含稅價格借記「庫存商品」科目，按不含稅進價貸記「在途物資」等科目，按含稅價格與不含稅進價之間的差額貸記「商品進銷差價」科目；商品銷售后，借記「銀行存款」等科目，貸記「主營業務收入」和「應交稅費——應交增值稅(銷項稅額)」科目，同時按含稅價格結轉商品銷售成本，借記「主營業務成本」科目，貸記「庫存商品」科目。按照這種方法處理，商品銷售成本中包含了已實現的商品銷售毛利，即商品進銷差價，月末應將已實現的商品進銷差價從銷售成本中轉出，以便使「主營業務成本」帳上反應的是已銷商品的實際成本。借記「商品進銷差價」科目，貸記「主營業務成本」科目。商品零售企業成本核算的重點在於對已銷商品進銷差價的計算。

(二) 售價金額核算銷售成本的計算

零售企業確定已售商品的進銷差價的核算方法主要有兩種，即進銷差價率法和實地盤存差價法。

1. 進銷差價率法

進銷差價率法是一種按商品的存銷比例分攤商品進銷差價的方法。其計算公式如下：

進銷差價率＝差價分攤前「商品進銷差價」帳戶餘額÷(期末「庫存商品」帳戶餘額＋本期已銷商品售價成本)×100%

本期已銷商品應分攤的進銷差價＝本期已銷商品售價成本×進銷差價率

本期銷售商品的實際成本＝本期已銷商品售價成本－本期已銷商品應分攤的進銷差價

由於計算進銷差價的範圍不同，進銷差價率又可分為綜合進銷差價率和分類（或櫃組）進銷差價率。綜合進銷差價率按企業銷售的全部商品計算，計算較為簡便，但計算結果的準確性不高，適用於所經營商品的進銷差價大致相同的企業。分類（或櫃組）進銷差價率按各類商品或櫃組分別計算，由於計算的範圍比較小，結果較為準確，但工作量較大，適用於所經營的商品品種較少的企業。

(1) 綜合進銷差價率計算法。綜合進銷差價率計算法是根據庫存商品總帳反應的全部商品的存銷比例，計算本期銷售商品應分攤進銷差價的一種方法。其計算公式如下：

綜合進銷差價率＝差價分攤前「商品進銷差價」帳戶餘額÷(期末「庫存商品」帳戶餘額＋本期已銷商品售價成本)×100%

本期已銷商品應分攤的進銷差價＝本期已銷商品售價成本×進銷差價率

本期銷售商品的實際成本＝本期已銷商品售價成本－本期已銷商品應分攤的進銷

差價

綜合差價率計算法手續簡單，但由於各類商品毛利率不同，在商品銷售比例不同的情況下，計算結果準確性相對較差。

（2）分類（或櫃組）進銷差價率計算法。這種方法是根據庫存商品明細分類帳中所反應的各類（或櫃組）商品的存、銷比例，分攤各類商品進銷差價的方法。其計算公式如下：

分類（或櫃組）進銷差價率＝差價分攤前某類商品「商品進銷差價」帳戶余額÷（期末該類商品「庫存商品」帳戶余額＋本期該類已銷商品售價成本）×100%

本期已銷商品應分攤的進銷差價＝本期某類已銷商品售價成本×該類（或櫃組）進銷差價率

本期銷售商品的實際成本＝本期已銷該類商品售價成本－本期已銷商品應分攤的進銷差價

採用分類（或櫃組）進銷差價率計算法，要求庫存商品的商品進銷差價均按實物負責人進行明細核算，以便於計算分類（或櫃組）進銷差價率和分攤進銷差價。

分類（或櫃組）進銷差價率計算法工作量較大，但計算結果相對準確。

2. 實地盤存差價法

實地盤存差價法是期末盤點庫存商品的實際數，據此計算出結存商品應保留的進銷差價，再倒推出已銷商品進銷差價的方法。其計算公式如下：

期末結存商品進銷差價＝（期末結存商品盤存數量×該種商品單位售價）－（期末結存商品盤存數量×該種商品單位成本）

本期已銷商品應分攤的進銷差價＝期末分攤前「商品進銷差價」帳戶金額－期末結存商品進銷差價

這種方法的計算結果較進銷差價率法準確，但由於要查找各種商品的原進價，並且要進行實地盤點，所以工作量較大，使得其在企業的實際使用中受到限制。一般只在進行年終決算對商品進行核實調整時採用，用以調整年度內用綜合進銷差價率計算法或分類（或櫃組）進銷差價率計算法結轉已銷商品進銷差價的誤差。有些小型零售商店，經營品種較少，也可以將這種方法用於平時進行已銷商品進銷差價的計算。

（三）零售商品售價金額核算方法舉例

1. 售價金額核算法商品購進的核算

如前所述，採用售價金額核算法，採購商品驗收入庫時，庫存商品應按售價金額登記入帳，按商品成本與售價之間的差異，設置「商品進銷差價」帳戶核算。

【例5-3】某商場為增值稅一般納稅人，庫存商品按售價金額核算。某日購進商品有關情況如表5-8所示：

表 5-8　　　　　　　　　　　庫存商品購進情況表　　　　　　　金額單位：元

品名	購進數量（件）(1)	採購單價（不含稅）(2)	商品成本 (3)=(1)×(2)	銷售單價（含稅價）(4)	銷售金額（含稅價）(5)=(1)×(4)	進銷差價 (6)=(5)-(3)	實物負責人
A	160	55	8,800	80	12,800	4,000	百貨組
B	200	38	7,600	55	11,000	3,400	
小計			16,400		23,800	7,400	
F	100	2,600	260,000	3,500	350,000	90,000	家電組
H	240	520	124,800	700	168,000	43,200	
I	500	70	35,000	120	60,000	25,000	
小計			419,800		578,000	158,200	
合計			436,200		601,800	165,600	

上述商品增值稅稅率均為17%，商品購進時支付了運費500元（可按7%抵扣增值稅），全部款項以銀行存款支付。商品交各實物負責人驗收。

購進商品並交各實物負責人驗收時編製會計分錄如下：

借：在途物資　　　　　　　　　　　　　　　　　　　436,200
　　應交稅費——應交增值稅（進項稅額）　　　　　　74,189
　　銷售費用　　　　　　　　　　　　　　　　　　　　465
　貸：銀行存款　　　　　　　　　　　　　　　　　　510,854
借：庫存商品——百貨組　　　　　　　　　　　　　　23,800
　　　　　　——家電組　　　　　　　　　　　　　　578,000
　貸：在途物資　　　　　　　　　　　　　　　　　　436,200
　　　商品進銷差價——百貨組　　　　　　　　　　　　7,400
　　　　　　　　——家電組　　　　　　　　　　　　158,200

2. 售價金額核算法商品銷售的核算

採用售價金額核算法，商品售出後，一方面按不含稅價格確認商品銷售收入，另一方面按含稅價格註銷庫存存貨，以減少實物負責人的實物保管責任，同時按含稅價格結轉商品銷售成本。

【例5-4】某商場某日銷售商品有關情況如表5-9所示：

表 5-9　　　　　　　　　　　商品銷售情況表　　　　　　　　金額單位：元

品名	銷售數量（件）	售價（含稅價）	銷售金額（含稅價）	實物負責人
A	90	80	7,200	百貨組
B	120	55	6,600	

表5-9(續)

品名	銷售數量（件）	售價（含稅價）	銷售金額（含稅價）	實物負責人
小計			13,800	
F	8	3,500	28,000	家電組
H	13	700	9,100	家電組
I	25	120	3,000	家電組
小計			40,100	

計算各櫃組不含稅銷售收入，並編製銷售商品時會計分錄如下：
百貨組銷售收入 = 13,800÷(1+17%) = 11,795(元)
增值稅銷項稅額 = 11,795×17% = 2,005(元)
家電組銷售收入 = 40,100÷(1+17%) = 34,274(元)
增值稅銷項稅額 = 34,274×17% = 5,826(元)

借：銀行存款　　　　　　　　　　　　　　　　　53,900
　貸：主營業務收入——百貨組　　　　　　　　　11,795
　　　　　　　　　——家電組　　　　　　　　　34,274
　　應交稅費——應交增值稅（銷項稅額）　　　　7,831

同時按含稅收入結轉銷售成本，編製會計分錄如下：
借：主營業務成本——百貨組　　　　　　　　　　13,800
　　　　　　　　——家電組　　　　　　　　　　40,100
　貸：庫存商品——百貨組　　　　　　　　　　　13,800
　　　　　　　——家電組　　　　　　　　　　　40,100

3. 已銷商品進銷差價的計算與結轉

為了反應銷售商品和期末庫存商品的實際成本，月末應將商品的進銷差價在已銷商品和期末庫存商品之間按比例分攤，計算出已銷商品進銷差價后，將原按售價反應的銷售成本，調整為實際的銷售成本。

【例5-5】某商場月末有關商品進銷差價計算資料如表5-10所示：

表5-10　　　　　　　商品進銷差價計算資料　　　　　　　單位：元

櫃組	月末分攤前「商品進銷差價」帳戶餘額	月末「庫存商品」帳戶餘額	本月「主營業務成本」帳戶借方發生額
百貨組	250,000	120,000	520,000
家電組	480,000	220,000	960,000
其他	60,000	26,000	165,000
合計	790,000	366,000	1,645,000

（1）綜合進銷差價率計算法：

綜合進銷差價率＝790,000÷(366,000＋1,645,000)＝39.28%

本期已銷商品應分攤的進銷差價＝1,645,000×39.28%＝646,156（元）

編製會計分錄如下：

借：商品進銷差價　　　　　　　　　　　　　　　646,156
　　　貸：主營業務成本　　　　　　　　　　　　　　　　646,156

本期銷售商品的實際成本＝1,645,000－646,156＝998,844（元）

期末庫存商品實際成本＝366,000－(790,000－646,156)＝222,156（元）

（2）分類（或櫃組）進銷差價率計算法。分類（或櫃組）進銷差價率計算法是根據企業的各類（或櫃組）商品存銷比例，平均分攤進銷差價的一種方法。計算原理與綜合進銷差價率基本相同。根據上例資料計算各類商品的進銷差價與銷售商品的實際成本如表5-11所示：

表5-11　　　　　　商品進銷差價率和已銷商品實際成本計算表　　　　金額單位：元

櫃組	月末分攤前「商品進銷差價」帳戶餘額	月末「庫存商品」帳戶餘額	本月「主營業務成本」帳戶借方發生額	商品售價總額	分類差價率	已銷商品應分攤的進銷差價	本期銷售商品的實際成本
	(1)	(2)	(3)	(4)＝(2)＋(3)	(5)＝(1)÷(4)	(6)＝(3)×(5)	(7)＝(3)－(6)
百貨組	250,000	120,000	520,000	640,000	39.06%	203,112	316,888
家電組	480,000	220,000	960,000	1,180,000	40.68%	390,528	569,472
其他	60,000	26,000	165,000	191,000	31.41%	51,827	113,173
合計	790,000	366,000	1,645,000	2,011,000		645,467	999,533

編製會計分錄如下：

借：商品進銷差價——百貨組　　　　　　　　　　203,112
　　　　　　　　——家電組　　　　　　　　　　390,528
　　　　　　　　——其他　　　　　　　　　　　 51,827
　　貸：主營業務成本——百貨組　　　　　　　　　　203,112
　　　　　　　　——家電組　　　　　　　　　　390,528
　　　　　　　　——其他　　　　　　　　　　　 51,827

（3）實地盤存差價法。

【例5-6】某商場庫存商品實行售價金額核算，其服裝櫃12月末「庫存商品」帳戶餘額為80,000元，調整分攤前商品銷售成本發生額為45,000元，「商品進銷差價」明細帳戶餘額為41,600元，年末商品盤點如表5-12所示：

表 5-12　　　　　　　　　　商品盤點表

實物負責人：服裝櫃　　　　　　201×年12月　　　　　　　金額單位：元

商品編號	單位	盤存數量	零售價		實際成本		進銷差價
			單價	金額	單價	金額	
0001	件	20	600	12,000	380	7,600	4,400
0002	件	40	550	22,000	260	10,400	11,600
0003	件	55	245	13,475	120	6,600	6,875
0004	件	70	149	10,430	90	6,300	4,130
0005	件	15	1,473	22,095	950	14,250	7,845
合計				80,000		45,150	34,850

根據表 5-12 計算已銷商品進銷差價如下：

期末結存商品進銷差價 = 80,000 - 45,150 = 34,850（元）

本期已銷商品應分攤的進銷差價 = 41,600 - 34,850 = 6,750（元）

編製已銷商品成本調整會計分錄如下：

借：商品進銷差價——服裝櫃　　　　　　　　　　　　　　　6,750
　　貸：主營業務成本——服裝櫃　　　　　　　　　　　　　6,750

三、數量售價金額核算法

數量售價金額核算法是指同時以數量和售價金額核算庫存商品增減變動及結存情況的核算方法。零售企業的貴重商品一般採用數量售價金額核算法進行核算。

採用數量售價金額核算法時，商品銷售成本的計算與售價金額核算方法下基本相同。月末可以採用進銷差價率法和實地盤存差價法調整進銷差價。在數量售價金額核算法下，因為庫存商品明細帳既登記金額又登記數量，所以也可以直接根據庫存商品明細帳的期末結存數量乘以該商品的實際成本，計算出結存每種商品的實際成本總額，再通過匯總計算全部庫存商品的實際成本總額，然後以期末結存商品售價總額減去實際成本總額，即為全部結存商品的進銷差價，最後從「商品進銷差價」帳戶餘額（調整分攤進銷差價前）中減去結存商品進銷差價，即為已銷商品進銷差價。計算公式如下：

期末結存商品進銷差價 =（期末結存商品盤存數量×該種商品單位售價）-（期末結存商品盤存數量×該種商品單位成本）

本期已銷商品應分攤的進銷差價 = 期末分攤前「商品進銷差價」帳戶金額 - 期末結存商品進銷差價

本期銷售商品的實際成本 = 本期已銷商品售價成本 - 本期已銷商品應分攤的進銷差價

按上述方法計算出已銷商品成本後，應編製商品銷售成本結轉的會計分錄，借記「商品進銷差價」科目，貸記「主營業務成本」科目。

四、鮮活商品成本核算

成本金額核算法又稱成本金額盤存計銷核算方法，該方法的特點是庫存商品不核算數量，也不以售價控制，只按商品成本金額核算其增減變動及結存情況。這種方法適用於經營魚、肉、瓜果、蔬菜等鮮活商品的零售企業的庫存商品核算。

(一) 鮮活商品經營的特點

鮮活商品在經營上的主要特點如下：

第一，鮮活商品質量變化大，變價次數多，蔬菜上市后隨其鮮嫩程度不同，每日價格差異大。

第二，鮮活商品一般都需要清選整理、分等分級，按質論價，如豬肉要分不同部位銷售，水果要分等級按不同價格銷售等。

第三，鮮活商品經營損耗較大，如蔬菜掉菜腐爛、水果干耗腐爛等，再加上零星交易，顧客挑選翻動，損耗較難掌握。

第四，鮮活商品上市季節性強，銷售時間比較集中，如夏日西瓜上市等。

(二) 鮮活商品成本金額核算法

由於鮮活商品經營具有以上特點，因此不宜採用售價金額核算法，也不能按商品的數量組織核算，只能採用成本金額核算法對鮮活商品進行核算。

成本金額核算法的基本內容如下：

第一，「庫存商品」的明細帳按實物負責人（或櫃組）設置；「庫存商品」總帳和明細帳一律以商品成本登記。

第二，平時「庫存商品」帳戶只登記商品的增加，不記錄庫存商品的減少，即平時不結轉商品銷售成本。

第三，在經營過程中除發生重大損失需要按規定進行相應的帳務處理外，平時發生損溢、商品等級變化及售價變動等情況，一般不進行帳務處理。

第四，月末或定期通過實地盤點，按盤點時最后進貨的商品單價，計算結存商品的實際成本金額，再採用倒擠方法計算銷售商品成本。

本期銷售成本計算公式如下：

期末結存商品成本＝期末結存商品盤存數量×該種商品單位成本

商品銷售成本＝期初商品存貨成本＋本期增加商品的成本－期末結存商品成本

(三) 鮮活商品成本金額核算法舉例

【例5-7】某副食品商店為小規模納稅人，水果櫃組10月初庫存商品期初余額為1,200元。本月以銀行存款購進水果6,100元，支付購進費用400元。本月水果銷售收入（含稅）為9,880元，月末以最后一次進貨單價盤點計算月末結存商品成本為1,050元。該水果櫃組10月份有關會計分錄如下：

(1) 商品購進時編製會計分錄。

借：庫存商品——水果櫃　　　　　　　　　　　　　　6,100

　　　　銷售費用   400
　　　貸：銀行存款   6,500
（2）銷售商品時編製會計分錄：
商品銷售收入＝9,880÷(1+3%)＝9,592（元）
應交增值稅＝9,592×3%＝288（元）
　　借：銀行存款   9,880
　　　貸：主營業務收入   9,592
　　　　　應交稅費——應交增值稅   288
（3）月末結轉銷售成本編製會計分錄。
本月銷售成本＝1,200+6,100－1,050＝6,250（元）
　　借：主營業務成本——水果櫃   6,250
　　　貸：庫存商品——水果櫃   6,250

【思考與練習】

1. 某商業企業本月10日從異地購入一批百貨，價款23.5萬元，增值稅稅率為17%，購進過程中由發貨方代墊運輸費0.8萬元、裝卸費和保險費0.2萬元。運輸費可按7%計算進項稅額。

　　要求：（1）編製貨款尚未支付收到發貨方發票帳單時的會計分錄。

（2）假定該商業企業規定的商品毛利率為12%，在售價金額法下，編製該批商品入庫時的會計分錄。

2. 假設某商業企業期初商品進銷差價為56,000元，本期購入商品的進銷差價為200,000元，期初庫存商品的售價為250,000元，本期購入商品的售價為750,000元。

　　要求：（1）計算商品進銷差價率。

（2）本期商品銷售收入為561,600元，計算應分攤的進銷差價為多少，並結轉本期已售商品的進銷差價。

3. 假設某商業企業期初商品進貨費用的借方金額為3,800元，本期購入商品的進貨費用為252,200元，期初庫存商品的售價為250,000元，本期購入商品的售價為750,000元。

　　要求：（1）計算商品進貨費用率。

（2）本期商品銷售收入為561,600元，計算應分攤的進貨費用為多少，並結轉本期已售商品的進貨費用。

第六章 交通運輸成本核算

【案例導入】

某汽車運輸公司經營客、貨兩類運輸業務，下設一個修理輔助車間。本月營運車輛250輛，其中客車200輛、貨車50輛，本月客車營運總量為35,000千人千米，貨車營運總量為2,000千噸千米。本月發生如下營運費用：

（1）職工薪酬（見表6-1）。

表6-1　　　　　　　　　　　　　　　　　　　　　　　　　　　　　　　單位：元

項目	工資	福利費
運輸支出——客車	300,000	42,000
——貨車	120,000	16,800
輔助營運費用	35,000	4,900
管理費用	42,000	5,880

（2）原材料、燃料及輪胎費用（見表6-2）。

表6-2　　　　　　　　　　　　　　　　　　　　　　　　　　　　　　　單位：元

項目	輪胎費用 攤提額	輪胎費用 內胎、墊帶	燃料	原材料
運輸支出——客車	25,000	12,200	160,000	30,000
——貨車	9,600	7,300	83,000	15,800
輔助營運費用			20,000	21,900
營運間接費用			8,400	14,400

（3）提取折舊費、修理費（見表6-3）。

表6-3　　　　　　　　　　　　　　　　　　　　　　　　　　　　　　　單位：元

項目	折舊費	大修理費用
運輸支出——客車	119,000	98,000
——貨車	98,000	84,000
輔助營運費用	18,000	12,000
營運間接費用	15,000	7,000

(4)支付養路運輸管理費(見表6-4)。

表 6-4　　　　　　　　　　　　　　　　　　　　　　　　　　　　　　單位：元

項　目	養路費	運輸管理費
運輸支出——客車	74,500	23,000
——貨車	34,000	12,500

(5)輔助生產車間的修理工時(見表6-5)。

表 6-5　　　　　　　　　　　　　　　　　　　　　　　　　　　　　　單位：元

運輸支出——客車	3,500
——貨車	1,500

要求：(1)將本月發生的間接營運費用按客、貨車的工資比例進行分配。
(2)根據以上資料，計算客、貨車運輸總成本和單位成本。

【內容提要】

本章主要闡述交通運輸企業成本核算的內容、成本核算的特點以及應設置的主要帳戶和成本核算程序，重點介紹公路運輸成本核算、鐵路運輸成本核算、水路運輸成本核算和航空運輸成本核算。

交通運輸企業包括公路運輸、鐵路運輸、水路運輸和航空運輸等各類從事運輸的企業。其生產經營活動是通過使用運輸工具使旅客、貨物發生空間位移。交通運輸企業的成本計算對象不是產品，而是旅客和貨物的週轉量，成本構成中沒有形成產品實體的原材料和主要材料，而與運輸工具的使用相關的費用，如燃料、折舊、修理等費用的比重很大。因此在成本計算過程中僅僅計算營運過程中發生的營運成本和期間費用等各種勞動資料耗費及其他費用。

第一節　交通運輸企業成本核算概述

一、交通運輸企業成本核算的特點

交通運輸企業運輸生產的特點決定了其成本核算的特點，主要表現在以下幾個方面：

第一，交通運輸企業成本核算對象具有多樣性。交通運輸企業的成本核算對象是被運輸的對象，具體說來可以是運輸生產的各類業務和構成各類業務的具體業務項目，如運輸業務、裝卸業務、代理業務等；也可以是運輸工具，如客車、貨輪等；還可以是運輸工具的運行情況，如運輸線路、運輸航次等。

第二，由於交通運輸企業不生產有形產品，而僅僅提供運輸及其他相關的無形服

務，因此生產的產品不需要像工業企業那樣消耗構成產品實體的各種材料，在運輸過程中發生的各種消耗直接構成了運輸產品的成本，如燃料、折舊、修理等費用。

第三，營運成本與應計入本期營運成本的費用具有一致性。運輸企業的生產過程也就是其銷售過程，由於生產與銷售同步進行，因此沒有在產品，也不存在營運費用在不同時期分配的問題。

第四，營運成本採用製造成本法核算。核算營運成本時，先對直接成本費用按成本計算對象進行匯集計入有關成本項目。對於不能直接計入成本計算對象的間接費用，先進行匯集再按一定的標準分配到各成本計算對象中。例如，交通運輸生產過程中為了充分地利用運輸工具的載重能力和空間，往往採用客貨混載（如鐵路客運）的運輸方式，使運輸成本具有聯合成本的性質。分別計算旅客運輸成本和貨物運輸成本時，要將這些共同發生的費用進行適當的分配。

第五，根據營運業務的特點確定營運成本的構成內容。由於交通運輸企業的營運項目的特點不同，其有關費用的構成也不盡相同，因此應根據各類營運業務的特點分別確定構成營運成本的費用項目。

第六，交通運輸企業的成本計算對象不是產品，而是旅客或貨物的週轉量，即按業務量及其相關指標計算的工作量，並採用複合計量單位。由於不同的運輸企業使用的運輸工具不同，因此不能簡單地採用相同的單位對成本進行計量，應綜合考慮運輸數量和運輸距離等因素，採用複合計量單位計量成本，如噸千米（海里）、人千米（海里）等。

第七，交通運輸企業的運輸週期相對較短，一般按月計算運輸成本，但遠洋運輸除外。海洋運輸如果以航次作為成本計算對象，則應以航次時間計算成本，航次時間一般按單程航次的時間計算；單程空航時，則以往返航次的時間計算。

二、交通運輸企業營運成本的組成

交通運輸企業在營運生產過程中實際發生的與運輸、裝卸和其他業務等直接有關的各項支出均可計入營運成本。具體內容如下：

第一，直接材料費用，即企業在營運生產過程中實際消耗的各種燃料、材料、油料、備用配件、航空高價週轉件、墊隔材料、輪胎、專用工器具、動力照明、低值易耗品等物質性支出。

第二，直接人工費用，即企業直接從事營運生產活動人員的工資、福利費、獎金、津貼、補貼等工資福利性支出。

第三，其他費用，即企業在營運生產過程中實際發生的固定資產折舊費、修理費、租賃費（不包括融資租賃費）、取暖費、水電費、辦公費、保險費、設計制圖費、試驗檢驗費、勞動保護費、季節性、修理期間的停工損失、事故淨損失等支出。

除前述費用外，各種不同類型的交通運輸企業還分別包括下列費用：

公路運輸企業的營運成本還應包括車輛牌照檢驗費、車輛清洗費、車輛冬季預熱費、公路養路費、公路運輸管理費、過路費、過橋費、過隧道費、過渡費、司機途中住宿費、行車雜費等營運性支出。

鐵路運輸企業的營運成本還應包括鐵路線路災害防治費、鐵路線路綠化費、鐵路

路橋費、乘客緊急救護費等營運性支出。

水路運輸企業的營運成本還應包括引水費、港務費、拖輪費、停泊費、代理費、開關艙費、掃艙費、洗艙費、烘艙費、回艙費等港口使用費；集裝箱空箱保管費、清潔費、熏箱費等集裝箱費用；水路運輸過程中發生的倒載費、破冰費、旅客接送費、航道養護費、水路運輸管理費、船舶檢驗費、燈塔費、速遣費以及航行國外及我國港澳地區船舶發生的噸稅、國境稅等營運性支出。

航空運輸企業的營運成本還應包括熟練飛行訓練費、乘客緊急救護費等支出。

三、交通運輸企業成本核算

按照規定，運輸企業在營運生產過程中實際發生的與運輸、裝卸和其他業務有關的各項費用可計入營運成本。為了全面地反應和監督交通運輸企業在經營過程中的資金耗費情況，應該設置下列科目進行成本核算：

第一，「運輸支出」科目。本科目用於核算沿海、內河、遠洋和汽車運輸企業經營旅客、貨物運輸業務所發生的各項費用支出。本科目應按運輸工具類型（如貨輪、客貨輪、油輪、拖輪、駁船、貨車、客車）或單車、單船設立明細帳，並按規定的成本項目進行明細核算。遠洋運輸企業計算航次成本時，還應按航次設立明細帳。

第二，「裝卸支出」科目。本科目用於核算海、河港口企業和汽車運輸企業因經營裝卸所發生的費用，可以按專業作業區或貨種和規定的成本項目進行明細核算。

第三，「堆存支出」科目。本科目用於核算企業因經營倉庫和堆場業務所發生的費用，可以按裝卸作業區、倉庫、堆場設備種類和規定的成本項目進行明細核算。

第四，「代理業務支出」科目。本科目用於核算企業各種代理業務所發生的各種費用，應按代理業務的種類和規定的成本項目進行明細核算。

第五，「港務管理支出」科目。本科目用於核算海河港口企業所發生的各項港務管理支出，應按規定的成本項目進行明細核算。

第六，「其他業務成本」科目。本科目用於核算企業除營運業務以外的其他業務所發生的各項支出，包括相關的成本、費用、營業稅金及附加等。

第七，「輔助營運費用」科目。本科目用於核算運輸、港口企業發生的輔助船舶費用（包括由輪駁公司等部門集中管理的拖輪、浮吊、供應船、交通船所發生的輔助船舶費用），以及企業輔助生產部門為生產產品和供應勞務（如製造工具備件、修理車船、裝卸機械、供應水電氣等）所發生的輔助生產費用。本科目應按單船（或船舶類型）和輔助生產部門及成本核算對象設置明細帳。

第八，「營運間接費用」科目。本科目用於核算企業營運過程中所發生的不能直接計入成本核算對象的各種間接費用（不包括企業管理部門的管理費用）。

第九，「船舶固定費用」科目。本科目用於核算計算航次成本的海洋運輸企業為保持船舶適航狀態所發生的費用。

第十，「船舶維護費用」科目。本科目用於核算有封冰、枯水等非通航期的內河運輸企業所發生的、應由通航成本負擔的船舶維護費用。

第十一，「集裝箱固定費用」科目。本科目用於核算運輸企業所發生的集裝箱固定

費用，包括集裝箱的保管費、折舊費、修理費、保險費、租費以及其他費用。

集裝箱貨物費，如集裝箱裝卸、綁扎、拆箱、換裝、整理等費用應直接計入「運輸支出」科目。

成本、費用項目發生時，應計入以上科目的借方；結轉時，應計入以上科目的貸方；期末結轉后應無余額。

四、交通運輸企業期間費用的組成

交通運輸企業期間費用包括管理費用和財務費用。

（一）管理費用

管理費用是指企業行政管理部門為組織和管理營運生產而發生的各項支出，如管理人員工資、福利費、差旅費、辦公費、累計折舊、修理費、物料消耗、低值易耗品攤銷、工會經費、職工教育經費、勞動保護費、待業保險費、董事會費、諮詢費、審計費、排污費、綠化費、稅金、土地使用費、土地損失補償費、技術轉讓費、技術開發費、無形資產攤銷、開辦費攤銷、業務招待費、廣告費、展覽費、存貨盤虧以及其他管理費用。

（二）財務費用

財務費用是企業在營運期間發生的利息支出（減利息收入）、匯兌損失、金融機構手續費以及因籌集資金發生的其他財務費用。

五、交通運輸企業成本計算程序

（一）按各成本計算對象設置相關明細帳戶

不同類型的交通運輸企業在營運業務過程中，按各類業務或業務項目設置相關成本計算對象，同時為計算各相關業務的營運成本應設置明細帳戶，如運輸業務成本是在「運輸支出」帳戶下設「客車運輸支出」「貨車運輸支出」明細帳戶，或者可以按車型設置明細帳戶。

（二）歸集費用並計算各類業務成本

當期發生的各項與營運過程直接相關的費用直接計入「運輸支出」「裝卸支出」「堆存支出」「代理業務支出」「港務業務支出」帳戶及其各成本計算對象的明細帳戶。發生的各項營運間接費用、輔助營運費用則分別計入「營運間接費用」「輔助營運費用」帳戶，期末再按照各營運業務的直接費用分配入相關的業務成本，如運輸業務、裝卸業務、堆存業務、代理業務及港務管理業務等。

（三）月末計算各類運輸業務的總成本和單位成本

交通運輸企業的各成本計算對象及明細帳戶記錄的金額為各類運輸業務的總成本，在此基礎上結合運輸週轉量計算單位成本。同時，交通運輸企業將各類業務的營運成本轉入「本年利潤」帳戶。

第二節　公路運輸成本核算

一、公路運輸企業成本核算的特點

(一) 成本計算對象

公路運輸的成本計算對象是客車和貨車運輸業務，即按客車運輸業務、貨車運輸業務分別計算分類運輸成本。客車兼營貨運的，或貨車兼營客運的，一般以主要運輸業務作為成本計算對象。為了考核同類車型成本和大、中、小型車輛的經濟效益，還可進一步計算主要車型成本。凡作為成本計算對象的車型，都要單獨匯集成本。公路運輸企業還可考核客貨綜合運輸成本，即客貨綜合運輸成本是客貨分類運輸成本額的匯總，不需要單獨計算。

(二) 成本核算單位

公路運輸成本核算中，產量（週轉量）的計量單位採用複合單位，即一般客車運輸以載乘客為主，其週轉量單位為人千米；貨車運輸週轉量單位為噸千米；客貨綜合運輸業務應換算為人千米或噸千米。

(三) 成本核算期

公路運輸企業的成本計算期一般按月、季、年計算。

二、公路運輸企業成本核算及舉例

(一) 工資及福利費的歸集和分配

每月發生的工資支出按人員類別分別計入有關成本對象中，工資分配時應編製職工薪酬分配表。

【例6-1】M 汽車運輸公司 10 月工資分配如表 6-6 所示：

表 6-6　　　　　　　　　　　工資分配表

項目	工資總額（元）
運輸支出 1. 客運 2. 貨運	 36,000 40,000
營運間接費用	12,560
輔助營運費用	13,440
管理費用	12,000
合計	114,000

根據表 6-6 編製如下會計分錄：

借：運輸支出——客運（工資）　　　　　　　　　　　36,000
　　　　　　——貨運（工資）　　　　　　　　　　　40,000
　　營運間接費用　　　　　　　　　　　　　　　　　12,560
　　輔助營運費用　　　　　　　　　　　　　　　　　13,440
　　管理費用　　　　　　　　　　　　　　　　　　　12,000
　貸：應付職工薪酬　　　　　　　　　　　　　　　　114,000

（二）燃料費用的歸集和分配

燃料的實際耗用數的計算因企業車存燃料管理的方式不同而異。

1. 實行滿油箱制車存燃料管理

在這種方法下，營運車輛在投入運輸生產時，由車隊根據油箱容積填製領油憑證到油庫加滿油箱，作為車存燃料。車存燃料只是燃料保管地的轉移，仍屬庫存燃料的一部分，而不能作為燃料消耗計入成本科目。以后每次加油時加滿油箱，車輛當月的加油數就是消耗數，計入成本科目。

2. 實行盤存制車存燃料管理

在這種方法下，車輛投入運輸生產前，也需加滿油箱，形成車存燃料，日常根據耗用量進行加油，月底對車存燃料進行盤點，按下列公式確定實際消耗數：

本月實際耗用數＝月初車存燃料數＋本月領用數－月末車存燃料盤存數

月末企業根據燃料領用憑證編製燃料消耗分配表，按不同的用途分別計入各帳戶。

【例6-2】M 汽車運輸公司 10 月燃料消耗分配表如表 6-7 所示：

表 6-7　　　　　　　　　　　燃料消耗分配表　　　　　　　　單位：元

項目	汽油 計劃成本	汽油 材料成本差異	柴油 計劃成本	柴油 材料成本差異	合計
運輸支出 1. 客運 2. 貨運	110,200 98,300	2,204 1,966	73,200	2,196	112,404 175,662
營運間接費用	10,200	204			10,404
輔助營運費用	3,300	66	6,700	201	10,267
管理費用	5,600	112	3,100	93	8,905
合計	227,600	4,552	83,000	2,490	317,642

根據表 6-7 編製如下會計分錄：

借：運輸支出——客運（燃料）　　　　　　　　　　112,404
　　　　　　——貨運（燃料）　　　　　　　　　　175,662
　　營運間接費用　　　　　　　　　　　　　　　　10,404
　　輔助營運費用　　　　　　　　　　　　　　　　10,267

管理費用	8,905
貸：燃料——汽油	227,600
——柴油	83,000
材料成本差異——汽油	4,552
——柴油	2,490

(三) 輪胎費用的歸集和分配

輪胎是汽車運輸企業消耗量最大的一種汽車部件，一般採用一次攤銷法和按行駛胎千米預提法計入運輸成本兩種方法。

採用一次攤銷法時，領用輪胎時，其成本一次全部借記「運輸支出」帳戶，貸記「輪胎」帳戶。

按行駛胎千米提取時，按營運車輛的行駛里程計提輪胎費用。其計算公式如下：

單位千米輪胎費用＝輪胎原值÷預計行駛總千米里程

本月輪胎費用提取額＝單位千米輪胎費用×實際行駛千米

【例6-3】M汽車運輸公司10月客運隊領用輪胎計劃成本為12,500元，貨運隊領用輪胎計劃成本為11,300元，輪胎成本差異率為3%。採用一次攤銷法編製如下會計分錄：

借：運輸支出——客運（輪胎）	12,875
——貨運（輪胎）	11,639
貸：輪胎	23,800
材料成本差異——輪胎	714

(四) 折舊費用的歸集和分配

公路運輸企業運輸車輛按工作量計提折舊，即按營運車輛的行駛里程計提折舊（也可按車輛預計使用年限來計提折舊）。其計算公式如下：

單位千米折舊額＝車輛原值×(1-淨殘值率)÷預計行駛總千米里程

本月折舊提取額＝單位千米折舊額×實際行駛千米

【例6-4】M汽車運輸公司10月固定資產折舊費用分配表如表6-8所示：

表6-8　　　　　　　　　　折舊費用分配表　　　　　　　　　　單位：元

項目		本月計提折舊					合計
		客車	貨車	非營運	機器設備	房屋建築物	
運輸支出	客車	31,100					31,100
	貨車		21,300				21,300
	小計	31,100	21,300				52,400
營運間接費用				7,650			7,650
輔助營運費用					6,960		6,960

表6-8(續)

項目	本月計提折舊					合計
	客車	貨車	非營運車	機器設備	房屋建築物	
管理費用			7,900		46,400	54,300
合計	31,100	21,300	15,550	6,960	46,400	121,310

根據表6-8編製如下會計分錄：

借：運輸支出——客運（折舊）　　　　　　　　　31,100
　　　　　　——貨運（折舊）　　　　　　　　　21,300
　　營運間接費用　　　　　　　　　　　　　　　 7,650
　　輔助營運費用　　　　　　　　　　　　　　　 6,960
　　管理費用　　　　　　　　　　　　　　　　　54,300
　貸：累計折舊　　　　　　　　　　　　　　　　121,310

(五) 維修費用的歸集和分配

汽車的維修由車隊的維修班或者外包給修車行進行。修理領用的材料、低值易耗品可以根據材料、低值易耗品發出匯總表直接計入有關成本費用。

【例6-4】M汽車運輸公司10月以銀行存款支付修理費34,600元，其中應由客運隊負擔20,500元，貨運隊負擔14,100元。編製如下會計分錄：

借：運輸支出——客運（修理費）　　　　　　　　20,500
　　　　　　——貨運（修理費）　　　　　　　　14,100
　貸：銀行存款　　　　　　　　　　　　　　　　34,600

(六) 養路費用的歸集和分配

汽車運輸企業繳納的養路費是由企業按客貨收入的一定比例計算的。企業在月末編製營運車輛養路費計算表，並據以計入各有關成本費用科目。

【例6-5】M汽車運輸公司10月以銀行存款繳納養路費208,780元，其中客運車輛120,700元，貨運車輛88,080元。編製如下會計分錄：

借：運輸支出——客運（養路費）　　　　　　　120,700
　　　　　　——貨運（養路費）　　　　　　　 88,080
　貸：銀行存款　　　　　　　　　　　　　　　208,780

(七) 其他費用的歸集和分配

其他費用如果是通過銀行轉帳或現金支付的，則根據付款憑證直接計入有關的運輸成本費用科目。如果是從企業倉庫內領用的，則根據材料、配件、低值易耗品發出憑證匯總表中各有關成本計算對象領用的金額計入成本。

【例6-6】M汽車運輸公司10月客車隊司機報銷的汽車過路費、過橋費為20,500元，貨車隊司機報銷的汽車過路費、過橋費為19,980元。編製如下會計分錄：

借：運輸支出——客運（其他） 20,500
　　　　　——貨運（其他） 19,980
　　貸：其他應付款 40,480

（八）輔助營運費用的歸集和分配

公路運輸企業的輔助營運費用主要是指為本企業車輛、裝卸機械進行維修作業而設置的維修廠或提供維修備件、工具時所發生的輔助費用。

發生的輔助營運費用，按領料憑證、工資費用計算表等有關憑證，借記「輔助營運費用」科目，貸記「原材料」「應付職工薪酬」等科目。月末按各受益部門的工作小時數將本月輔助營運費用分配至各有關成本計算對象。

【例6-7】M 汽車運輸公司10月歸集的輔助營運費用為30,667元，發生修理工時共計1,900小時，其中客車1,150小時，貨車750小時。分配率及費用分配計算如下：

分配率=30,667÷1,900=16（元/小時）
客車修理負擔費用=1,150×16=18,400（元）
貨車修理負擔費用=750×16=12,267（元）
根據上述分配金額，編製如下會計分錄：
借：運輸支出——客運（修理費） 18,400
　　　　　——貨運（修理費） 12,267
　　貸：輔助營運費用 30,667

（九）營運間接費用的歸集和分配

公路運輸企業根據各種費用分配表以及有關付款憑證，將發生的各種營運間接費用歸集在「營運間接費用」帳戶，月終要按實際發生額，在各成本計算對象之間進行分配。分配方法一般按照營運車日比例進行。分配計算公式如下：

每車日間接費用分配額=營運間接費用總額÷營運車日總數
客（貨）運分配金額=客（貨）車日數×每車日間接費用分配額

【例6-8】M 汽車運輸公司10月歸集的營運間接費用為30,614元，本月客車營運數為78輛，貨車營運數為56輛。

客車營運車日數=78×31=2,418（車日）
貨車營運車日數=56×31=1,736（車日）
每車日間接費用分配額=30,614÷（2,418+1,736）=7.37（元/車日）
客車分配金額=2,418×7.37=17,821（元）
貨車分配金額=1,736×7.37=12,793（元）
根據上述分配金額，編製如下會計分錄：
借：運輸支出——客運（間接費用） 17,821
　　　　　——貨運（間接費用） 12,793
　　貸：營運間接費用 30,614

第三節 鐵路運輸成本核算

一、鐵路運輸企業成本核算的特點

由於鐵路運輸和其經營管理本身固有的特殊性，決定了其在成本核算中具有以下特點：

第一，成本計算對象。成本核算分定期計算成本和非定期計算成本。定期計算成本一般主要是按客運支出和貨運支出兩部分核算的客運、貨運成本；非定期計算成本如為軟席、硬席核算成本，或者核算某車次成本、集裝箱運輸成本和具體作業成本等。

第二，成本計算單位。成本計算單位採用運輸數量和運輸距離的複合單位，即客運以人千米、貨運以噸千米表示，或者按照一定的換算比例將客運、貨運不同計量單位換算為以噸千米計算的成本。

第三，鐵路固定資產比重大。有些設備由鐵路系統統一管理使用，而有些設備則由某一鐵路局管理使用，這些設備均為客、貨運輸共同所有。設備運行維修支出和折舊支出，在成本核算時採用適當方法進行分配。

第四，鐵路運輸生產費用按分級核算制要求，分散在基層營運站段、分局和路局進行核算。成本核算主要在路局和分局進行。

二、鐵路運輸企業成本核算

(一) 鐵路運輸企業成本費用的內容

1. 營運成本

鐵路運輸企業的營運成本指鐵路運輸企業營運生產過程中實際發生的與運輸、裝卸和其他業務等營運生產直接有關的各項支出。營運成本的開支範圍如下：

(1) 鐵路運輸企業在營運生產過程中實際消耗的各種燃料、材料、備品配件、專用工具器具、動力照明、低值易耗品等支出。

(2) 鐵路運輸企業直接從事營運生產活動人員的薪酬，包括工資、獎金、津貼、補貼、各種福利及其他有關支出。

(3) 鐵路運輸企業在營運生產過程中發生的固定資產折舊費、修理費、租賃費、鐵路線路災害防治費、鐵路線路綠化費、鐵路護路護橋及乘客急救費、集裝箱費、車輛冬季預熱費、養路費、設計制圖費、車輛清洗費、車輛牌照檢驗費、行車雜費、勞動保護費、事故淨損失等支出。

2. 期間費用

(1) 管理費用，即鐵路運輸企業行政管理部門為組織和管理生產運輸活動發生的各項費用支出。

(2) 財務費用，即鐵路運輸企業為籌集資金而發生的各項費用，包括鐵路營運期間發生的利息淨支出、匯兌淨損失、金融機構手續費、籌集資金發生的其他財務費用。

(二) 鐵路運輸企業成本核算的內容

鐵路運輸企業成本核算的內容是企業在一定期間內為完成客貨運輸而發生的支出，即該期間的運輸總成本。客貨運輸支出一般分別由鐵路局、分局、基層站、段按客運支出和貨運支出兩部分進行核算。

鐵路運輸企業應設置「運輸支出」總帳科目及相應的客、貨運明細帳戶進行核算。該帳戶的借方登記發生的各種計入成本的運輸費用，貸方為期末轉入「本年利潤」帳戶的金額。

1. 運輸總成本的計算

鐵路運輸業務中跨局運輸比重大，運輸工作要由若干個鐵路局共同協作完成，很難做到單獨由某個路局、路段完成全部運輸任務的情況，因此成本計算工作較為複雜。在分級核算制下，每個基層單位的運輸支出不僅屬於本單位的直接費用，而且作為運輸總成本的一部分，隨著運輸支出的層層結轉，最后在鐵路分局、鐵路局通過結轉匯總得出本系統運輸總成本。

2. 單位成本的計算

在計算總成本的基礎上，單位成本的計算也很重要。可以考核運輸成本的高低及費用的節約情況，以便加強管理工作。

(1) 換算噸千米成本。該種計算方法是將旅客人千米數折算為噸千米后再與貨物噸千米數匯總在一起，求得該綜合指標。其計算公式如下：

換算噸千米成本＝運輸支出總額÷換算噸千米總數

(2) 客運單位成本及貨物單位成本計算。為滿足成本考核及制定客運單價及貨運價格的需要，對於客運、貨運這兩種業務性質不同的產品有必要分別計算各自單位成本。

客運單位成本是根據運輸支出中分離出來的客運支出成本（包括客運支出直接成本與客貨混合支出成本按一定標準分配轉入客運支出的間接費用兩者合計數）與客運業務旅客人千米數相除求得。其計算公式如下：

客運旅客人千米成本＝客運支出總額÷旅客人千米數

貨運單位成本是根據運輸支出中分離出來的貨物運輸支出成本（包括貨運支出直接成本與客貨混合支出成本按一定標準分配轉入貨運支出的間接費用兩者合計數）與貨運業務噸千米數相除求得。其計算公式如下：

貨運噸千米成本＝貨運支出總額÷貨運噸千米數

3. 期間費用的核算

鐵路運輸企業在生產經營活動中，還會發生期間費用，應設置「管理費用」和「財務費用」帳戶。

第四節　水路運輸成本核算

水路運輸按船舶航行水域不同，可以分為沿海運輸、遠洋運輸和內河運輸。各種

運輸由於使用的船舶、運輸距離、航次時間等有很大差別，因此在成本核算上各具特點。

一、沿海運輸企業成本核算

沿海運輸屬於近海、近洋運輸，是船舶在近海航線上航行，往來穿梭於國內各沿海港口之間，負責運送旅客、貨物的一種海洋運輸服務。

沿海運輸企業一般下設船隊，將船隊作為內部核算單位。

(一) 成本計算對象

水路運輸企業，無論是沿海、遠洋或內河運輸業都統一以客、貨運輸業務作為成本核算對象。為了加強成本管理，還應分別以旅客運輸、貨物運輸、航線、船舶類型（客輪、貨輪、客貨輪、油輪、拖船、駁船等）及單船作為成本核算對象計算成本。上述成本計算應以單船成本計算為基礎，由此可以據以計算客運成本、貨運成本、航線成本及船舶類型成本。航次成本是單船成本按航次地分解計算。

考慮水路運輸的特點，可以採用按單船設立船舶費用明細帳，定期或不定期計算客、貨運輸綜合成本及更具體的客運成本、貨運成本、單船成本、船舶類型成本。

(二) 成本計算期

沿海運輸企業由於航次時間較短，未完航次費用比較少且較穩定，因此一般以月、季、年為成本計算期。

(三) 成本項目

一般包括工資及福利費、燃料、潤料、材料、船舶折舊費、船舶修理費、港口費、事故損失及其他等。

(四) 營運費用的歸集及分配

沿海運輸企業不僅需要計算客、貨運綜合成本，而且經常要求計算客運成本、貨運成本、單船成本及船舶類型成本。因此，應按單船設立船舶費用明細帳，即按單船歸集各項費用。對於按單船歸集的營運費用，月末應根據成本計算要求，將其分配給各成本計算對象。例如，在要求計算客運成本和貨運成本的情況下，應按照一定的分配標準將營運費用在客運成本與貨運成本之間分配。

二、遠洋運輸企業成本核算

遠洋運輸是遠洋運輸企業的船舶在國際航線上航行，穿梭於國內外各港口之間，負責運送旅客和貨物運輸業務。

(一) 成本計算對象

遠洋運輸企業以客、貨運業務為成本計算對象，但由於遠洋運輸航次時間長（超過1個月），通常需要分別按航次計算成本。

航次是船舶按照出航命令裝載貨物（旅客）而完成一個完整的運輸過程，包括單

程航次和往返航次。空放航次不單獨計算航次成本，必須與載貨（客）航次合併計算航次成本。

(二) 成本計算期

遠洋運輸企業成本的計算期為航次時間。企業計算報告期內已完航次的成本，期末未完航次的運輸費用轉入下期。如果航次時間較短，則也可以按月、季、年為成本計算期。

(三) 成本項目

根據遠洋運輸的特點及航次成本計算的要求，將成本項目分為航次運行費用和營運固定費用兩類。航次運行費用是指船舶在航次運行中發生的費用，包括燃料、港口及運河費、貨物費、客運費、墊艙材料費、事故損失及其他等。營運固定費用是指船舶為保持試航狀況所發生的經常性維持費用，包括工資、福利費、潤料、材料、船舶折舊、船舶修理費和保險費等。

(四) 營運費用的歸集及分配

1. 航次運行費用的歸集

航次運行費用按航次歸集，直接由該航次成本負擔。遠洋運輸企業發生的船舶運行費用屬於直接成本，應直接計入按航次開設的船舶航次費用明細帳中。

2. 航次固定費用的歸集

航次固定費用的歸集是按船進行的，月末根據各船已完航次及未完航次的營運天數進行分配，由各航次成本承擔。

三、內河運輸企業成本核算

內河運輸是指內河運輸企業的船舶航行於江河湖泊航線上，往來於各江湖港口間，負責運送旅客和貨物的運輸業務。內河運輸船舶往往是噸位較小的江輪，以拖輪和駁船為主。

(一) 成本計算對象

內河運輸企業的成本計算對象是客運業務和貨運業務。一般還要按運輸種類計算運輸分類成本，具體包括客運（客輪客運、客貨輪客運、拖駁客運）和貨運（貨輪貨運、客貨輪貨運、拖駁貨運等）。

(二) 成本計算期

內河運輸企業以月、季、年為成本計算期。

(三) 成本項目

一般分為船舶費用和港埠費用兩類。

船舶費用為運輸船舶從事運輸工作所發生的各項費用，包括船員工資、職工福利費、燃料、潤料、材料、船舶折舊、船舶修理基金、事故損失和其他費用。港埠費用為分配由運輸船舶負擔的港埠費用以及直接支付外單位的港口費用。

(四）營運費用的歸集和分配

　　船舶費一般以船舶類型進行歸集。港埠費用由各港設立港埠費用明細帳進行歸集。各港發生的港埠費用應按直接費用比例分別由運輸、裝卸、堆存和其他業務負擔。

四、水路運輸成本的計算

(一）航次運行費用

　　航次運行費用或船舶費用是水路運輸業務的直接費用。沿海、遠洋及內河運輸業務所發生的船舶費用在「運輸支出」帳戶進行歸集。

　　客、貨輪航次運行費用按直接由客運和貨運負擔的費用，應直接分別計入客運成本和貨運成本。貨物費、中轉費、墊隔材料、貨物損失費，直接計入貨運成本；客運費、事故損失等直接計入客運成本。

　　客、貨輪船舶固定費用中可以直接由客運和貨運負擔的費用（如客運業務員、貨運業務員的工資及福利費等），也應直接分別計入客運成本和貨運成本。

　　客、貨輪航次運行費用和船舶固定費用中，凡不能直接計入客運、貨運成本的共同性費用應採用一定的分配方法分配計入客運成本和貨運成本。

(二）集裝箱固定費用

　　企業應設置集裝箱固定費用明細帳，歸集集裝箱固定費用。月末，企業應編製集裝箱固定費用分配計算表，根據集裝箱固定費用明細帳歸集的總額和全部船舶裝運集裝箱的箱數和天數，計算出集裝箱每箱每天的固定費用，作為集裝箱固定費用的分配標準。其計算公式如下：

$$某船集裝箱固定費用分配額 = \frac{集裝箱固定費用總額}{全部船舶的使用天數 \times 集裝箱箱數} \times 該船使用箱數 \times 使用天數$$

根據分配結果將集裝箱固定費用轉入「運輸支出」帳戶。

(三）營運間接費用

　　企業應設置營運間接費用明細帳，歸集不能直接計入「運輸支出」帳戶的間接營運費用。月末，企業採用適當的標準將其費用分配到各成本計算對象。其計算公式如下：

$$某船舶營運間接費用分配額 = \frac{營運間接費用總額}{全部船舶艘天數} \times 該船艘天數$$

$$\Sigma 船舶艘天數 = 各類船舶營運數 \times 船舶營運天數$$

(四）船舶維護費用

　　內河運輸企業在非通航期發生的船舶維護費用，應設置船舶維護費用明細帳予以歸集。船舶維護費由通航期各成本計算期的運轉成本負擔。其計算公式如下：

　　船舶維護費用分配率 = 船舶維護費用總額 ÷ 通航期天數

　　通航期某月運輸成本應負擔的船舶維護費 = 該月份通航天數 × 船舶維護費用分配率

平時可按計劃分配率分配船舶維護費用，年終時，再將船舶維護費用的實際數與計算分配數的差異調整當期的運輸成本。

(五) 運輸成本計算

運輸成本相關計算公式如下：
運輸總成本＝航次運行費用＋船舶固定費用＋營運間接費用
運輸單位成本＝水路運輸總成本÷客貨運輸週轉量
客運單位成本＝客運總成本÷客運週轉量
貨運單位成本＝貨運總成本÷貨運週轉量

第五節　航空運輸成本核算

一、航空運輸成本核算的特點

由於航空運輸和航空運輸企業經營管理本身固有的特殊性，決定了航空運輸企業成本核算中具有以下特點：

(一) 成本計算對象

民航運輸成本核算以每種機型為基礎匯集和分配各類費用，計算每種飛機的機型成本，在此基礎上再進一步計算和考核每種飛機的運輸週轉量的單位運輸成本。

(二) 成本計算單位

民航運輸週轉量的成本核算單位是噸千米。

(三) 成本項目

民航運輸企業的生產費用，按其經濟用途歸納為以下三個項目：

第一，飛行費用，即與飛行有關的費用。

第二，飛機維修費，即飛機、發動機除大修改裝以外的各級檢修和技術維護費以及零件的修理費。

第三，通用航空成本，即航空運輸部門的經營費以及駐國外辦事處的費用。

二、航空運輸成本核算

(一) 飛行費用的匯集和分配

飛行費用大部分是直接費用，費用發生時可直接計入有關的機型成本。

1. 空勤人員工資及福利費

空勤人員工資按照所飛的機型分配計入各機型成本。乘務員工資按照各機型乘務員配備標準及本月飛行小時比例分配。計算公式如下：

$$\frac{某機型乘務員}{工資分配金額} = \frac{本月乘務員}{工資數} \times \frac{某機型乘務機配備標準（人數）\times 某機型本月飛行小時}{本月各機型人時數之和}$$

2. 航空燃料消耗

航空燃料消耗包括飛機在飛行中或在地面檢修試車時所消耗的航空油料和潤滑油。

3. 飛機、發動機的折舊費

民航運輸企業的飛機和發動機折舊費的計提可以採用兩種方法：一種方法是按實際飛行小時計提折舊，採用這種辦法應按機型分別計提折舊；另一種方法是按年限計提折舊，採用這種辦法應按每架飛機分別計提折舊。

4. 飛機、發動機大修理費

飛機、發動機大修理費是指各機型飛機定期進行大修所發生的費用。民航對此項大修費可採用預提大修理費或大修理費發生後分期攤銷的辦法進行核算。

5. 飛機租賃費

飛機租賃費有以下兩種情況：普通租賃按租賃期內每月應付的租賃費，計入成本科目；融資租賃則按投資購置固定資產的辦法進行相應的處理。

6. 飛機保險費

飛機保險費包括飛機險、旅客貨物意外險、第三者責任險等。飛機保險費一般採用待攤的方式，按月平均攤入「飛機保險費」科目。

7. 飛機起降服務費

飛機起降服務費包括飛機在國內外機場按協議或規定標準支付的起降費、停場費、夜航設施費、地面服務費、通信導航費、過境費以及特種車輛設備的使用費。飛機起降服務費直接計入「機型成本」科目。

8. 旅客供應服務費

旅客供應服務費是指在飛機上為顧客提供各種服務所發生的費用，以及由於民航原因取消飛行時按規定由民航負責旅客食宿的費用。配給機上的供應品憑乘務簽領的清單，按實際領用數分別計算，直接計入有關的機型成本。

(二) 飛機維修費的匯集和分配

飛機維修費是飛機、發動機維護檢修時所發生的費用及零附件的修理費用。飛機維修費分為材料費、人工費和間接維修費三個項目進行核算。民航運輸企業發生的維修費先通過「飛機維修費」科目進行匯集。「飛機維修費」科目下設「材料費」「人工費」「間接維修費」三個明細科目，月末按下列方法分配到各機型成本：

第一、材料費根據領料憑證上所列機型直接計入各機型成本。

第二、人工費按各機型維修實耗工時比例分配到各機型成本。其計算公式如下：

每工時人工費率＝本月人工費總額÷本月各機型維修耗工時總額

某機型應分配的人工費＝本月該機型維修實耗工時×每工時人工費率

第三、間接維修費可按各機型維修實耗工時比例分配到各機型成本。其計算公式如下：

單位工時間接維修費分配率＝本月間接維修費總額÷本月各機型維修實耗工時數

某機型負擔的間接維修費=本月該機型維修實耗工時數×單位工時間接維修費分配率

(三) 通用航空成本

通用航空成本是指民航運輸企業從事運輸所發生的計入成本，但不屬於上述成本項目的費用支出，如飛機日常養護費用等。

民航運輸企業各機型成本之和為民航運輸總成本，與運輸週轉量相除可得運輸單位成本。月末編製民航運輸成本計算表，表內不僅可以反應運輸總成本及單位成本，而且可以分別反應各機型的總成本及單位成本。

【思考與練習】

1. 某汽車公司運輸業務採用按行駛胎千米攤銷輪胎費用，其他部門採用一次攤銷法。月末該企業編製輪胎領用、費用攤銷分配表（見表6-9）。

表6-9　　　　　　　　　輪胎領用、費用攤銷分配表

單位：元

項目	輪胎費用		輪胎費用		
	外胎	內胎、墊圈	行駛里程（千米）	千胎千米攤銷額	攤銷額
客車	120,000	6,000			18,000
貨車	60,000	6,000	300,000	60	15,000
其他部門	6,000	1,000	250,000	60	11,000
合計	230,000	21,000			44,000

要求：
(1) 編製記帳憑證會計分錄
(2) 月末編製（見表6-10）。

表6-10　　　　　　　　　折舊費用分配表　　　　　　單位：元

應借帳戶		本月計提折舊					合計
		客車	貨車	非營運車	機器	房屋	
運輸支出	客車	400,000					400,000
	貨車		250,000				250,000
輔助營運費用				12,000		300,000	312,000
營運間接費用				8,000	50,000	120,000	178,000
管理費用				9,000		60,000	69,000
合計		400,000	250,000	29,000	50,000	480,000	1,209,000

每期按計提額編製會計分錄。

第七章 施工企業工程成本核算與房地產企業成本核算

【案例導入】

某施工企業自有機械使用情況如表7-1所示：

表 7-1

工程名稱	起重機			運輸機械			合計
	臺班(臺班)	單價(元)	金額(元)	運輸里程(千米)	分配率	金額	
A工程	20		6,000	6,000			
B工程	30		9,000	40,000			
合計	50	300	15,000	50,000			

要求：計算出費用分配並編製會計分錄。

【內容提要】

工程類企業生產經營活動的主要對象是不動產，因此在成本核算方面與工業製造企業存在很大的差異。本章主要闡述施工企業成本的內容和成本核算的特點，房地產開發企業成本的內容、成本核算的特點和成本核算的程序。本章的重點內容是工程施工成本核算、土地開發成本和房屋開發成本核算。

第一節 施工企業工程成本的內容與成本核算的特點

一、施工企業工程成本的內容

施工企業是指從事建築、安裝工程或其他專業施工活動的工程施工單位。施工工程是指施工企業按照發包方（甲方）圖紙和合同要求進行施工建設的工程，是施工企業組織的主要生產活動。施工企業生產經營成本包括施工企業工程成本、機械作業成本和輔助生產成本等。

（一）施工企業工程成本

施工企業工程成本是指施工企業為施工生產某工程而發生的各種生產耗費的總和。

施工企業工程成本可以分為直接成本與間接成本。

直接成本是指施工過程中耗費的構成工程實體或有助於工程形成的各項支出，包括人工成本、工程材料成本、機械使用費和其他直接費用。其中，人工成本包括從事建築安裝施工人員的工資和工資附加費；工程材料成本包括施工中耗費的構成工程實體的原材料、輔助材料、構配件、零件、半成品的費用，以及週轉用材料的攤銷費、租賃費；機械使用費是指工程施工過程中使用自有施工機械發生的機械使用費，租用外單位施工機械的租賃費，施工機械的安裝、調試、拆卸、修理及施工機械進出場費；其他直接費用包括施工過程發生的材料移動費、臨時設施攤銷費、生產工具使用費、檢驗試驗費、工程定位復測費及場地清理費等。間接成本是指施工企業下屬各施工單位（工程處、施工隊、項目管理部、工區等）為組織和管理施工活動所發生的各項費用支出，包括施工單位管理人員工資及工資附加費、固定資產的折舊費及修理費、物料消耗、低值易耗品攤銷、取暖費、水電費、辦公費、差旅費、財產保險費、工程保修費、排污費、檢驗試驗費、勞動保護費、防暑降溫費及其他費用等。

企業在施工過程中發生的直接費用能夠直接認定，應直接計入有關成本，間接費用可先通過「工程施工——間接費用」帳戶匯總歸集，月末按一定標準分配計入有關工程成本。

(二) 機械作業成本

機械作業成本指施工企業內部獨立核算的機械施工、運輸單位使用自有施工機械或運輸設備進行機械作業發生的各項費用。機械作業成本應按成本核算對象和成本項目歸集。機械作業成本的成本項目一般分為人工費、燃料及動力費、折舊費、修理費以及為組織管理機械作業生產所發生的間接生產費用。

(三) 輔助生產成本

輔助生產成本是指施工企業所屬內部獨立核算的工業企業（預制構件廠、機械加工廠等）為滿足工程施工需要進行產品生產所發生的各種生產費用。

二、施工企業的生產特點

施工企業是指從事建築安裝工程施工的企業，其生產活動的對象主要是不動產。與工業企業相比，施工企業具有如下生產特點：

(一) 建築安裝產品的多樣性和施工生產的單件性

施工企業的產品都具有特定的目的和專門的用途。每一建築安裝工程都有其獨特的形式、結構和質量要求，即使採用相同的標準設計，也會由於受到地形、地質、水文等自然條件以及文化習俗等社會條件的影響，需要對設計圖紙、施工方法和施工組織等作出適當的調整和改變，這使得建築安裝工程極少完全相同。建築安裝產品的多樣性決定了施工企業只能按照建設項目的不同設計要求進行施工生產，施工時需要採用不同的施工方法和施工組織，這又使施工企業的生產表現出單件性。

(二) 施工週期較長

建築安裝工程一般規模較大，生產週期較長，一般都需要跨年度施工。

(三) 受氣候條件的影響明顯

建築安裝工程大都在露天施工，受氣候條件的影響很強，一般在雨季和冬季完成的工作量明顯減少，各個月份完成的工作量很不均衡。因此，在費用的分配上，一般不宜將當月發生的費用全部計入當月的工程成本，而應採用按全年工程數量平均分配的方法。

三、施工企業成本核算的特點

施工企業的生產特點，決定了施工企業的成本計算具有以下特點：

(一) 以單位工程作為成本計算對象

施工企業一般以單位工程作為施工企業成本計算的對象。因為建設單位一般按單位工程編製工程預算、制訂工程成本計劃、結算工程價款，以單位工程作為成本計算對象，可以與建設單位訂的工程成本計劃保持口徑一致，便於工程成本的比較和與建設單位結算價款。如果單位規模較大、工期較長，為了及時分析工程成本的超支、節約情況，可以將分部工程作為工程成本計算的對象；相反，如果在一個建設項目或一個單項工程中，若干個單位工程的施工地點相同、結構類型相同、開工和竣工日期接近，為了簡化工程成本計算，則可以將其合併為一個成本計算對象。

(二) 按月定期計算工程成本

施工企業工程規模較大、施工週期長的特點，決定了施工企業很多項目需跨月或跨年完工，企業為了能及時地分析、考核工程成本計劃的完成情況並計算財務成果，有必要將已完成預算定額規定的一定組成部分的工程作為「完工工程」，視為「產成品」進行成本計算；對於尚未達到預算定額規定的一定組成部分的工程，則作為「未完工程」，視為「在產品」進行成本計算，而不能待某項工程全部完工後再計算該項目的成本。

(三) 施工費用需在已完工程和未完工程之間進行分配

施工企業儘管是以單位工程作為成本計算對象，但其生產費用應按月歸集和分配，如果月末某成本計算對象沒有「完工工程」，則該成本計算對象所歸集的生產費用便為「未完工程」成本；如果當月有「完工工程」，則應同時計算「完工工程」成本和「未完工程」成本；如果當月該成本計算對象的工程竣工，則不僅要計算當月「完工工程」成本，而且還應對竣工工程進行決算，計算出竣工工程的實際總成本。

從以上的成本計算特點可見，施工企業的成本計算方法應採用類似於工業企業的分批法。因為其生產特點屬單件性多步驟生產，而且多步驟是連續和平行的，與生產相交織的、很難分步驟計算成本，所以只宜用分批法。但其與工業企業分批法不同，施工企業常需按月定期計算成本，而不是等一批（件）產品完成才計算成本。

第二節　施工企業工程成本核算

一、施工企業工程成本核算應設置的主要帳戶

為了歸集和分配施工企業在工程施工過程中所發生的各項費用，核算工程成本，需設置「工程施工」「機械作業」「輔助生產成本」和「主營業務成本」等帳戶。

(一)「工程施工」帳戶

該帳戶用來核算企業進行建築安裝工程施工所發生的各項費用支出。借方登記施工過程中發生的各項費用，其中人工費、材料費、機械使用中的租入外單位施工機械租賃費以及大部分其他直接費都應直接計入。機械使用費中使用自有施工機械所發生的費用、部分其他直接費先歸集於「機械作業」和「輔助生產」帳戶，然後再分配轉入「工程施工」帳戶借方。間接費用可先在該帳戶設置的「間接費用」明細帳歸集，然後再分配結轉至各工程成本（「工程施工」明細帳借方）。已完工程的成本應從「工程施工」帳戶貸方結轉，該帳戶余額為未完工程實際成本。該帳戶按成本計算對象設置明細帳，帳內按成本項目設專欄。

(二)「機械作業」帳戶

該帳戶用來核算企業及其內部獨立核算的施工單位、機械站和運輸隊使用自有施工機械和運輸設備進行機械作業（包括機械化施工和運輸作業等）所發生的各項費用。該帳戶是集合分配帳戶，當費用發生時，計入帳戶借方，月終將借方歸集的費用按一定標準分配並從貸方結轉。其中，為本單位承包的工程進行的機械作業應結轉入「工程施工」帳戶的借方。該帳戶按不同機械、設備設置明細帳。

(三)「輔助生產成本」帳戶

該帳戶用來核算企業非獨立核算的輔助生產部門為工程施工等生產材料或提供勞務（如設備維修、構件現場製作、供應水電氣以及施工機械的安裝、拆卸等）所發生的各項費用。但是企業下屬的生產車間、單位或部門，如機修車間、混凝土車間、供水站、運輸隊等，如果實行內部獨立核算，所發生的費用不在該帳戶核算（在「工業生產」「機械作業」帳戶核算）。發生輔助生產費用支出，計入該帳戶借方，月末按受益對象分配，從該帳戶貸方結轉。其中，為本單位承包工程提供的勞務或生產材料的，結轉計入「工程施工」帳戶借方。「輔助生產成本」帳戶期末余額為輔助生產部門在產品的實際成本。該帳戶按車間、部門或勞務項目設置明細帳。

「主營業務成本」等帳戶此處從略。

二、施工企業工程成本核算的程序

施工企業工程成本核算的程序是指施工成本核算的步驟。儘管各工程規模大小、結構繁簡的程度不同，施工成本計算過程不會千篇一律，但就一般而言，主要經過以

下幾個步驟：

(一) 確定施工成本計算對象

一般說來，施工成本計算對象應以每一個工程單位作為成本計算對象。但是一個施工企業同時承包多個建設項目，每個項目的具體情況不同，一個工程項目可能由多個建設單位承包，承包的工程量不同，施工成本計算對象的確定都會受到一定程度的影響。工程成本計算對象需要根據具體情況而定，一般可按下述方法確定：

第一，一般應以每一獨立編製施工圖預算的單位工程為成本計算對象。

第二，一個單位工程由幾個施工單位共同施工時，各施工單位都應以同一單位工程作為成本計算對象，各自計算自行施工完成的部分。

第三，規模大、工期長的單位工程，可以將工程劃分為若干個分部工程，以各分部工程作為成本計算對象。

第四，同一建設項目由同一單位施工，同一施工地點、同一結構類型且開工竣工時間相接近的若干單位工程可以合併作為一個成本計算對象。例如，某施工單位同一住宅小區中甲、乙、丙、丁4棟住宅同時施工，結構類同，開工及竣工時間接近，可將甲、乙、丙、丁合併作為一個成本對象，工程竣工後再按一定比例計算各棟住宅成本。這類似於工業企業成本核算的分類法。

第五，改建、擴建的零星工程，可以將開工竣工時間相接近、同屬於一個建設項目的各個單位工程合併作為一個成本計算對象。

(二) 要素費用的歸集與分配

按照成本核算要求，當月發生的一切要素費用，均應按其經濟用途，分別計入施工成本。如果多項要素費用的發生由單一工程承擔，則應全部計入該項施工成本。如果多項工程共同耗用一項要素費用，則應選擇適當方法，在各項工程之間進行合理分攤後，計入各施工成本；如果屬於期間費用，則計入期間成本，由當期損益負擔，不屬於施工成本。

(三) 歸集和分配輔助生產費用

施工企業的輔助生產是指為工程施工提供產品或勞務服務的生產活動，如機械修理、構件預製、材料加工以及供水、供電、供熱、供汽、運輸等。這些單位或部門發生的費用屬於輔助生產費用，通過「輔助生產成本」帳戶予以歸集，並按一定分配標準，在各受益單位之間進行分配。

(四) 歸集和分配間接費用

間接費用的歸集是通過「工程施工——間接費用」二級明細帳戶進行的，在分配時，如果只有一個單項工程，可將間接費用全部計入該項工程施工成本；如果是為多項工程共同發生的，則應選擇適當方法在各項工程之間進行分配。

(五) 施工費用在已完工程和未完施工（未完工程）之間的分配

作為成本計算對象的單項工程全部完工後，稱為竣工工程；尚未全部完工但已完

成預算定額規定的部分工程（分項工程）稱為已完工程；雖已投入材料、設備進行施工但尚未完成預算定額所規定的分項工程稱為未完施工或未完工程。為了計算已完工程成本，確認當期損益，對成本計算對象已歸集的施工費用，應在已完工程和未完施工之間進行分配，將已完工程成本轉入「工程結算成本」帳戶。

(六) 結轉竣工工程成本

單項工程或整個工程完工后，應進行工程成本決算，按工程實際成本從「工程結算成本」帳戶轉入「主營業務成本」帳戶。

三、施工企業工程成本核算的內容

施工企業為進行工程施工而發生各種施工費用，是構成施工成本的基礎，應計入施工成本。在施工過程中發生的直接費用與施工產品的形成有直接的關係，或構成工程實體，在一般情況下，可以根據相關會計憑證直接計入施工成本。間接費用不能直接參與施工產品的形成，而是為了組織和管理工程施工而發生的，是施工成本的組成部分，應採用一定的方法分配計入施工成本。直接費用包括材料費用、人工費用、機械使用費和其他直接費四項內容。

(一) 材料費用的歸集和分配

施工企業為進行工程施工而耗用的各種材料主要包括構成工程實體的原材料、輔助材料、結構件、零件、配件、半成品以及週轉材料攤銷價值和租賃費等。材料費用在整個施工成本中所占比重較大，對施工成本構成內容有著重大影響。因此，施工活動中發生的各種材料費用，可區別以下情況予以處理。

第一，領用材料時能夠點清數量、明確成本計算對象的，可按有關憑證記錄，直接計入該成本計算對象的施工成本明細帳。

第二，領用材料時雖然能夠點清數量，但不能明確成本計算對象歸屬的，應編製集中配料分配表，在各成本計算對象間合理分配後計入施工成本。

第三，領用材料時既不易點清數量，也不易明確成本計算對象的，可採用實地盤存法倒推發出數量，然後再編製大堆材料費用分配表，分配後計入施工成本。

第四，施工現場剩餘材料應及時辦理退料手續，按實際退料價值衝減施工成本。

第五，施工現場出現的下腳料、廢料、包裝材料和包裝物，如果有回收利用價值，可按估計價值衝減施工成本。

【例7-1】M建築公司承接了A、B兩個工程項目，本月材料費用發生及分配情況如表7-2所示：

表 7-2　　　　　　　　　　　　材料費用分配表　　　　　　　　　　單位：元

材料類別		工程成本核算對象	A 工程	B 工程	機械作業 攪拌機	機械作業 挖土機	合計
主要材料	紅磚水泥	計劃成本	60,000	50,000			110,000
		成本差異 3%	1,800	1,500			3,300
	鋼材	計劃成本	200,000	180,000			380,000
		成本差異 5%	10,000	9,000			19,000
	鋁材	計劃成本	80,000	60,000			140,000
		成本差異 2%	1,600	1,200			2,800
	其他主要材料	計劃成本	50,000	60,000			110,000
		成本差異 -1%	-500	-600			-1,100
	小計	計劃成本	390,000	350,000			740,000
		成本差異	12,900	11,100			24,000
結構件		計劃成本	250,000	220,000			470,000
		成本差異 1%	2,500	2,200			4,700
其他材料		計劃成本	40,000	30,000	1,000	800	71,800
		成本差異					
合計		計劃成本	680,000	600,000			1,281,800
		成本差異	15,400	13,300			28,700
週轉材料攤銷			15,000	14,000			29,000

根據「材料費用分配表」編製如下會計分錄：
借：工程施工——A 工程　　　　　　　　　　　　　　　680,000
　　　　　　——B 工程　　　　　　　　　　　　　　　600,000
　貸：原材料——主要材料　　　　　　　　　　　　　　740,000
　　　　　　——結構件　　　　　　　　　　　　　　　470,000
　　　　　　——其他材料　　　　　　　　　　　　　　 70,000
借：機械作業——攪拌機　　　　　　　　　　　　　　　 1,000
　　　　　　——挖土機　　　　　　　　　　　　　　　　 800
　貸：原材料——其他材料　　　　　　　　　　　　　　 1,800
結轉材料成本差異時，編製如下會計分錄：
借：工程施工——A 工程　　　　　　　　　　　　　　　 15,400
　　　　　　——B 工程　　　　　　　　　　　　　　　 13,300
　貸：材料成本差異——主要材料　　　　　　　　　　　 24,000
　　　　　　　　　——結構件　　　　　　　　　　　　 4,700

計提本月應分擔的週轉材料成本時，編製如下會計分錄：
借：工程施工——A 工程　　　　　　　　　　　　　　　　15,000
　　　　　——B 工程　　　　　　　　　　　　　　　　　14,000
　貸：週轉材料攤銷　　　　　　　　　　　　　　　　　　　　29,000

(二) 人工費用的歸集和分配

施工企業的人工費應按其不同用途進行歸集分配。直接從事工程施工和在現場製作構件、模板的建築安裝工人，在施工現場範圍內轉移器材，為施工機械配料、送料等輔助工人的人工費，應計入「工程施工」總帳及其所屬明細帳的「人工費」成本項目；自有機械設備的操作員、駕駛員，以及機械設備的管理人員的人工費，應先在「機械作業」總帳及其所屬明細帳有關項目歸集；企業非獨立核算的輔助生產部門人員的人工費，應在「輔助生產成本」總帳及其所屬明細帳有關項目歸集；施工單位管理人員的人工費，應先計入「工程施工」總帳及其所屬的「間接費用」明細帳借方。

建築安裝工人及輔助工人的人工費，在計件工資形式下，可根據「工程任務單」「工資結算憑證」直接匯總計入「工程施工」及所屬各明細帳「人工費」成本項目。在計時工資形式下，如果只進行一個單位工程（成本計算對象）的施工，也可直接計入該工程成本。如同時進行幾個單位工程的施工，則需要將共同發生的人工費採用適當的分配方法計入各工程成本，一般是按照當月工資總額和總工作日數計算的日平均工資及各工程的實際工作日數來計算分配。計算公式如下：

$$某施工單位當月每工日平均工資 = \frac{該施工單位當月工資總額}{當月建安及輔助工人實際工作日數}$$

某工程應該分配工資 = 工程當月實際工作日數 × 當月每工日平均工資

【例7-2】M 建築公司承建 A 和 B 兩項單位工程，實行計時工資制，本月施工工人應付工資及工資附加費共81,000元，A 工程實用工作日為1,800工日，B 工程實用工作日為1,200工日。另應付攪拌機操作人員工資3,000元，挖土機操作人員工資1,600元。

每工日平均工資 = 81,000 ÷ (1,200 + 1,800) = 27（元）
A 工程應分配工資 = 1,800 × 27 = 48,600（元）
B 工程應分配工資 = 1,200 × 27 = 32,400（元）

實際工作中，施工企業在月末應根據工資結算匯總表、工程任務單等有關憑證，通過人工費用分配表歸集分配人工費。人工費分配表如表7-3所示：

表7-3　　　　　　　　　　　　　人工費分配表
201×年12月

工程成本對象	實際用工日數（工日）	分配率（元/工日）	分配金額（元）
A 工程	1,800		48,600
B 工程	1,200		32,400
小計	3,000	27	81,000

表7-3(續)

工程成本對象		實際用工日數（工日）	分配率（元/工日）	分配金額（元）
機械作業	攪拌機			3,000
	挖土機			1,600
合計				85,600

根據人工費用分配表編製如下會計分錄：

借：工程施工——A工程　　　　　　　　　　　48,600
　　　　　　——B工程　　　　　　　　　　　32,400
　　機械作業——攪拌機　　　　　　　　　　　3,000
　　　　　　——挖土機　　　　　　　　　　　1,600
　貸：應付職工薪酬　　　　　　　　　　　　 85,600

(三) 機械使用費的歸集和分配

1. 自有施工機械使用費的歸集和分配

自有施工機械使用費包括機上操作人員工資、獎金、工資性津貼、職工福利費、燃料動力費、材料費、機械折舊和修理費、運輸費、裝卸費、養路費等。這些費用在發生時應先通過「機械作業」帳戶進行歸集，月末根據各成本計算對象實際使用的機械臺班數或完成工作量，採用一定方法分配。主要分配方法如下：

(1) 臺班分配法。臺班分配法即以機械實際工作臺班為分配標準分配。計算公式如下：

$$機械臺班單位成本 = \frac{該機械本月實際費用總額}{該機械本月實際工作臺班總數}$$

某項工程應分配的某種機械使用費 = 某項工程實際使用機械臺班數 × 該機械臺班單位成本

(2) 工作量法。工作量法是以機械完成的作業量為分配標準分配的方法。計算公式如下：

$$某機械作業量單位成本 = \frac{該機械本月實際費用總額}{該機械實際完成作業量總額}$$

某項工程應分配某種機械使用費 = 該機械為某項工程提供的作業量 × 該機械作業量單位成本

(3) 定額費用比例分配法。定額費用比例分配法是以機械使用費的定額費用為分配標準分配的方法。計算公式如下：

$$機械使用費分配率 = \frac{該機械本月實際費用總額}{該機械使用費定額費用}$$

某項工程應分配某種機械使用費 = 某工程使用該機械的定額費用 × 該機械使用費分配率

(4) 計劃分配率法。計劃分配率法是根據預先確定的計劃分配率和本月實際使用

機械臺班分配機械使用費的方法。機械使用費實際費用與按計劃分配率分配的數額的差額在年末或季末調整。計算公式如下：

$$某機械使用計劃分配率=\frac{該機械年度使用費預算總額}{該機械年度計劃工作臺班總數}$$

某項工程某月應負擔某機械使用費＝某項工程某月實際使用該機械臺班×該機械使用費計劃分配率

【例7-3】 M 建築公司自有機械混凝土攪拌機和挖土機。12月通過「機械作業」帳戶歸集的費用總額分別為 6,400 元和 3,000 元。混凝土攪拌機該月工作 80 臺班，其中 A 工程 48 臺班，B 工程 32 臺班。挖土機本月挖土 500 立方米，其中為 A 工程挖 200 立方米，為 B 工程挖 300 立方米。根據以上資料，編製機械使用費分配表如表 7-4 所示：

表 7-4　　　　　　　　　　　　機械使用費分配表
201×年 12 月

應借科目＼項目	混凝土攪拌機 臺班（臺班）	分配率（元/臺班）	金額（元）	挖土機 作業量（立方米）	分配率（元/立方米）	金額（元）	合計（元）
工程施工——A 工程	48		3,840	200		1,200	5,040
工程施工——B 工程	32		2,560	300		1,800	4,360
合計	80	80	6,400	500	6	3,000	8,900

根據機械使用費分配表編製如下會計分錄：

借：工程施工——A 工程　　　　　　　　　　　　　　　　5,040
　　　　　　——B 工程　　　　　　　　　　　　　　　　4,360
　貸：機械作業——攪拌機　　　　　　　　　　　　　　　6,400
　　　　　　——挖土機　　　　　　　　　　　　　　　　3,000

2. 租入施工機械的租賃費的歸集和分配

施工機械的租賃費包括向外單位或企業內部獨立核算的機械站租入的施工機械。按租賃合同規定的臺班費、實際使用臺班支付的租金，一般可根據出租單位轉來的機械租賃費結算帳單和工作臺班記錄，直接計入「工程施工」總帳及其所屬各明細帳的機械使用費成本項目，但如果租入施工機械是幾個工程成本計算對象共同使用則應將所支付的租賃費用總額按成本計算對象各自使用臺班或定額費用比例分配計入各成本計算對象。

(四) 其他直接費的歸集和分配

施工中發生的各項其他直接費，按其來源可分為由外部單位提供和由企業內部非獨立核算輔助生產部門提供。如果由外部單位提供的水、電、氣等費用，可根據實際耗用量和結算價格，計入各有關工程成本。如果由企業非獨立核算輔助生產部門提供的水、電、氣等費用，則先通過「輔助生產成本」帳戶歸集，月末分配計入各受益對象。其中，施工現場直接耗用的計入「工程施工」總帳及其所屬明細帳其他直接費用

成本項目；如果幾個工程項目共同耗用其他直接費用，如臨時設施攤銷費、生產工具用具使用費等，應按各工程的機械臺班，或定額耗用量，或該項費用的定額費用等標準進行分配。

【例7-4】非獨立核算的供水車間為A、B建築工程分別供水1,000噸、950噸，工程隊一般耗用水50噸，輔助生產費用共4,000元。外購用電10,000度，每度0.70元。A工程、B工程、攪拌機和工程隊管理用電分別為5,000度、3,000度、1,000度、1,000度。A工程和B工程共同使用臨時設備，本月攤銷費4,800元，按該項定額費用比例分配，A工程定額費用2,400元，B工程定額費用1,600元。

根據上述資料編製其他直接費用分配表，如表7-5所示：

表7-5　　　　　　　　　　其他直接費用分配表

201×年12月

應借科目＼項目	水費 耗用量（噸）	水費 分配率（元/噸）	水費 金額（元）	電費 耗用量（度）	電費 分配率（元/度）	電費 金額（元）	臨時攤銷費 定額費用（元）	臨時攤銷費 分配率（元）	臨時攤銷費 金額（元）	合計（元）
工程施工——A工程	1,000	2	2,000	5,000	0.7	3,500	2,400	1.2	2,880	8,380
工程施工——B工程	9,50	2	1,900	3,000	0.7	2,100	1,600	1.2	1,920	5,920
機械作業——攪拌機				1,000	0.7	700				700
工程施工——間接費用	50	2	100	1,000	0.7	700	—	—	—	800
合計	2,000	—	4,000	10,000	—	7,000	4,000	—	4,800	15,800

根據「其他直接費用分配表」作會計分錄：

借：工程施工——A工程　　　　　　　　　　　　　　　　　8,380
　　　　　　——B工程　　　　　　　　　　　　　　　　　　5,920
　　　　　　——間接費用　　　　　　　　　　　　　　　　　 800
　　機械作業——攪拌機　　　　　　　　　　　　　　　　　　 700
　貸：輔助生產成本　　　　　　　　　　　　　　　　　　　4,000
　　　應付帳款（或銀行存款）　　　　　　　　　　　　　　7,000
　　　長期待攤費用　　　　　　　　　　　　　　　　　　　4,800

(五) 間接費用的歸集和分配

間接費用應在「工程施工」總帳下設置「間接費用」二級帳戶進行核算，還應分別按施工單位設置明細分類帳戶，帳內按費用明細項目設專欄。

當發生間接費用時，根據要素費用、待攤和預提費用、輔助生產費用等分配表，借記「工程施工——間接費用」及其所屬明細帳有關專欄。借方歸集的間接費用，月末應按一定標準分配計入各項工程成本。間接費用的分配通常以各項建築安裝工程定額間接費用的比例分配。這種分配方法的計算公式如下：

$$間接費用分配率=\frac{本期實際發生的間接費用}{各項建築安裝工程定額間接費用之和}$$

某項工程應負擔的間接費用＝該項工程間接費（或人工費）定額×間接費用分配率

【例7-5】M建築公司201×年12月施工間接費用總額12,000元，該施工單位承建的A工程、B工程定額間接費用分別是5,500元和4,500元。

根據上述資料編製間接費用分配表，如表7-6所示：

表7-6　　　　　　　　　　　　間接費用分配表

　　　　　　　　　　　　　　　201×年12月　　　　　　　　　　　　　　單位：元

應借科目＼項目	定額費用	分配率	間接費用
工程施工——A工程	5,500		6,600
工程施工——B工程	4,500		5,400
合計	10,000	1.2	12,000

根據間接費用分配表編製如下會計分錄：

借：工程施工——A工程　　　　　　　　　　　6,600
　　　工程施工——B工程　　　　　　　　　　　5,400
　　貸：工程施工——間接費用　　　　　　　　　　　12,000

由於施工企業的生產受季節氣候影響，各月完成工作量不均衡，因此間接費用也可以採用計劃分配率進行分配，實際發生的間接費用與按計劃分配率分配的間接費用的差額在年末進行調整。計算公式如下：

$$間接費用分配率＝\frac{全年間接費用預算數}{全年計劃工作量（或預算成本）}$$

某項工程某月應負擔間接費用＝該工程該月計劃工作量(或預算成本)×間接費用計劃分配率

(六) 施工費用在已完工程和未完施工之間的歸集和分配

通過以上各項費用的歸集和分配，各成本計算對象應負擔的費用都已計入工程施工明細帳（即工程成本明細帳）的相應成本項目，這些費用連同期初未完工成本應於月末（按月結算工程價款時）或某期末（按期分段結算工程價款時）在已完工程和未完施工成本之間分配。如前所述，已完工程是指尚未全部完工，但已完成預算定額規定的一定組成部分的工程（一般為分部或分項工程）；未完施工是指已投料施工，但尚未達到預期定額規定的一定組成部分的工程。

已完工程成本＝期初未完施工成本＋本期施工費用－期末未完施工成本

要計算已完工程成本，首先要確定期末未完施工成本。計算未完工程成本通常有以下兩種方法：

第一，未完施工成本按預算成本計價。如果未完施工比重不大，可按預算成本計算未完施工成本，具體步驟是先通過實地盤點確定未完施工實物量，填列「未完工程盤點單」，然后根據未完工程的施工進度折合已完工程量。其計算公式如下：

未完工程預算成本＝未完施工約當產量×預算單價

第二，未完施工成本按預算成本比例計算計價，即按已完工程預算成本和未完施工預算成本比例計算未完施工成本。其計算公式如下：

$$未完施工成本 = 未完施工預算成本 \times \frac{期初未完施工成本 + 本期施工費用}{已完工程預算成本 + 未完施工預算成本}$$

【例7-6】M建築公司A、B兩項工程已發生的成本如表7-7、表7-8所示，本月末A工程已全部竣工；B工程尚有兩項未完工程，經實地察看，確定該兩項未完工程的預算成本分別為350,000元、80,000元。材料費404,800元、人工費20,000元，機械使用費3,000元，其他直接費用1,500元，間接費用1,700元。

表7-7　　　　　　　　　　工程施工明細卡

工程名稱：A工程　　　　　201×年12月　　　　　開工日期：201×年6月6日

竣工日期：201×年12月28日

單位：元

摘要	材料費	人工費	機械使用費	其他直接費	施工間接費	合計
月初未完工程	240,000	32,400	3,960	6,180	3,400	285,940
本月施工費用 1. 材料費 2. 人工費 3. 機械使用費 4. 其他直接費 5. 間接費用 小計	710,400 710,400	 48,600 48,600	 5,040 5,040	 8,380 8,380	 6,600 6,600	710,400 48,600 5,040 8,380 6,600 779,020
累計工程成本	950,400	81,000	9,000	14,560	10,000	1,064,960
已完工程成本	950,400	81,000	9,000	14,560	10,000	1,064,960

表7-8　　　　　　　　　　施工成本明細帳

（工程成本明細卡）　　　　開工日期：201×年9月8日

工程名稱：B工程　　　　　　　　　　　　　　　　　201×年12月

單位：元

摘要	材料費	人工費	機械使用費	其他直接費	施工間接費	合計
月初未完工程	260,000	92,000	53,000	19,000	14,800	438,800
本月施工費用 1. 材料費 2. 人工費 3. 機械使用費 4. 其他直接費 5. 間接費用 小計	627,300 627,300	 32,400 32,400	 4,360 4,360	 5,920 5,920	 5,400 5,400	675,380
累計工程成本	887,300	124,400	57,360	24,920	20,200	1,114,180
未完施工成本	404,800	20,000	3,000	1,500	1,700	431,000

表7-8(續)

摘要	材料費	人工費	機械使用費	其他直接費	施工間接費	合計
已完工程成本	482,500	104,400	54,360	23,420	18,500	683,180

根據上述計算結果，結轉已完工程成本，編製如下會計分錄：

借：工程結算成本　　　　　　　　　　　　　　　　1,748,140
　　貸：工程施工——A工程　　　　　　　　　　　　1,064,960
　　　　工程施工——B工程　　　　　　　　　　　　　683,180

(七) 竣工工程成本決算

已經完成工程設計文件所規定的全部內容的單位工程稱為竣工工程。為了反應工程預算的執行情況，分析工程成本升降原因，並為同類型工程累積成本資料，當工程竣工后，應及時辦理竣工工程成本決算，即要確定竣工工程實際成本比預算成本的降低額和降低率，編製竣工工程成本決算表。竣工工程成本決算表的格式如表7-9所示：

表7-9　　　　　　　　　　竣工工程成本決算表

工程名稱：A工程

201×年12月　　　　　　　　　　　　　　　單位：元

項目	預算成本	實際成本	降低額	降低率（%）
人工費	450,000	425,000	-25,000	-5.56
材料費	1,220,000	1,250,000	+30,000	+2.46
機械使用費	260,000	257,400	-2,600	-1
其他直接費	170,000	153,000	-17,000	-10
直接成本小計	2,100,000	2,085,400	-14,600	-0.7
間接費用	200,000	180,000	-20,000	-10
工程成本合計	2,300,000	2,265,400	-34,600	-1.504

補充資料：　　　　　　　製表：　　　　　　　日期：

第三節　房地產開發成本核算

房地產開發成本規範化核算是房地產企業管理的重要工作，涉及各個部門，成本核算工作質量的高低，反應一個企業的整體素質。由於房地產投資項目具有資金投入大、建設週期長、成本核算環節多、投資風險高等特點，這就更需要開發企業精打細算，規避風險，力求以最少的成本耗費獲取最大的經濟利益。因此，為了加強開發產品成本的管理，降低開發過程耗費的活勞動和物化勞動，提高企業經濟效益，必須準確核算開發產品的成本，在各個開發環節控制各項費用支出。

一、房地產產品開發過程及其成本耗費

(一) 房地產開發企業及其主要經營業務

房地產開發企業是指按照相關法規的規定，以營利為目的，從事房地產開發和經營的企業。房地產開發企業經營活動的主要業務房地產是房產與地產的總稱。房地產開發企業可將土地和房屋合在一起開發，也可將土地和房屋分開開發。房地產開發企業的主要經濟業務如下：

第一，土地的開發與經營。企業將有償獲得的土地開發完成後，既可有償轉讓給其他單位使用，也可自行組織建造房屋和其他設施，然后作為商品作價出售，還可以開展土地出租業務。

第二，房屋的開發與經營。房屋的開發指房屋的建造，房屋的經營指房屋的銷售與出租。企業可以在開發完成的土地上繼續開發房屋，開發完成後，可作為商品作價出售或出租。企業開發的房屋，按用途可分為商品房、出租房、週轉房、安置房和代建房等。

第三，城市基礎設施和公共配套設施的開發。

第四，代建工程的開發。這是指企業接受政府和其他單位委託，代為開發的工程。

(二) 房地產企業開發產品的過程

房地產開發是指在依法取得國有土地使用權的土地上進行基礎設施、房屋建設，並進行出售的行為。房地產項目開發程序是指進行房地產開發過程中應遵循的法律、法規及辦事程序。房地產開發的程序通常分為四個階段，即投資決策分析階段、前期工程階段、建設階段和租售階段。成本核算工作的主要任務是正確而規範地核算房地產開發過程中發生的成本費用，為決策提供可靠的依據。值得注意的是房地產開發企業的基礎設施和建築安裝等工程的施工，可以採用自營方式，也可以採用發包方式，其成本核算的方式有所不同。

(三) 房地產開發產品的成本耗費

房地產企業開發產品過程的四個階段，將耗費一定物化勞動和活勞動，從耗費性質和投入時間先後的角度來看，主要包括如下內容：

1. 土地徵用及拆遷補償費

土地徵用及拆遷補償費是指因開發房地產而徵用土地所發生的各項費用，包括徵地費、安置費以及原有建築物的拆遷補償費，或採用批租方式取得土地的批租地價。

土地徵用及拆遷補償費主要包括以下內容：

(1) 政府地價及市政配套費，包括支付的土地出讓金、土地開發費，向政府部門繳納的大市政配套費、契稅、土地使用費、耕地占用稅，土地變更用途和超面積補繳的地價。

(2) 合作款項，包括補償合作方地價、合作項目建房轉入分給合作方的房屋成本和相應稅金等。

(3) 紅線外市政設施費，包括紅線外道路、水、電、氣、通信等建造費以及管線鋪設費、接口補償費。

(4) 拆遷補償費，包括有關地上、地下建築物或附著物的拆遷補償淨支出、安置及動遷支出、農作物補償費、危房補償費等。

2. 前期工程費

前期工程費是指在取得土地開發權之後、項目開發前期的水文地質勘察、測繪、規劃、設計、可行性研究、籌建、「三通一平」等前期費用。

前期工程費主要包括以下內容：

(1) 勘察設計費。①勘測丈量費，包括初勘、詳勘等，主要有水文、地質、文物和地基勘察費以及沉降觀測費、日照測試費、撥地釘樁驗線費、復線費、定線費、放線費、建築面積丈量費等。②規劃設計費，包括方案招標費、規劃設計模型製作費、方案評審費、效果圖設計費、總體規劃設計費、施工圖設計費、修改設計費等。③建築研究用房費，包括材料及施工費。

(2) 報建費，包括安檢費、質檢費、標底編製費、交易中心手續費、人防報建費、消防配套設施費、散裝水泥集資費、白蟻防治費、牆改基金、建築面積丈量費、路口開設費等、規劃管理費、新材料基金（或牆改專項基金）、教師住宅基金（或中小學教師住宅補貼費）、拆遷管理費、招投標管理費等。

(3) 「三通一平」費。①臨時道路，包括接通紅線外施工用臨時道路的設計、建造費用。②臨時用電，包括接通紅線外施工用臨時用電規劃設計費、臨時管線鋪設、改造、遷移、臨時變壓器安裝及拆除費用。③臨時用水，包括接通紅線外施工用臨時給排水設施的設計、建造、管線鋪設、改造、遷移等費用。④場地平整，包括場地清運費、舊房拆除等費用。

(4) 臨時設施費。①臨時圍牆，包括圍牆、圍欄設計、建造、裝飾費用。②臨時辦公室，包括租金、建造及裝飾費用。③臨時場地占用費，包括施工用臨時占道費、臨時借用空地租費。④臨時圍板，包括設計、建造、裝飾費用。

3. 建築安裝工程費

建築安裝工程費是指項目開發過程中發生的主體內列入土建預算內的各項費用，按建築安裝工程施工圖施工所發生的各項建築安裝工程費和設備費。建築安裝工程費主要包括以下內容：

(1) 基礎造價，包括土石方、樁基、護壁（坡）工程費等。

(2) 結構及粗裝修造價，包括結構及粗裝修（含地下室部分），如系高層建築，有裙樓架空層及轉換層，原則上架空層結構列入裙樓，轉換層結構並入塔樓。

(3) 門窗工程，包括室外門窗、戶門、防火門的費用。

(4) 公共部位精裝修費，包括大堂、樓梯間、屋面、外立面及雨篷的精裝修費用。

(5) 戶內精裝修費，包括廚房、衛生間、廳房、陽臺、露臺的精裝修費用。

(6) 室內水暖氣電管線設備費，包括室內給排水系統費、室內採暖系統費、室內燃氣系統費以及室內電氣系統費等。

(7) 室內設備及其安裝費，包括空調及安裝費、電梯及其安裝費、發電機及其安裝費、高低壓配電及安裝費、消防通風及安裝費、背景音樂及安裝費等。

(8) 室內智能化系統費，包括保安監控及停車管理系統費用、電信網路費用、衛

星電視費用、家居智能化系統費用等。

4. 基礎設施費

基礎設施費是指項目開發過程中發生的建設安裝工程施工預算圖以外的費用，包括供水、供電、道路、供熱、燃氣、排洪、電視、通信、綠化、環衛設施、場地平整及道路等基礎設施費用。

5. 配套設施費

配套設施費是指房屋開發過程中，根據有關法規，產權及其收益權不屬於開發商，開發商不能有償轉讓也不能轉作自留固定資產的公共配套設施支出。配套設施費主要包括以下內容：

（1）在開發小區內發生的不會產生經營收入的不可經營性公共配套設施支出，如居委會、派出所、崗亭、兒童樂園、自行車棚等設施的支出。

（2）在開發小區內發生的根據法規或經營慣例，其經營收入歸於經營者或業主委員會的可經營性公共配套設施的支出，如建造幼托、郵局、圖書館、閱覽室、健身房、游泳池、球場等設施的支出。

（3）開發小區內城市規劃中規定的大配套設施項目不能有償轉讓和取得經營收益權時，發生的沒有投資來源的費用。

（4）對於產權、收入歸屬情況較為複雜的地下室、車位等設施，應根據當地政府法規、開發商的銷售承諾等具體情況確定是否攤入開發成本項目。如開發商通過補交地價或人防工程費等措施，得到政府部門認可，取得了該配套設施的產權，則應作為經營性項目獨立核算。

6. 開發間接費

開發間接費核算與項目開發直接相關，但不能明確屬於特定開發環節的成本費用性支出，以及與項目推廣銷售有關，但發生在樓盤開盤前的費用支出。開發間接費主要包括以下內容：

（1）工程管理費，包括工程監理費、預結算編審費、行政管理費、直接從事項目開發的部門的人員的工資、獎金、補貼等人工費以及直接從事項目開發的部門的行政費。

（2）行銷推廣費，包括項目開盤前發生的廣告、策劃、樣板間、賣場建設、售樓書、模型等所有行銷推廣費用。

（3）資本化利息，包括直接用於項目開發所借入資金的利息支出、匯兌損失，減去利息收入和匯兌收益的淨額。

7. 期間費用

期間費用包括管理費用、銷售費用、財務費用三類，均不屬於房地產的開發成本範疇，三類期間費用與「開發間接費」均有聯繫和區別。

上述房地產企業的產品開發成本耗費按其經濟用途，可分為如下四類：

第一，土地開發成本是指房地產開發企業開發土地（即建設場地）所發生的各項費用支出。

第二，房屋開發成本是指房地產開發企業開發各種房屋（包括商品房、出租房、

週轉房、代建房等）所發生的各項費用支出。

第三，配套設施開發成本是指房地產開發企業開發能有償轉讓的大配套設施及不能有償轉讓、不能直接計入開發產品成本的公共配套設施所發生的各項費用支出。

第四，代建工程開發成本是指房地產開發企業接受委託單位的委託，代為開發除土地、房屋以外其他工程，如市政工程等所發生的各項費用支出。

二、房地產開發產品成本核算要點

(一) 成本核算對象與成本核算項目的確定

1. 成本核算對象的確定

成本核算對象的確定應滿足成本計算的需要，便於成本費用的歸集，有利於成本的及時結算，適應成本監控的要求，同時結合項目開發地點、規模、週期、方式、功能設計、結構類型、裝修檔次、層高、施工隊伍等因素和管理需要等當地實際情況，來具體確定成本核算對象。成本核算對象的確定的基本規則如下：

(1) 單體開發項目，一般以每一獨立編製設計概算或施工圖預算所列的單項開發工程為成本核算對象。

(2) 在同一開發地點、結構類型相同、開工與竣工時間相近、由同一施工單位施工或總包的群體開發項目，可以合併為一個成本核算對象。

(3) 對於開發規模較大、工期較長的開發項目，可以結合項目特點和成本管理的需要，按開發項目的一定區域或部位或週期劃分成本核算對象。成片分期（區）開發的項目，可以以各期（區）為成本核算對象。同一項目有公寓、寫字樓等不同功能的，在按期（區）劃分成本核算對象的基礎上，還應按功能劃分成本核算對象。同一小區、同一期有高層、多層、復式等不同結構的，還應按結構劃分成本核算對象。

(4) 根據核算和管理需要，對獨立的設計概算或施工圖預算的配套設施，不論其支出是否攤入房屋等庫存商品成本，均應單獨作為成本核算對象。對於只為一個房屋等開發項目服務的、應攤入房屋等開發項目成本且造價較低的配套設施，可以不單獨作為成本核算對象，發生的開發費用直接計入房屋等開發項目的成本。

2. 房地產業的成本核算項目的確定

房地產開發企業發生的各項成本費用，可按不同的標準分類。按成本費用在開發產品形成過程中的作用和地位分類，稱為成本項目。房地產開發產品主要包括以下成本項目：

(1) 土地徵用及拆遷補償費或批租地價是指因開發房地產而徵用土地所發生的各項費用，包括徵地費、安置費以及原有建築物的拆遷補償費，或採用批租方式取得土地的批租地價。

(2) 前期工程費是指土地、房屋開發前發生的規劃、設計、可行性研究以及水文地質勘察、測繪、場地平整等費用。

(3) 基礎設施費是指土地、房屋開發過程中發生的供水、供電、供氣、排污、排洪、通信、照明、綠化、環衛設施以及道路等基礎設施費用。

（4）建築安裝工程費是指土地房屋開發項目在開發過程中按建築安裝工程施工圖施工所發生的各項建築安裝工程費和設備費。

（5）配套設施費是指在開發小區內發生，可計入土地、房屋開發成本的不能有償轉讓的公共配套設施費用，如鍋爐房、水塔、居委會、派出所、幼兒園、消防、自行車棚、公廁等設施支出。

（6）開發間接費是指房地產開發企業內部獨立核算單位及開發現場為開發房地產而發生的各項間接費用，包括現場管理機構人員工資、福利費、折舊費、修理費、辦公費、水電費、勞動保護費、週轉房攤銷等。

(二) 會計帳戶的設置與運用

為規範核算開發企業的開發成本，企業可根據其本身經營開發的業務要求，主要設置下列帳戶：

1.「開發成本」帳戶

「開發成本」帳戶核算房地產開發企業在土地、房屋、配套設施和代建工程的開發過程中所發生的各項費用。本帳戶借方登記企業在土地、房屋、配套設施和代建工程的開發過程中所發生的各項費用，貸方登記開發完成已竣工驗收轉出開發產品的實際成本，借方餘額反應未完開發項目的實際成本。本帳戶應按開發成本的種類，如「土地開發」「房屋開發」「配套設施開發」和「代建工程開發」等設置二級明細帳戶，並在二級明細帳戶下，按成本核算對象進行明細核算（見表 7-10）

表 7-10

	二級科目	三級科目	成本項目
開發成本	房屋開發	1. 商品房　2. 經營房 3. 週轉房　4. 代建房	1. 土地徵用及拆遷補償費 2. 前期工程費 3. 基礎設施費 4. 建築安裝工程費 5. 公共配套設施費 6. 開發間接費用
	土地開發		
	配套設施開發		
	代建工程開發		

2.「開發間接費」帳戶

「開發間接費」帳戶核算房地產開發企業內部獨立核算單位為開發產品而發生的各項間接費用，包括工資、福利費、折舊費、修理費、辦公費、水電費、勞動保護費、週轉房攤銷等。本帳戶借方登記企業內部獨立核算單位為開發產品而發生的各項間接費用，貸方登記分配計入開發成本各成本核算對象的開發間接費，月末本帳戶無餘額。本帳戶應按企業內部不同的單位、部門（分公司）設置明細帳戶。

3.「開發產品」帳戶

「開發產品」帳戶核算已開發完成並驗收合格開發產品的實際成本。各單位在進行「開發產品」核算的同時，應收集、整理具體到每戶的可售面積構成、銷售及其回款情況的詳細資料。本帳戶明細設置如表 7-11 所示：

表 7-11

	二級科目	三級科目
開發產品	房屋開發	1. 商品房　2. 經營房　3. 週轉房　4. 代建房
	土地開發	土地
	配套設施	
	代建工程開發	

(三) 房地產開發產品成本費用的歸集與分配

房地產企業開發經營過程中，發生許多費用，比如可行性研究費、前期工程費、建築安裝費、廣告費、銷售費、信貸資金利息費以及企業為組織和管理生產經營而發生的管理費用等。其中，有些可以計入開發產品成本中，有些則不能計入開發產品成本。可以直接計入開發產品成本中的費用稱為開發直接費用；經分配后才能計入開發產品成本中的費用稱為開發間接費用；不能計入開發產品成本中的費用稱為期間費用。在項目開發中發生的各項直接開發費用，直接計入各成本核算對象，即借記「開發成本」總分類帳戶和明細分類帳戶，貸記有關帳戶。為項目開發服務所發生的各項開發間接費用，可先歸集在「開發間接費」帳戶，即借記「開發間接費」總分類帳戶和明細分類帳戶，貸記有關帳戶。然后將「開發間接費」帳戶歸集的開發間接費，按一定的方法分配計入各開發成本核算對象，即借記「開發成本」總分類帳戶和明細帳戶，貸記「開發間接費」帳戶。通過上述程序，將應計入各成本核算對象的開發成本，歸集在「開發成本」總分類帳戶和明細分類帳戶之中。

1. 土地徵用及拆遷補償費

一般能分清成本核算對象的，可直接將土地成本計入特定的成本核算對象中。如果分不清成本核算對象，可以先在「土地徵用及拆遷補償費」的「待分攤成本」的核算項目進行歸集，然后再在有關成本核算對象間分配；也可以不進行歸集而直接通過設定分配方法計入有關成本核算對象。有關分配方法如下：

(1) 按占地面積計徵地價、進行補償、繳納市政配套費。

方法一：首先，按小區的占地面積將土地成本分配到各小區；其次，將分配到各小區內的土地成本，按小區內房屋等成本核算對象和道路、廣場等公用場所的占地面積進行直接分配；再次，將分配到小區內道路、廣場等公用場所占地面積的土地成本，按房屋等成本核算對象的占地面積進行間接分配，計入房屋等成本核算對象的生產成本；最后，房屋等成本核算對象的直接分配數加間接分配數，即為該房屋等成本核算對象應負擔的土地成本。

方法二：將公用占地面積先分攤到房屋等成本核算對象的占地面積上，房屋等成本核算對象自身的占地面積加分攤的公用占地面積，再乘以單位面積的土地成本來分配。

(2) 按建築面積計徵（或補償）時，按成本核算對象的建築面積來分攤。

2. 前期工程費、建築安裝工程費、基礎設施費、配套設施費

能夠分清成本核算對象的，可直接計入成本核算對象的相應成本項目；應由兩個或兩個以上的成本核算對象負擔的費用，可按一定標準分配計入各成本核算對象。

3. 開發間接費

（1）先通過「開發間接費」科目分項目歸集開發間接費的實際發生數，在每月月末，根據其實際發生數按一定標準分配計入各開發項目的各成本核算對象。

（2）不能有償轉讓的配套設施、留作自用的固定資產，均不分配開發間接費。

4. 關於借款費用資本化

（1）借款費用資本化的期限。自開發投入日起至完工交付日止的借款費用可資本化，其間開發商主動實施的停工期間不包括在內。

（2）可資本化的借款費用包括與開發項目直接相關的借款利息支出、匯兌損失等借款費用，但不包括借款手續費及佣金。

（3）可確定借款用途並專款專用於某特定開發項目的，可將借款費用直接計入受益的開發項目；不能分清具體用途的借款費用，可採用各項目累計投資額、各項目缺口資金等標準在受益的各開發項目間分攤。

綜上所述，構成房地產開發企業產品的開發成本，相當於工業產品的製造成本和建築安裝工程的施工成本，而期間費用計入當期損益，不再計入開發產品成本。因此，房地產開發企業開發產品只計算開發成本，不計算完全成本。

（四）房地產開發產品成本核算一般程序

開發產品成本核算程序是指房地產開發企業核算開發產品成本時應遵循的步驟和順序。房地產開發產品成本核算的一般步驟如下：

第一步：根據成本核算對象的確定原則和項目特點，確定成本核算對象。

第二步：設置有關成本核算會計科目，核算和歸集開發成本費用。

第三步：按受益原則和配比原則，確定應分攤成本費用在各成本核算對象之間的分配方法、標準。

第四步：將歸集的開發成本費用按確定的方法、標準在各成本核算對象之間進行分配。

第五步：編製項目開發成本計算表，計算各成本核算對象的開發總成本。

第六步：正確劃分已完工和在建開發產品之間的開發成本，分別結轉完工開發產品成本。

三、房地產開發產品成本核算實務

（一）土地開發產品成本的核算

土地開發也稱建設場地開發，通常有兩種情況，一是企業為了自行開發商品房、出租房等建築物而開發的自用建設場地；二是企業為了銷售、有償轉讓而開發的商品性建設場地。自用的建設場地屬企業的中間產品，其費用支出應計入有關商品房或出租房的產品成本，而商品性建設場地是企業的最終產品，應單獨核算其土地開發成本。

1. 土地開發成本核算對象的確定

為了既有利於土地開發支出的歸集，又有利於土地開發成本的結轉，對需要單獨核算土地開發成本的開發項目，可按下列原則確定土地開發成本的核算對象：第一，對開發面積不大、開發工期較短的土地，可以每一塊獨立的開發項目為成本核算對象；第二，對開發面積較大、開發工期較長、分區域開發的土地，可以一定區域作為土地開發成本核算對象。成本核算對象應在開工之前確定，一經確定就不能隨意改變，更不能相互混淆。

2. 土地開發成本項目的設置

企業開發的土地，因其設計要求不同，開發的層次、程度和內容都不相同。因此，企業要根據所開發土地的具體情況和會計制度規定的成本項目，設置土地開發項目的成本項目。根據土地開發支出的一般情況，企業對土地開發成本的核算，可設置如下幾個成本項目：第一，土地徵用及拆遷補償費或土地批租費；第二，前期工程費；第三，基礎設施費；第四，開發間接費。土地開發項目如要負擔不能有償轉讓的配套設施費，還應設置「配套設施費」成本項目，用以核算應計入土地開發成本的配套設施費。

3. 土地開發費用的歸集與分配

企業在土地開發過程中所發生的各項費用支出，除能直接計入房屋開發成本的自用土地開發支出在「開發成本——房屋開發」帳戶核算外，其他土地開發支出均應通過「開發成本——土地開發」帳戶核算。企業應分別按照「自用土地開發」「商品性土地開發」等設置二級明細帳戶，按企業選擇的成本核算對象設置帳頁，進行土地開發費用的明細核算。

（1）土地徵用及拆遷補償費、前期工程費、基礎設施費和建築安裝費的歸集與分配。這些費用一般能分清受益對象，可直接計入成本核算對象，借記「開發成本——土地開發」帳戶及有關明細帳戶，貸記「銀行存款」「應付帳款」等帳戶。

（2）配套設施費的歸集與分配。配套設施的建設可能與土地開發同步進行，也可能不同步進行，因此其費用歸集的方法有以下兩種情況：第一，與土地開發同步進行的配套設施開發費用，能夠分清受益對象的，應直接計入有關成本核算對象，借記「開發成本——土地開發」帳戶，貸記「銀行存款」等帳戶；分不清受益對象時，應先通過「開發成本——配套設施開發」帳戶歸集，待配套工程竣工時，再按一定方法，在有關受益對象中進行分配。第二，與土地開發不同步進行的配套設施開發費用，一般可先通過「開發成本——配套設施開發」帳戶歸集，待配套設施竣工時，再轉入「開發成本——土地開發」帳戶中。如果土地開發已完成等待出售或出租，而配套設施尚未完工，為及時結算完工土地的開發成本，經批准對這類配套設施的費用可先按其計劃成本（或預算成本）在土地開發成本中預提。預提時，借記「開發成本——土地開發」帳戶，貸記「預提費用——預提配套設施費」帳戶。實際發生的配套設施開發費用通過「開發成本——配套設施開發」帳戶核算，待配套設施完工后，對預提的配套設施費與實際發生的配套設施費差額，應調整有關土地開發成本。

（3）開發間接費用的歸集與分配。企業內部獨立核算單位為組織和管理開發項目

而發生的費用先通過「開發間接費用」帳戶核算，月份終了，再按一定的分配標準分配計入有關開發成本核算對象。應由土地開發成本負擔的，由「開發間接費用」帳戶轉入「開發成本——土地開發」帳戶內。如果直接組織和管理開發項目的部門是企業內部非獨立核算的部門，其費用直接計入有關土地開發成本的開發間接費用項目內。

4. 完工土地開發成本的結轉

已完土地開發項目應根據其用途，採用不同的成本結轉方法。第一，為銷售或有償轉讓而開發的商品性建設場地。開發完成後，應將其實際成本轉入「開發產品——土地」帳戶。第二，開發完成後直接用於本企業商品房等建設的建設場地，應於開發完成投入使用時，將其實際成本結轉計入有關的房屋開發成本中。結轉計入房屋開發成本的土地開發支出，可採用分項平行結轉法或歸類集中結轉法。分項平行結轉法是指將土地開發支出的各項費用按成本項目分別平行轉入有關房屋開發成本的對應成本項目。歸類集中結轉法是指將土地開發支出歸類合併為「土地徵用及拆遷補償費或批租地價」和「基礎設施費」兩個費用項目，然后轉入有關房屋開發成本的「土地徵用及拆遷補償費或批租地價」和「基礎設施費」成本項目。凡與土地徵用及拆遷補償費或批租地價有關的費用，均轉入有關房屋開發成本的「土地徵用及拆遷補償費或批租地價」項目；對其他土地開發支出，包括前期工程費、基礎設施費等，則合併轉入有關房屋開發成本的「基礎設施費」項目。經結轉的自用土地開發支出，應將其自「開發成本——自用土地開發成本」帳戶的貸方轉入「開發成本——房屋開發成本」帳戶的借方。

5. 土地開發成本的核算方法舉例

【例7-7】甲房地產開發公司於201×年5月在工地開發一塊土地，占地面積40,000平方米。開發完成後，甲公司準備將其中的30,000平方米對外轉讓，其餘的10,000平方米甲公司自行開發商品房。假設乙土地開發過程中只發生了如下經濟業務，請進行帳務處理。

(1) 支付土地出讓金25,000,000元，編製會計分錄如下：
借：開發成本——土地——乙（土地徵用及拆遷費）　　25,000,000
　　貸：銀行存款　　　　　　　　　　　　　　　　　25,000,000

(2) 支付拆遷補償費5,500,000元，編製會計分錄如下：
借：開發成本——土地——乙（土地徵用及拆遷費）　　5,500,000
　　貸：銀行存款　　　　　　　　　　　　　　　　　5,500,000

(3) 支付勘察設計費210,000元，編製會計分錄如下：
借：開發成本——土地——乙（前期工程費）　　　　　210,000
　　貸：銀行存款　　　　　　　　　　　　　　　　　210,000

(4) 支付土石方費用5,500,000元，編製會計分錄如下：
借：開發成本——土地——乙（前期工程費）　　　　　5,500,000
　　貸：銀行存款　　　　　　　　　　　　　　　　　5,500,000

(5) 由A施工企業承包的地下管道安裝工程已竣工，應支付價款1,500,000元，編製會計分錄如下：

借：開發成本——土地——乙（基礎設施費） 1,500,000
　　貸：應付帳款——A 施工企業 1,500,000

（6）9 月末，乙土地開發工程完工。假設「開發成本——土地開發——乙」帳戶歸集的開發總成本為 37,710,000 元，則單位土地開發成本為 942.75 元/平方米，其中自用的 10,000 平方米土地尚未投入使用，其餘 30,000 平方米已全部轉讓，月終結轉乙土地的開發成本。編製會計分錄如下：

借：開發產品——土地——乙 9,427,500
　　主營業務成本 28,282,500
　　貸：開發成本——土地——乙 37,710,000

【例 7-8】續【例 7-7】，若自用的 10,000 平方米土地在開發完成后立即投入房屋開發工程的建設中，則甲公司可採用下面兩種方法結轉土地開發成本：

（1）採用歸類集中結轉法結轉土地成本時。

借：開發成本——房屋——乙（土地徵用及拆遷費） 7,625,000
　　　　　　　　　　——乙（基礎設施費） 1,802,500
　　貸：開發成本——土地——乙（土地徵用及拆遷費） 7,625,000
　　　　　　　　　　——乙（前期工程費） 1,427,500
　　　　　　　　　　——乙（基礎設施費） 375,000

②採用分項平行結轉法結轉土地成本時：

借：開發成本——房屋——乙（土地徵用及拆遷費） 7,625,000
　　　　　　　　　　——乙（前期工程費） 1,427,500
　　　　　　　　　　——乙（基礎設施費） 375,000
　　貸：開發成本——土地——乙（土地徵用及拆遷費） 7,625,000
　　　　　　　　　　——乙（前期工程費） 1,427,500
　　　　　　　　　　——乙（基礎設施費） 375,000

（二）房屋開發產品成本的核算

房屋開發是房地產開發企業的主要經濟業務，開發的房屋，按其用途不同可分為如下幾類：一是為銷售而開發的商品房；二是為出租經營而開發的出租房；三是為安置被拆遷居民週轉使用而開發的週轉房；四是代為開發的如職工住宅等代建房。這些房屋所發生的開發費用的性質和用途都大體相同，在成本核算上可採用相同的方法。通常情況下，在會計上除設置「開發成本——房屋開發成本」帳戶外，還按開發房屋的性質和用途，分別設置商品房、出租房、週轉房、代建房等三級帳戶，並按各成本核算對象和成本項目進行明細分類核算。企業在房屋開發過程中發生的各項支出，先按房屋成本核算對象和成本項目進行歸集，后將歸集到的各種成本費用在不同的成本對象之間分配，最終計算出房屋的開發成本。

1. 房屋開發成本核算對象

房屋的成本核算對象，應結合開發地點、用途、結構、裝修、層高、施工隊伍等因素加以確定。

(1) 一般房屋開發項目，以每一獨立編製設計概（預）算，或每一獨立的施工團隊預算所列的單項開發工程為成本核算對象。

　　(2) 同一開發地點、結構類型相同的群體開發項目，開竣工時間相近，同一施工隊伍施工的，可以合併為一個成本核算對象，於開發完成算得實際開發成本後，再按各個單項工程概（預）算數的比例，計算各幢房屋的開發成本。

　　(3) 對於個別規模較大、工期較長的房屋開發項目，可以結合經濟責任制的需要，按房屋開發項目的部位劃分成本核算對象。

　2. 房屋開發成本核算項目

　　房屋開發企業對房屋開發成本的核算，通常應設置如下幾個成本項目：

　　(1) 土地徵用及拆遷補償費或批租地價；
　　(2) 前期工程費；
　　(3) 基礎設施費；
　　(4) 建築安裝工程費；
　　(5) 配套設施費；
　　(6) 開發間接費。

　3. 房屋開發成本費用的歸集與分配

　　(1) 土地徵用及拆遷補償費或批租地價。房屋開發過程中發生的土地徵用及拆遷補償費或批租地價，應根據不同情況，採用不同的歸集與分配方法。

　　能分清成本核算對象的，應直接計入有關房屋開發成本核算對象的「土地徵用及拆遷補償費」成本項目，並計入「開發成本——房屋開發成本」帳戶的借方和「銀行存款」等帳戶的貸方。

　　房屋開發過程中發生的自用土地徵用及拆遷補償費，如分不清成本核算對象的，應先將其支出先通過「開發成本——自用土地開發成本」帳戶進行匯集，待土地開發完成投入使用時，再按一定標準將其分配計入有關房屋開發成本核算對象，並計入「開發成本——房屋開發成本」帳戶的借方和「開發成本——自用土地開發成本」帳戶的貸方。房屋開發佔用的土地，如屬企業綜合開發的商品性土地的一部分，則應將其發生的土地徵用及拆遷補償費，先在「開發成本——商品性土地開發成本」帳戶進行匯集，待土地開發完成投入使用時，再按一定標準將其分配計入有關房屋開發成本核算對象，並計入「開發成本——房屋開發成本」帳戶的借方和「開發成本——商品性土地開發成本」帳戶的貸方。如開發完成商品性土地已經轉入「開發產品」帳戶，則在用以建造房屋時，應將其應負擔的土地徵用及拆遷補償費計入有關房屋開發成本核算對象，並計入「開發成本——房屋開發成本」帳戶的借方和「開發產品」帳戶的貸方。

　　(2) 前期工程費。房屋開發過程中發生的各項前期工程支出，能分清成本核算對象的，應直接計入有關房屋開發成本核算對象的「前期工程費」成本項目，並計入「開發成本——房屋開發成本」帳戶的借方和「銀行存款」等帳戶的貸方。應由兩個或兩個以上成本核算對象負擔的前期工程費，應按一定標準將其分配計入有關房屋開發成本核算對象的「前期工程費」成本項目，並計入「開發成本——房屋開發成本」

帳戶的借方和「銀行存款」等帳戶的貸方。

（3）基礎設施費。房屋開發過程中發生的供水、供電、供氣、排污、排洪、通信、綠化、環衛設施以及道路等基礎設施支出，一般應直接或分配計入有關房屋開發成本核算對象的「基礎設施費」成本項目，並計入「開發成本——房屋開發成本」帳戶的借方和「銀行存款」等帳戶的貸方。如開發完成商品性土地已轉入「開發產品」帳戶，則在用以建造房屋時，應將其應負擔的基礎設施費（按歸類集中結轉的還應包括應負擔的前期工程費和開發間接費）計入有關房屋開發成本核算對象，並計入「開發成本——房屋開發成本」帳戶的借方和「開發產品」帳戶的貸方。

（4）建築安裝工程費。房屋開發過程中發生的建築安裝工程支出應根據工程的不同施工方式，採用不同的核算方法。採用發包方式進行建築安裝工程施工的房屋開發項目，其建築安裝工程支出，應根據企業承付的已完工程價款確定，直接計入有關房屋開發成本核算對象的「建築安裝工程費」成本項目，並計入「開發成本——房屋開發成本」帳戶的借方和「應付帳款——應付工程款」等帳戶的貸方。如果開發企業對建築安裝工程採用招標方式發包，並將幾個工程一併招標發包，則在工程完工結算工程價款時，應按各項工程的預算造價的比例，計算其標價，即實際建築安裝工程費。

例如，某房屋開發企業將兩幢商品房建築安裝工程進行招標，標價為 2,160,000 元，這兩幢商品房的預算造價為 001 商品房 630,000 元，002 商品房 504,000 元，合計 1,134,000 元。在工程完工結算工程價款時，應按如下方法計算各幢商品房的實際建築安裝工程費：

某項工程實際建築安裝工程費＝工程標價×該項工程預算造價÷各項工程預算造價合計

001 商品房＝2,160,000×630,000÷1,134,000＝1,200,000（元）

002 商品房＝2,160,000×504,000÷1,134,000＝960,000（元）

採用自營方式進行建築安裝工程施工的房屋開發項目，其發生的各項建築安裝工程支出按如下方式處理：

工程量較小的直接工程開發成本，帳務處理為：

借：開發成本——房屋開發成本

　貸：原材料（應付帳款等）

工程量較大、建設規模較大的，應經過「工程施工」帳戶進行核算，帳務處理為：

借：工程施工

　貸：原材料（應付帳款等）

然后再按合適的方法進行分配，帳務處理為：

借：開發成本——房屋開發成本

　貸：工程施工

企業用於房屋開發的各項設備，即附屬於房屋工程主體的各項設備，應在出庫交付安裝時，計入有關房屋開發成本核算對象的「建築安裝工程費」成本項目，並計入「開發成本——房屋開發成本」帳戶的借方和「庫存設備」帳戶的貸方。

（5）配套設施費。房屋開發成本應負擔的配套設施費是指開發小區內不能有償轉

讓的公共配套設施支出。在其體核算時，應根據配套設施的建設情況，採用不同的費用歸集和核算方法。

①配套設施與房屋同步開發，發生的公共配套設施支出，能夠分清並可直接計入有關成本核算對象的，直接計入有關房屋開發成本核算對象的「配套設施費」項目，並計入「開發成本——房屋開發成本」帳戶的借方和「應付帳款——應付工程款」等帳戶的貸方。如果發生的配套設施支出，應由兩個或兩個以上成本核算對象負擔的，應先在「開發成本——配套設施開發成本」帳戶先行匯集，待配套設施完工時，再按一定標準（如有關項目的預算成本或計劃成本），分配計入有關房屋開發成本核算對象的「配套設施費」成本項目，並計入「開發成本——房屋開發成本」帳戶的借方和「開發成本——配套設施開發成本」帳戶的貸方。

②配套設施與房屋非同步開發，即先開發房屋，后建配套設施；或者房屋已開發等待出售或出租，而配套設施尚未全部完成，在結算完工房屋的開發成本時，對應負擔的配套設施費，可採取預提的辦法。根據配套設施的預算成本（或計劃成本）和採用的分配標準，計算完工房屋應負擔的配套設施支出，計入有關房屋開發成本核算對象的「配套設施費」成本項目，並計入「開發成本——房屋開發成本」帳戶的借方和「預提費用」帳戶的貸方。預提數與實際支出數的差額，在配套設施完工時調整有關房屋開發成本。

（6）開發間接費。

①對能分清開發項目和不能有償轉讓的配套設施的間接費用可直接計入房屋開發成本，帳務處理如下：

借：開發成本——房屋開發成本
　　貸：應付職工薪酬（累計折舊、銀行存款等）

②如有多個開發項目應先歸集費用再進行分攤，帳務處理如下：

借：開發間接費用
　　貸：應付職工薪酬（累計折舊、銀行存款等）

4. 房屋開發成本的結轉

房地產開發企業對已完成開發過程的商品房、代建房、出租房、週轉房，應將其開發成本結轉「開發產品」帳戶，根據房屋開發成本明細分類帳記錄的完工房屋實際成本，計入「開發產品」帳戶的借方和「開發成本——房屋開發成本」帳戶的貸方。

5. 房屋開發成本核算舉例

【例7-9】某房地產企業在某年度內，共發生下列有關房屋開發支出，見表7-12。

表7-12　　　　　　　　　房屋開發成本費用明細表　　　　　　　　　單位：元

摘要	01 商品房	02 商品房	03 出租房	04 週轉房
支付徵地拆遷費	100,000	80,000		
結轉自用土地徵地拆遷費			75,000	85,000

表7-12(續)

	01	02	03	04
應付承包設計單位前期工程費	30,000	30,000	30,000	30,000
應付承包施工企業基礎設施工程款	80,000	75,000	70,000	60,000
應付承包施工企業建築安裝工程款	600,000	480,000	450,000	450,000
分配配套設施費（水塔）	80,000	65,000	60,000	50,000
分配開發間接費用	82,000	67,000	63,000	68,000

在用銀行存款支付徵地拆遷費時，會計處理為：
 借：開發成本——房屋開發成本——01商品房 100,000
   開發成本——房屋開發成本——02商品房   80,000
 貸：銀行存款 180,000
結轉出租房、週轉房使用土地應負擔的自用土地開發成本時，會計處理為：
 借：開發成本——房屋開發成本——出租房 75,000
   開發成本——房屋開發成本——週轉房 85,000
 貸：開發成本——自用土地開發成本 160,000
將應付設計單位前期工程款入帳時，會計處理為：
 借：開發成本——房屋開發成本——01商品房 30,000
   開發成本——房屋開發成本——02商品房 30,000
   開發成本——房屋開發成本——出租房 30,000
   開發成本——房屋開發成本——週轉房 30,000
 貸：應付帳款——應付工程款 120,000
將應付施工企業基礎設施工程款入帳時，會計處理為：
 借：開發成本——房屋開發成本——01商品房 80,000
   開發成本——房屋開發成本——02商品房 75,000
   開發成本——房屋開發成本——出租房 70,000
   開發成本——房屋開發成本——週轉房 60,000
 貸：應付帳款——應付工程款 285,000
將應付施工企業建築安裝工程款入帳時，會計處理為：
 借：開發成本——房屋開發成本——01商品房 600,000
   開發成本——房屋開發成本——02商品房 480,000
   開發成本——房屋開發成本——出租房 450,000
   開發成本——房屋開發成本——週轉房 450,000
 貸：應付帳款——應付工程款 1,980,000
分配應由房屋開發成本負擔的水塔配套設施支出時，會計處理為：
 借：開發成本——房屋開發成本——01商品房 80,000

開發成本——房屋開發成本——02 商品房　　　　　　　　65,000
　　開發成本——房屋開發成本——出租房　　　　　　　　　60,000
　　開發成本——房屋開發成本——週轉房　　　　　　　　　50,000
　貸：開發成本——配套設施開發成本——水塔　　　　　　　255,000

分配應由房屋開發成本負擔的開發間接費用時，會計處理為：
　借：開發成本——房屋開發成本——01 商品房　　　　　　　82,000
　　開發成本——房屋開發成本——02 商品房　　　　　　　　67,000
　　開發成本——房屋開發成本——出租房　　　　　　　　　63,000
　　開發成本——房屋開發成本——週轉房　　　　　　　　　68,000
　貸：開發間接費用　　　　　　　　　　　　　　　　　　　280,000

同時應將各項房屋開發支出分別計入各有關房屋開發成本明細分類帳。最終應將完工驗收的商品房、出租房、週轉房的開發成本結轉「開發產品」帳戶的貸方，會計處理為：
　借：開發產品——房屋開發——01 商品房　　　　　　　　 972,000
　　開發產品——房屋開發——02 商品房　　　　　　　　　 797,000
　　開發產品——房屋開發——出租房　　　　　　　　　　 748,000
　　開發產品——房屋開發——週轉房　　　　　　　　　　 743,000
　貸：開發成本——房屋開發成本——01 商品房　　　　　　 972,000
　　開發成本——房屋開發成本——02 商品房　　　　　　　 797,000
　　開發成本——房屋開發成本——出租房　　　　　　　　 748,000
　　開發成本——房屋開發成本——週轉房　　　　　　　　 743,000

(三) 配套設施開發產品成本的核算

　　配套設施是指企業根據城市建設規劃的要求或開發項目建設規劃的要求，為滿足居住的需要而與開發項目配套建設的各種服務性設施。配套設施開發成本是指房地產開發企業開發能有償轉讓的配套設施及不能有償轉讓、不能直接計入開發產品成本的公共配套設施所發生的各項費用支出。配套設施開發產品成本可以分為如下兩類：一類是開發小區內開發不能有償轉讓的公共配套設施，如水塔、鍋爐房、居委會、派出所、消防、幼托、自行車棚等；另一類是能有償轉讓的城市規劃中規定的大配套設施項目，包括開發小區內營業性公共配套設施，如商店、銀行、郵局等；開發小區內非營業性配套設施，如中小學、文化站、醫院等；開發項目外為居民服務的給排水、供電、供氣的增容增壓以及交通道路等。

　1. 配套設施開發成本核算對象的確定

　　一般說來，對能有償轉讓的大配套設施項目，應以各配套設施項目作為成本核算對象。對不能有償轉讓、不能直接計入各成本核算對象的各項公共配套設施，如果工程規模較大，可以該配套設施作為成本核算對象；如果工程規模不大、與其他項目建設地點較近、開工時間和竣工時間相差不多、由同一施工單位施工的，也可以考慮將它們合併作為一個成本核算對象，於工程完工算出開發總成本後，按照該項目的預算

成本或計劃成本的比例，算出各配套設施的開發成本，再按一定標準，將各配套設施開發成本分配計入有關房屋等開發成本。

2. 配套設施開發成本項目的設置

對於能有償轉讓的大配套設施項目，應設置如下6個成本項目：

（1）土地徵用及拆遷補償費或批租地價；
（2）前期工程費；
（3）基礎設施費；
（4）建築安裝工程費；
（5）配套設施費；
（6）開發間接費。

其中，配套設施費項目用以核算分配的其他配套設施費。

對於其他配套設施的開發成本，為簡化核算手續，可不再分配其他配套設施支出，其本身應負擔的開發間接費用也可直接分配計入有關房屋開發成本。因此，在核算時常常僅設置如下4個成本項目：

（1）土地徵用及拆遷補償費或批租地價；
（2）前期工程費；
（3）基礎設施費；
（4）建築安裝工程費。

3. 配套設施開發成本的歸集與分配

為了正確核算和反應企業開發建設中各種配套設施所發生的支出，對配套設施支出的歸集，應按成本項目進行歸集，通常有如下三種方法：

（1）對能分清並直接計入某個成本核算對象的不能有償轉讓配套設施支出，可直接計入有關房屋等開發成本，並在「開發成本——房屋開發成本」帳戶中歸集其發生的支出。

（2）對不能直接計入有關房屋開發成本的不能有償轉讓配套設施支出，應先在「開發成本——配套設施開發成本」帳戶進行歸集，於開發完成后再按一定標準分配計入有關房屋等開發成本。

（3）對能有償轉讓的大配套設施支出，應在「開發成本——配套設施開發成本」帳戶進行歸集。

對配套設施與房屋等開發產品不同步開發，或房屋等開發完成等待出售或出租，而配套設施尚未全部完成的，經批准后可按配套設施的預算成本或計劃成本，預提配套設施費，將其計入房屋等開發成本明細分類帳的「配套設施費」項目，並計入「開發成本——房屋開發成本」等帳戶的借方和「預提費用」帳戶的貸方。開發產品預提的配套設施費的計算，一般可按以下公式進行：

某項開發產品預提的配套設施費＝該項開發產品預算成本（或計劃成本）×配套設施費預提率

配套設施費預提率＝該配套設施的預算成本（或計劃成本）÷應負擔該配套設施費各開發產品的預算成本（或計劃成本）合計×100%

公式中應負擔配套設施費的開發產品一般應包括開發房屋、能有償轉讓在開發小區內開發的大配套設施。

例如，某開發小區內幼托設施開發成本應由101商品房、102商品房、111出租房、121週轉房和201大配套設施——商店負擔。由於幼托設施在商品房等完工出售、出租時尚未完工，為了及時結轉完工的商品房等成本，應先將幼托設施配套設施費預提計入商品房等的開發成本。假定各項開發產品和幼托設施的預算成本如下：

101　商品房　1,000,000元
102　商品房　900,000元
111　出租房　800,000元
121　週轉房　800,000元
201　大配套設施——商店　500,000元
251　幼托設施　320,000元

幼托設施配套設施費預提率 = 320,000÷(1,000,000+900,000+800,000+800,000
　　　　　　　　　　　　　　+500,000)×100%
　　　　　　　　　　　　= 320,000÷4,000,000×100%
　　　　　　　　　　　　= 8%

各項開發產品預提幼托設施的配套設施費為：
101 商品房 = 1,000,000×8% = 80,000（元）
102 商品房 = 900,000×8% = 72,000（元）
111 出租房 = 800,000×8% = 64,000（元）
121 週轉房 = 800,000×8% = 64,000（元）
201 大配套設施——商店 = 500,000×8% = 40,000（元）

4. 配套設施開發成本的結轉

已完成全部開發過程經驗收合格的配套設施，應按其不同情況和用途結轉其開發成本。

（1）對能有償轉讓給有關部門的大型配套設施，應在完工驗收后將其實際成本自「開發成本——配套設施開發成本」帳戶的貸方轉入「開發產品——配套設施」帳戶的借方，編製如下會計分錄：

借：開發產品——配套設施
　　貸：開發成本——配套設施開發成本

（2）不能有償轉讓的，按規定應將其開發成本分配計入商品房等開發產品成本的公共配套設施，在完工驗收后應將其發生的實際開發成本按一定的標準，分配計入有關房屋和大配套設施的開發成本，編製如下會計分錄：

借：開發成本——房屋開發成本
　　貸：開發成本——配套設施開發成本

5. 配套設施開發成本核算舉例

【例7-10】某房地產開發企業根據建設規劃要求，在開發小區內負責建設一間商店和一座水塔、一所小學，這些設施均發包給施工企業施工。其中，商店建成后，有

償轉讓給商業部門，水塔和小學的開發支出按規定計入有關開發產品的成本。這些設施同步開發，共發生了下列有關支出：

支付徵地拆遷費：商店 50,000 元；水塔 5,000 元；小學 50,000 元。

支付承包設計單位前期工程款：商店 30,000 元；水塔 20,000 元；小學 30,000 元。

應付承包施工企業基礎設施工程款：商店 50,000 元；水塔 30,000 元；小學 50,000 元。

應付承包施工企業建築安裝工程款：商店 200,000 元；水塔 245,000 元；小學 190,000 元。

分配水塔設施配套設施費：商店 35,000 元。

分配開發間接費：商店 55,000 元。

預提幼托設施配套設施費：商店 40,000 元。

用銀行存款支付徵地拆遷費時，會計處理為：

借：開發成本——配套設施開發成本　　　　　　　　105,000
　　貸：銀行存款　　　　　　　　　　　　　　　　105,000

用銀行存款支付設計單位前期工程款時，會計處理為：

借：開發成本——配套設施開發成本　　　　　　　　80,000
　　貸：銀行存款　　　　　　　　　　　　　　　　80,000

將應付施工企業基礎設施工程款和建築安裝工程款入帳時，會計處理為：

借：開發成本——配套設施開發成本　　　　　　　　765,000
　　貸：應付帳款——應付工程款　　　　　　　　　765,000

分配應計入商店配套設施開發成本的水塔設施支出時，會計處理為：

借：開發成本——配套設施開發成本——商店　　　　35,000
　　貸：開發成本——配套設施開發成本——水塔　　35,000

分配應計入商店配套設施開發成本的開發間接費用時，會計處理為：

借：開發成本——配套設施開發成本——商店　　　　55,000
　　貸：開發間接費用　　　　　　　　　　　　　　55,000

分配應計入商店配套設施開發成本負擔的幼托設施支出時，會計處理為：

借：開發成本——配套設施開發成本——商店　　　　40,000
　　貸：開發成本——配套設施開發成本——小學　　40,000

同時應將各項配套設施支出分別計入各配套設施開發成本明細分類帳。已完成全部開發過程經驗收的配套設施，應按其用途結轉其開發成本，會計處理為：

借：開發產品——配套設施——商店　　　　　　　　460,000
　　貸：開發成本——配套設施開發成本——商店　　460,000
借：開發成本——房屋開發成本　　　　　　　　　　570,000
　　貸：開發成本——配套設施開發成本　　　　　　570,000

(四) 代建工程開發產品成本的核算

代建工程是指開發企業接受委託單位的委託，代為開發的各種工程，包括土地、

房屋、市政工程等。由於各種代建工程有著不同的開發特點和內容，在會計上也應根據各類代建工程成本核算的不同特點和要求，採用相應的費用歸集和成本核算方法。

1. 代建工程的成本核算對象和成本項目

代建工程開發成本的核算對象，通常以有單獨的施工設計、能單獨編製施工圖預算、在技術上可以單獨施工的單位工程作為一個成本核算對象。代建工程的成本項目一般可設置如下幾項：

(1) 土地徵用及拆遷補償費；
(2) 前期工程費；
(3) 基礎設施費；
(4) 建築安裝工程費；
(5) 開發間接費。

在實際核算工作中，應根據代建工程支出內容設置使用成本項目。

2. 代建工程開發成本的歸集與分配

企業代委託單位開發的土地（建設場地）、各種房屋所發生的各項支出，應分別通過「開發成本——商品性土地開發成本」和「開發成本——房屋開發成本」帳戶進行核算，並在這兩個帳戶下分別按土地、房屋成本核算對象和成本項目歸集各項支出，進行代建工程項目開發成本的明細分類核算。除土地、房屋以外企業代委託單位開發的其他工程，如市政工程等，其發生的支出應通過「開發成本——代建工程開發成本」帳戶進行核算。房地產開發企業發生的各項代建工程支出和代建工程分配的開發間接費用，應計入「開發成本——代建工程開發成本」帳戶的借方和「銀行存款」「應付帳款——應付工程款」「庫存材料」「應付工資」「開發間接費用」等帳戶的貸方。同時，應按成本核算對象和成本項目分別歸類計入各代建工程開發成本明細分類帳。

3. 代建工程開發成本的結轉

完成全部開發過程並經驗收合格的代建工程，應將其實際開發成本自「開發成本——代建工程開發成本」帳戶的貸方轉入「開發產品」帳戶的借方。

4. 代建工程開發成本核算舉例

【例7-11】某開發企業接受市政工程管理部門的委託，代為擴建開發小區旁邊的一條道路，擴建過程中，用銀行存款支付拆遷補償費600,000元，前期工程費320,000元，應付基礎設施工程款1,080,000元，分配開發間接費用160,000元。在發生上述各項擴建工程開發支出和分配開發間接費用時，應編製如下會計分錄：

借：開發成本——代建工程開發成本　　　　　　　　　　　2,160,000
　　貸：銀行存款　　　　　　　　　　　　　　　　　　　　920,000
　　　　應付帳款——應付工程款　　　　　　　　　　　　1,080,000
　　　　開發間接費用　　　　　　　　　　　　　　　　　　160,000

道路擴建工程完工並經驗收，結轉已完工程成本時，應編製如下會計分錄：

借：開發產品——代建工程　　　　　　　　　　　　　　　2,160,000
　　貸：開發成本——代建工程開發成本　　　　　　　　　2,160,000

【思考與練習】

1. 某施工企業與客戶簽訂 A 工程和 B 工程兩項建造合同。201×年 12 月份有關成本計算資料如下：
（1）月初累計實際成本資料（見表 7-13）

表 7-13　　　　　　　　　　　月初成本資料　　　　　　　　　　單位：元

項目	材料費用	人工費用	機械使用費	其他直接費用	間接費用	合計
A 工程	540,000	600,000	455,000	180,000	400,000	2,175,000
B 工程	300,000	200,000	230,000	120,000	200,000	1,050,000

（2）該月有關材料費用及人工費用（見表 7-14）。

表 7-14　　　　　　　　　　　本月費用資料　　　　　　　　　　單位：元

用途	領用材料	領用低值易耗品	應付職工薪酬
A 工程	558,200	2,100	39,900
B 工程	690,000	16,900	74,100
機械作業	41,000		20,520
項目管理	55,000		6,980

（3）該月計提折舊費 81,000 元，其中施工機械折舊費 51,000 元，項目管理部使用固定資產折舊費 30,000 元。
（4）該月用銀行存款支付施工機械養路費和拍照費 2,000 元，支付 A 工程材料二次運費 2,300 元，項目管理部經理報銷差旅費 1,500 元。
（5）該施工企業間接費用按各工程直接費用的比例分配。

要求：
（1）計算 A 工程竣工成本（按成本項目反應）。
（2）歸集 B 工程的成本。

2. 甲工程期初「工程施工」帳戶餘額為 30,000 元，工程本期發生費用為 180,000 元，本期完工工程預算成本為 216,000 元，期末未完工程預算成本為 24,000 元。

要求：
（1）計算本期期末未完工程實際成本、本期期末完工工程實際成本。
（2）編製已完工程成本結轉的會計分錄。

第八章　物業勞務成本核算

【案例導入】

　　甲、乙兩公司簽訂了一份金額共計 400 萬元的勞務合同，甲公司為乙公司開發一套系統軟件（以下簡稱項目）。2013 年 3 月 2 日項目開發工作開始，預計 2015 年 2 月 26 日完工。預計開發完成該項目的總成本為 360 萬元。其他有關資料如下：

　　(1) 2013 年 3 月 30 日，甲公司將預收乙公司支付的項目款 170 萬元存入銀行。
　　(2) 2013 年甲公司為該項目實際發生勞務成本 126 萬元。
　　(3) 截至 2014 年 12 月 31 日，甲公司為該項目累計實際發生勞務成本 315 萬元。
　　(4) 甲公司在 2013 年、2014 年年末均能對該項目的結果予以可靠估計。

　　要求：(1) 計算甲公司 2013 年、2014 年該項目的完成程度。
　　(2) 計算甲公司 2013 年、2014 年該項目確認的收入和成本。
　　(3) 編製甲公司 2013 年收到項目款、確認收入和成本的會計分錄。

【內容提要】

　　物業管理服務是一種綜合性服務活動，因此其成本核算比較繁雜。本章主要闡述物業勞務成本的內容、特點、分類和核算程序。

第一節　物業勞務費用與物業勞務成本

一、物業與物業管理

　　物業是指已經建成並具有規定的使用功能和經濟價值的各類居住和非居住使用的，相對獨立的單元性房屋及與之相配套的設備、公共設施的建築產品。簡單地說，物業是指具有價值和使用價值的各類建築產品構成的商品，具體包括高層或多層住宅樓、寫字樓、商業大廈、賓館、酒樓、工業廠房、倉庫、群體性住宅小區或單體的房屋等。本章的物業主要是指群體性住宅小區。

　　物業管理是指物業產權人、使用人委託物業管理公司對房屋及其設備、設施以及相關的居住環境進行維護、修繕和服務的活動。物業管理實質上是指具體的管理機構通過相應的工具和手段，為物業產權人、使用人提供的勞務服務活動。

　　物業管理是一種綜合性服務活動，涉及的內容繁雜、範圍廣泛。不同的物業公司具備的功能不同，提供服務的能力不同，因此可以承攬的服務業務各有不同。歸納起

來，物業管理活動能夠提供勞務服務的主要業務可以概括為「五大管理」和「三類服務」。

「五大管理」包括治安消防管理；房屋及公共設施、設備維護保養管理；環境衛生管理；綠化管理；車輛管理。

「三類服務」包括常規性公共服務（合同服務）；委託性特約服務（非合同零星委託服務）；經營性多種服務（商業服務和勞務服務）。

物業公司的主要經營活動內容決定了物業公司全部服務業務內容可分為主營業務和其他業務兩大類。主營業務包括物業管理業務和物業維修業務兩部分。前者包括公共服務業務、代辦服務業務、特約服務業務；后者包括公共設施維修、專項設備維修。其他業務包括經營業務和非經營業務兩部分。

二、物業勞務服務費用及其分類

物業企業在一定時期內，為物業產權人、使用人提供一定種類和一定數量的勞務服務而發生的各種耗費，稱為物業勞務服務費用，又稱為要素費用。物業勞務服務費用按費用性質分類，包括物業管理人員工資、社會保險費、按規定提取的福利費；物業公共部位、公共設施、設備日常運轉維護保養費，物業管理區域清潔衛生費；物業管理區域綠化養護費；物業管理區域秩序維護費；辦公費；物業管理企業固定資產折舊費；物業公共部位、公共設施、設備及公眾責任保險費；經業主同意的其他費用。

另外，物業公司如果計提大修基金或更新改造基金等專用基金，對物業公用部位、公共設施、設備的大修、中修、更新改造等費用，應通過專項資金列支，不得列入物業服務支出或物業成本。

物業勞務服務費用按計入物業成本的方法分類，可分為直接費用、間接費用兩大類。直接費用包括直接材料費、直接人工費、其他直接費用三部分；間接費用是指物業企業管理費用及對外組織經營活動應支付的費用，如行政生活性物料、油耗、廠院綠化及門前「三包」費、稅金、財務費用、訴訟費、廣告費、社會贊助費等。

根據物業勞務服務費用的不同，物業勞務成本相應劃分為營業成本和期間成本兩大類。營業成本是指物業公司在正常經營過程中，為提供勞務服務活動發生的各項支出，即物業公司為獲得營業收入而耗費的各項財產物資價值和勞務耗費成本，包括主營業務成本和其他業務支出。主營業務成本是物業公司在進行物業管理主要經營活動中，為物業產權人、使用人提供維修和管理服務而發生的各項費用支出，包括直接材料費、直接工人費、其他直接費和間接費等成本項目。主營業務成本按業務性質或核算內容不同，可分為物業管理成本，包括公共性服務成本、代辦服務成本、特約服務成本三部分；物業維修成本，包括公共設施、設備維修成本和專項設備維修成本兩部分。其他業務支出是指物業公司除主要管理活動以外，為其他活動而發生的各項支出，包括經營業務支出和非經營業務支出。其中，經營業務支出包括商品進價成本和勞務服務支出；非經營業務支出包括受託代收代辦業務支出和其他服務業務支出。

期間成本是指為一定經營期間發生的費用支出，僅與一定經營期間的收入相聯繫，由當期損益承擔的費用，包括銷售費用、管理費用、財務費用。

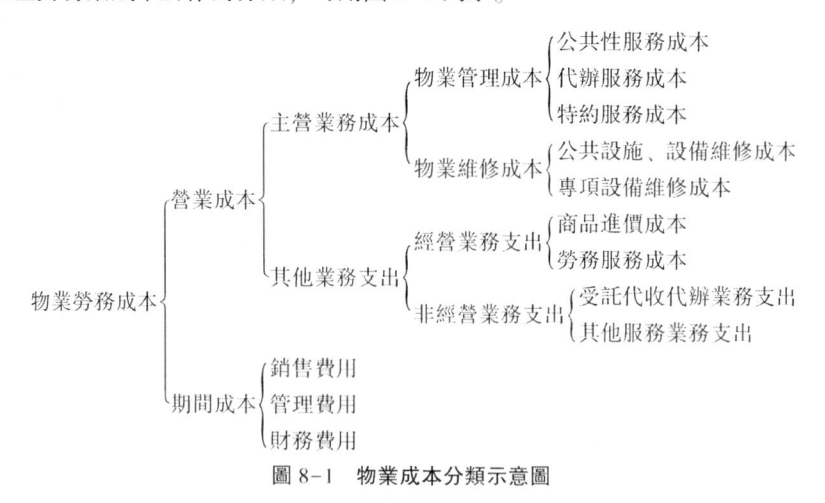

以上對物業成本所作的分類，可用圖 8-1 列示。

```
                                            ┌ 公共性服務成本
                              ┌ 物業管理成本 ┤ 代辦服務成本
                              │             └ 特約服務成本
               ┌ 主營業務成本 ┤
               │              │             ┌ 公共設施、設備維修成本
      ┌ 營業成本┤              └ 物業維修成本┤
      │        │                            └ 專項設備維修成本
      │        │             ┌ 經營業務支出 ┌ 商品進價成本
物業勞務成本    └ 其他業務支出┤              └ 勞務服務成本
      │                      │             ┌ 受託代收代辦業務支出
      │                      └ 非經營業務支出┤
      │                                    └ 其他服務業務支出
      │        ┌ 銷售費用
      └ 期間成本┤ 管理費用
               └ 財務費用
```

圖 8-1　物業成本分類示意圖

三、物業勞務成本核算的帳戶設置

物業勞務服務成本核算應設置「主營業務成本」「其他業務成本」「營業費用」「管理費用」等成本費用帳戶。

(一)「主營業務成本」帳戶

該帳戶用來核算物業公司開展主營業務而發生的成本費用，為損益類帳戶。該帳戶借方登記實際成本的發生，貸方登記期末轉入「本年利潤」帳戶的實際成本，結轉后期末無余額。該帳戶下設「物業管理成本」和「物業維修成本」「物業管理成本」明細帳戶下設「公共性服務成本」「公眾代辦服務成本」「特約服務成本」等二級明細帳戶。「物業維修成本」明細帳戶下設「公共設備維修成本」和「專項設備維修成本」二級明細帳戶。

(二)「其他業務成本」帳戶

該帳戶是為了核算除主營業務以外的其他業務而設置的損益類帳戶。該帳戶借方登記支出的增加，貸方登記支出的轉銷，期末無余額。該帳戶下設「經營業務支出」和「非經營業務支出」等明細帳戶。

(三)「管理費用」帳戶

該帳戶核算企業行政管理部門為組織和管理經營活動而發生的管理費用，包括工資、福利費、工會經費、職工教育費、勞動保險費、待業保險費、房產稅、車船使用稅、印花稅、土地使用稅、技術開發費、無形資產攤銷、業務招待費以及其他管理費等。

(四)「財務費用」帳戶

該帳戶核算企業在經營過程中為進行資金籌集等理財活動而發生的財務費用，包括利息支出（減利息收入）、匯兌損失（減匯兌收益）以及相關的手續費等。

第二節　物業勞務成本核算方法

一、主營業務成本核算

(一) 公共性服務成本

公共性服務成本包括對公共設備設施如電梯、供水、制冷、照明、消防、停車棚等項目的維修保養和公共環境衛生的清潔、綠化以及保安等費用支出。公共服務的具體項目可採用公司自營方式或對外委託發包方式進行。在自營情況下，公共服務成本就是在進行公共服務過程中發生的全部支出。在出包方式下，公共服務成本就是公共服務結算價格。

【例8-1】物業公司以自營方式對小區照明設施進行維修保養，耗用電器材料 325 元，以銀行存款支付公共照明電費 1,080 元。

　　借：主營業務成本——物業管理成本（公共服務）　　　1,405
　　　貸：庫存材料　　　　　　　　　　　　　　　　　　　325
　　　　　銀行存款　　　　　　　　　　　　　　　　　　1,080

【例8-2】根據「工資結算匯總表」，物業公司本月應付職工工資中，公共設施維修工人 1,860 元，清潔工人 1,240 元。

　　借：主營業務成本——物業管理成本（公共服務）　　　3,100
　　　貸：應付職工薪酬　　　　　　　　　　　　　　　　3,100

【例8-3】物業公司以出包方式將小區內的綠化維護保養與種植任務委託給某綠化工程服務組織，本月應付綠化費用 5,120 元；將小區保安出包給保安公司，本月應付保安費 2,160 元，均以銀行存款支付。

　　借：主營業務成本——物業管理成本（公共服務）　　　7,280
　　　貸：銀行存款　　　　　　　　　　　　　　　　　　7,280

(二) 公眾代辦服務成本核算

代辦服務是指公眾委託物業公司代為辦理某些業務的委託服務，如代繳水電費、電話費、有線電視費、燃氣費等。在這種情況下，物業公司在收取一定數量的代辦服務費之後，也應該付出一定的成本，如代辦人員的工資等，應作為代辦服務成本予以核算。

【例8-4】根據「工資結算匯總表」，物業公司本月應分攤公眾代辦服務工資 946 元。

　　借：主營業務成本——物業管理成本（代辦服務）　　　　946
　　　貸：應付職工薪酬　　　　　　　　　　　　　　　　　946

(三) 特約服務成本核算

特約服務是指物業公司受業主或租住戶委託的特約服務，如家電維修、音響維修

以及其他特約業務。特約服務成本是指公司在進行這種服務過程中耗用的材料費、人工費等。其中，材料費按實際成本計算，人工費按一定比例予以分攤。

【例8-5】物業公司受業主委託，為其修理家電，耗用材料費用76元，應分攤工資費60元。

  借：主營業務成本——物業管理成本（特約服務）   136
    貸：庫存材料   76
      應付工資   60

（四）維修業務成本核算

物業公司進行的維修業務按維修對象可分為公共設備維修和專項設備維修兩部分；按維修方式可分為自營方式和出包方式；按維修程度可分為中、小維修和大修；按維修的資金來源可分為計入維修成本的維修（中、小維修）和由專項資金來源負擔的維修（大修）。設備維修過程中發生的維修費用，如果是大修理，在計提修繕基金情況下，應由專項資金負擔，不得計入維修成本。其他維修業務發生的維修費用，一律計入維修成本。

【例8-6】物業公司採用出包方式對小區公用制冷設備進行維修，以銀行存款支付維修費980元。

  借：主營業務成本——物業維修成本（公共維修）   980
    貸：銀行存款   980

【例8-7】物業公司採用自營方式對小區內照明設施進行維修改造，以銀行存款購入變壓器5,480元，領用電器材料458元，應負擔參與人員工資2,446元，工程已經完工。

  借：主營業務成本——物業維修成本（公共維修）   8,384
    貸：銀行存款   5,480
      庫存材料   458
      應付工資   2,446

【例8-8】物業公司採用出包方式對業主委員會提供的管理用房屋（租用房）進行維修，以銀行存款支付工程修繕費12,800元，工程已經完工。

  借：主營業務成本——物業維修成本（公共維修）   12,800
    貸：銀行存款   12,800

二、其他業務支出核算

物業管理公司除主營業務以外的其他經濟活動，如從事運輸、商業、餐飲、服務等經營活動，均屬於其他業務活動，所發生的費用支出，均列入其他業務支出核算。

由業主委員會或物業產權人、使用人為物業公司提供的管理用房、商業用房，物業公司支付的有償使用費（租賃費），應根據管理用房、商業用房的功能和使用部門分別處理：

第一，屬於物業公司管理用房，支付的有償使用費（租賃費）計入管理費用；

第二，屬於物業公司下屬的管理小區管理用房，支付的有償使用費（租賃費）計入主營業務成本；

第三，屬於物業公司商業用房支付的有償使用費（租賃費），計入其他業務支出。

【例8-9】物業公司從事商業經營，本月商品銷售進價成本41,560元，材料物資銷售成本280元，餐飲業耗用原材料成本5,480元，月末予以轉帳。

借：其他業務成本——經營性成本（商品進價） 41,560
　　　　　　　　——經營性成本（勞務成本） 5,480
　　　　　　　　——非經營性成本（其他支出） 280
　貸：庫存商品 41,560
　　　庫存材料 5,760

【例8-10】物業公司經計算本月應繳納營業稅580元，受託代收代辦業務支出260元，以現金支付，應付職工工資3,340元（商業部門）。

借：營業稅金及附加 580
　　其他業務成本——非經營性成本（受託代辦） 260
　　　　　　　　——非經營性成本（其他支出） 3,340
　貸：應付職工薪酬 3,340
　　　應交稅費 580
　　　庫存現金 260

三、間接費用核算

如果物業公司所屬基層單位較多，會計核算分為兩級核算的情況下，應進行間接費用的核算。在一級核算的情況下，可以不進行間接費用核算。

間接費用是指物業管理小區為組織和管理本轄區的物業管理活動所發生的各項費用支出。間接費用包括轄區管理人員工資、福利費、勞動保護費、辦公費、水電費、折舊費、修理費、保安費、低值易耗品攤銷等。這些費用的發生可增設「間接費用」帳戶進行核算。

【例8-11】物業公司某管理小區應計提固定資產折舊費386元，同時又領用勞保用品430元，計入成本。

借：間接費用——折舊費 386
　　　　　　——勞保費 430
　貸：累計折舊 386
　　　低值易耗品 430

【例8-12】物業公司某管理小區以銀行存款支付轄區負擔的水電費743元，辦公費220元，保安費600元。

借：間接費用——水電費 743
　　　　　　——辦公費 220
　　　　　　——保安費 600
　貸：銀行存款 1,563

【例8-13】物業公司期末結轉並分配本轄區間接費用2,379元，按建築面積作為分配標準。其中，主營業務成本（公共性服務）2,140元，其他業務支出（其他支出）239元。

借：主營業務成本——物業管理成本（公共服務）　　　　2,140
　　其他業務成本——非經營成本（其他支出）　　　　　　239
　貸：間接費用　　　　　　　　　　　　　　　　　　　2,379

四、期末結轉營業成本

【例8-14】根據「主營業務成本」和「其他業務成本」總帳帳戶及其明細帳戶所歸集的費用，期末轉入「本年利潤」帳戶。

借：本年利潤　　　　　　　　　　　　　　　　　　　88,348
　貸：主營業務成本——物業管理成本　　　　　　　　　15,025
　　　　　　　　　——物業維修成本　　　　　　　　　22,164
　　　其他業務成本——經營性成本　　　　　　　　　　47,040
　　　　　　　　　——非經營性成本　　　　　　　　　 4,119

【思考與練習】

1. A物業管理公司1月份修理小區道路用料3,000元，設施設備維護用料1,100元，環境綠化出包費3,000元，均以現金方式支付。根據有關出庫單和支付資料編製會計分錄。

2. B物業管理公司1月份發放計提從事物業日常工作人員工資16,800元，繳納社保費6,523.67元（企業4,814.11元，個人1,709.46元）。編製相應的會計分錄。

第九章 旅遊餐飲服務成本核算

【案例導入】

ABC 餐館實行領料制,根據 201×年 7 月 20 日發料匯總表(見表 9-1)匯總的本旬領料單表明的情況,該企業 7 月 20 日應如何編製會計分錄。

表 9-1　　　　　　　　　ABC 餐館發料匯總表
201×年 7 月 20 日

名稱	數量(千克)	單價(元/千克)	金額(元)	備註
大米	2,400	2	4,800	
面粉	4,800	2	9,600	
蔬菜			7,200	
魚肉			28,600	
合計			50,200	

會計主管:　　　　　　　復核:　　　　　　　製表:

【內容提要】

本章主要闡述旅遊餐飲服務企業成本的內容、特點、核算程序和方法。

第一節　旅遊餐飲服務業務範圍及成本核算的特點

一、旅遊餐飲服務業務的內容

旅遊餐飲服務企業是旅遊業、飲食業、服務業的總稱,均是以服務設施為條件,以知識和技能為手段,向消費者提供勞務服務的服務性行業。旅遊餐飲服務企業包括旅行社、飯店、賓館、酒樓、度假村、洗染、諮詢、修理、電影院及會計師事務所等仲介機構在內的各類服務行業,是我國第三產業的主要組成部分。

旅遊企業是指依據旅遊資源,以旅遊設施為條件,滿足旅客食、行、住、遊、購、娛等旅遊需求,提供商品和勞務服務的綜合性服務企業,主要指各種旅行社。飲食業是指以從事加工、烹飪、出售烹制菜肴和食品,並為消費者提供消費設施和生活服務為主要業務的企業,主要包括飯店、酒樓、賓館、副食品加工等企業。服務業是指利用其特有的設施和條件,以其特有的知識和技能,為消費者提供勞務服務的企業,主要包括度假村、遊樂場、照相、洗染、修理、律師事務所等。

旅遊餐飲服務企業所從事的經營業務,大致可以分為兩大類:一類是提供生產性服務的企業。這種企業一方面為消費者提供生產性的產品,另一方面還為消費者提供勞務服務,如照相、洗染、修理、飯店企業等。另一類是以提供勞務服務為主要業務的企業,如旅行社、度假村、旅店、浴池、電影院、酒吧、仲介機構、律師事務所等。本章主要介紹旅遊企業和餐飲企業的成本核算。

二、旅遊餐飲服務企業營業成本的內容

　　旅遊餐飲業是以提供旅遊餐飲服務產品為主的行業,其人工耗費是其產品成本的最主要的部分。從會計核算的角度可將旅遊企業的成本費用劃分為營業成本與期間費用兩大項。

　　營業成本是旅遊企業在經營過程中發生的各項直接費用,包括各種直接材料消耗、代收代付費用、商品進價、交通等直接費用。

　　期間費用是不能明確由哪一成本計算對象承擔,而應該計入旅遊企業當期損益的費用消耗,主要包括銷售費用、管理費用、財務費用。

　　旅遊餐飲服務企業的營業成本是指企業在經營活動中發生的各種直接費用。由於旅遊餐飲服務企業所從事的各類業務的特點與內容不同,因此其營業成本的內容也不相同,主要包括以下五個方面:

(一) 直接材料成本

　　直接材料成本是旅遊餐飲企業經營過程中專門用於某種旅遊產品而消耗的材料費用支出。由於旅遊企業所經營的產品類別各有不同,在材料的消耗內容上也不完全相同。

　　旅遊賓館、飯店的餐飲部和各類餐館、酒樓等企業在經營過程中直接的材料耗費主要包括原材料、調料和配料。

　　洗浴中心的直接材料消耗是在經營中所消耗的各種煤等燃料。

　　旅遊運輸車船公司的直接材料消耗是各種燃油及零配件。

(二) 代收代付費用

　　代收代付費用是旅行社在組團或接團過程中直接用於遊客完成旅遊過程的各種費用和支出。代收代付費用包含的內容很多,具體分為旅行社為遊客所支付的住宿費、餐費、市內交通費、觀看文藝演出費、簽證費、訂票費、景點門票費、翻譯費、導遊費、人身保險費、機場建設費、行李托運費、主管部門宣傳費、專業活動費等。

(三) 商品進價成本

　　商品進價成本是旅遊酒店或景區內部商場為銷售而購入的商品的價格及相關費用。

　　根據商品的不同來源,商品進價成本可以分為國內購進商品進價成本和國外購進商品進價成本。從國內供應商購入商品時,其進價成本主要是商品的實際採購成本,不包括購入商品時發生的進貨費用,如運雜費、手續費等。

　　從國外購進一些名特產品、工藝品時,商品進價成本分為兩部分,一是以商品到

岸價，即買價加上海上運費、保險費作為商品的原價，二是還要加上商品在進口環節需繳納的稅金，如進口關稅、進口產品稅等。如進口商品是委託外貿部門代理進口的，則進價成本還應加上支付給外貿部門的手續費。

（四）汽車成本

汽車成本是旅行社、賓館、飯店提供車輛服務營運過程中發生的直接費用，包括汽油費、維修費、養路費、配件零件費、司乘人員工資。

（五）其他支出

其他支出是不能計入以上成本的其他直接費用。

以下各項支出不得計入成本費用：

第一，購建固定資產、無形資產和其他資產的各項支出。

第二，應列入存貨成本的各項支出，各種贊助、捐贈支出。

第三，被沒收的財物、各種違約金、賠償金、滯納金以及各項罰款等。

第四，對外投資和分配給投資者的利潤。

第五，與企業經營無關的各項支出，如各項營業外支出等。

以旅遊企業為例，期間費用主要包括內容如下：

第一，銷售費用。銷售費用是指旅遊企業各銷售（營業）部門在其經營過程中發生的各項費用開支。銷售費用主要包括運輸費用、裝卸費用、包裝費、保管費、保險費、燃料費、水電費、展覽費、廣告宣傳費、郵電費、差旅費、洗滌費、清潔衛生費、低值易耗品攤銷、物料用品、經營人員工資及福利費、工作餐費、服裝費、其他銷售費用。

第二，管理費用。管理費用是指旅遊企業管理部門為組織和管理企業經營活動而發生的各項費用以及應由企業統一負擔的其他費用。管理費用按其經濟內容劃分為公司經費、勞動保險費、董事會費、外事費、租賃費、諮詢費、審計費、排污費、綠化費、土地使用費、稅金、水電費、折舊費、無形資產攤銷、開辦費攤銷、交際應酬費、壞帳損失、上級管理費、燃料費、其他管理費用。

第三，財務費用。財務費用是指旅遊企業在其經營過程中為解決資金週轉等問題在籌集資金時所發生的有關費用開支。財務費用主要包括利息支出、匯兌損益、金融機構手續費、其他財務費用。

旅遊餐飲服務企業在經營過程中發生的直接費用，均通過「主營業務成本」帳戶進行核算。該帳戶為成本費用類帳戶，費用發生時借記本帳戶，期末轉入「本年利潤」帳戶，結轉后無餘額。該帳戶可按業務性質、勞務服務內容或業務類別設置明細帳戶。

第二節　旅遊經營業務和營業成本核算

一、旅遊經營業務的分類

(一) 按旅遊者活動的空間範圍分類

按旅遊者活動的空間範圍分類，旅遊經營業務可分為國內旅遊業務和國際旅遊業務兩種。

國內旅遊業務是指組織本國公民，在國家行政主權疆域內進行的旅遊活動，可以是本地旅遊，也可以跨省市不同區域旅遊。

國際旅遊業務是指旅客在不同國家之間進行的旅遊活動，包括入境旅遊和出境旅遊兩種。入境旅遊業務是指組織國外旅客以團體或散客形式在本國境內進行的旅遊活動。出境旅遊業務是指組織本國公民以團體或散客形式，自費前往國外目的地進行的旅遊活動。

(二) 按服務形式分類

按服務形式分類，旅遊經營業務可分為組團旅遊業務和接團旅遊業務兩種。

組團旅遊業務是指旅行社預先制定目的地、日程、交通、住宿、旅遊費用的旅遊計劃，並通過廣告形式招攬遊客，組織旅遊團隊，為遊客辦理簽證、保險等手續，通過實施旅遊計劃，與接團旅遊業務進行銜接而進行的旅遊活動。

接團旅遊業務是指根據旅遊接待安排，為旅客在某一目的地或某一區域，提供導遊、翻譯，安排遊覽並負責訂房、訂餐、訂票以及與各目的地聯絡，為旅客提供綜合服務的旅遊活動。

(三) 按組織形式分類

按組織形式分類，旅遊經營業務可分為團體旅遊業務和散客旅遊業務兩種。

團體旅遊業務是指以團體為單位，通常設有導遊或陪同而進行的旅遊活動。

散客旅遊業務是指以個人或少數人員為單位，通常不設陪同的旅遊活動。

旅行社除進行上述基本經營業務外，根據需要還可承擔下列代辦業務：為旅客提供接送服務；為旅客配備導遊、翻譯；為遊客代訂客房、代租汽車；為遊客代辦出入境、過境、居留和旅行的必要證件；代購、訂購、代簽飛機、火車、輪船等交通工具票據；為遊客接送行李；為遊客向海關申報檢驗手續；為遊客代辦意外事故傷害保險；等等。

二、旅遊營業成本核算

旅遊營業成本是指直接用於接待遊客，為其提供各項旅遊服務所發生的全部支出。旅遊營業成本主要包括為遊客支付的膳食費、住宿費、遊覽船費、遊車費、門票、專業活動費、簽證費、導遊費、勞務費、宣傳費、保險費、交通費、文娛費、行李托運

費、機場費等，還包括旅行社自行安排的旅遊車輛費，如汽油費、折舊費、司機工資、修理費等。旅行社為接待遊客而發生的上述直接費用，應計入「主營業務成本」帳戶。另外，旅行社還會發生與接待遊客有關的其他間接費用，費用發生時，可計入「銷售費用」帳戶，作為期間費用處理。

【例 9-1】A 度假村 201×年 12 月有關業務情況及會計分錄如下：

（1）3 日，餐飲部經理出差歸來，報銷差旅費 1,250 元。

借：銷售費用 1,250
　貸：其他應收款——餐飲部經理 1,250

（2）5 日，向保險公司繳納財產保險費 7,700 元，其中客房部分攤 4,000 元，餐飲部分攤 3,700 元。

借：銷售費用——客房部 4,000
　　　　　　——餐飲部 3,700
　貸：銀行存款 7,700

（3）12 日，工程部領用低值易耗品價值 6,150 元，自本月起半年內攤銷。

借：待攤費用——低值易耗品攤銷 6,150
　貸：低值易耗品 6,150
借：管理費用 1,025
　貸：待攤費用——低值易耗品攤銷 1,025

（4）18 日，度假村為參加旅遊展銷會開支 55,000 元。

借：管理費用 55,000
　貸：銀行存款 55,000

（5）31 日，計提本月應付工資 42,000 元，其中客房部員工工資 20,000 元，餐飲部員工工資 15,000 元，行政管理人員工資 7,000 元。

借：銷售費用——客房部工資 20,000
　　　　　　——餐飲部工資 15,000
　　管理費用 7,000
　貸：應付職工薪酬 42,000

（6）31 日，以銀行存款支付應由本月負擔的短期借款利息 31,000 元。

借：財務費用 31,000
　貸：銀行存款 31,000

【例 9-2】B 旅行社 10 月份共支付綜合服務費 254,900 元，交通費 14,350 元，餐費 5,430 元，合計 274,680 元，均以銀行存款支付。另外，B 旅行社還支付辦公費 540 元，職工工資 22,600 元，合計 23,140 元，也以銀行存款支付。

費用發生時，編製會計分錄如下：

借：主營業務成本——綜合服務費 254,900
　　　　　　　　——城市交通費 14,350
　　　　　　　　——餐費 5,430
　　管理費用——辦公費 540

——工資費		22,600
貸：銀行存款		297,820

月末結轉營業成本時，編製會計分錄如下：

借：本月利潤		297,820
貸：主營業務成本		274,680
管理費用		23,140

第三節　餐飲經營業務和營業成本核算

一、餐飲經營業務的內容

　　餐飲業又稱飲食業，餐飲業營業成本往往是指飯店的成本，即飯店的經營成本，也就是飯店在經營客房、餐飲、康樂和其他服務項目中發生的各種消耗。餐飲業企業包括各種類型和風味的中餐館、西餐館、酒館、咖啡館、小吃店、冷飲店、茶館、飲食製品及副食品加工等企業。由於餐飲業具有經營內容繁多，品種規格不一，生產、銷售時間短等特點，決定了餐飲業成本計算只計算總成本，不計算單位成本和產品品種成本；只計算原材料成本，不計算完全成本。由於餐飲業的成本是就直接成本而言，因此餐飲企業銷售的各種無形商品的消耗都不應包括在其中，而以實物形式出售給客人的那部分成本才構成餐飲企業的直接成本。

　　根據《企業會計制度》的規定，為簡化飯店成本的會計核算，除出售商品和耗用原材料、燃料的商品部、餐飲部按其銷售的商品和耗用的原材料、燃料計算營業成本以外，其他各種服務性的經營活動，均不核算營業成本，而將其因提供服務而發生的各種支出，分別計入「銷售費用」「管理費用」等帳戶中。

二、餐飲營業成本核算

　　餐飲業的成本計算採用只計算原材料成本，不計算完全成本的核算方法。其耗用的原材料包括主食、副食、調味品三大類。其原材料購進、領用有兩種管理辦法，即領料制和非領料制。

　　為了正確核算餐飲業成本發生和結轉的變動情況，應設置「主營業務成本」帳戶，也可根據需要在「主營業務成本——餐飲」帳戶下按不同廚房設明細帳，即「主營業務成本——餐飲——中餐廳廚房」等。

（一）領料制

　　領料制就是對餐飲用原材料的收、發和保管設有專人負責。購進原材料時，專人負責驗收入庫，填製相關會計憑證；發料時，專人負責發料，根據用料計劃填製相關會計憑證。這種方法適用於飯店、大中型餐館。

　　採用領料制進行原材料收發核算時，對所購入原材料，根據入庫憑證，借記「原材料」帳戶，貸記「庫存現金」或「銀行存款」帳戶。所有發出原材料根據發出憑

證，借記「主營業務成本」帳戶，貸記「原材料」帳戶。對尚未用完的在操作間保管的原材料，經過盤點應辦理「假退料」手續，根據盤點金額，借記「主營業務成本」帳戶（紅字），貸記「原材料」帳戶（紅字），表示對發出原材料的衝回，下月初再借記「主營業務成本」帳戶（藍字），貸記「原材料」帳戶（藍字），表示重新計入營業成本。

為了簡化核算，也可採用「以存計消」的核算辦法。採用這種管理辦法要求在購進原材料時，根據相關會計憑證，計入「原材料」帳戶，但在領用原材料時，只辦理領料手續，會計上不進行帳務處理，月末時，採用一定方法倒擠當月發出的原材料金額，計入「主營業務成本」帳戶。計算公式如下：

本月耗用原材料成本＝月初原材料結余額＋本月購進原材料額－月末原材料結存額

月初原材料結余額包括原材料庫存餘額和操作間結存額。

月末原材料余額包括庫存原材料實地盤點額和操作間實地盤點額。

根據倒擠發出原材料總成本，借記「主營業務成本」帳戶，貸記「原材料」帳戶。這種方法適用於耗用量大、領發比較頻繁，而且價值較低的原材料的核算。

【例9-3】C飯店設有川菜、粵菜和魯菜三個廚房，201×年2月發生以下幾筆業務：

（1）2日，購入活魚50千克，單價10元，經驗收後直接由川菜和魯菜廚房領用，每個廚房各25千克。款項尚未支付，按收料單編製如下會計分錄：

借：主營業務成本——川菜廚房　　　　　　　　　　　　　250
　　　　　　　　——魯菜廚房　　　　　　　　　　　　　250
　貸：應付帳款——某供應商　　　　　　　　　　　　　　500

（2）3日，購進海蟹50千克，單價100元；石斑魚25千克，單價160元；養殖蝦15千克，單價80元。全部直接交粵菜廚房領用，款項尚未支付，按收料單編製如下會計分錄：

借：主營業務成本——粵菜廚房　　　　　　　　　　　　10,200
　貸：應付帳款——某供應商　　　　　　　　　　　　　10,200

（3）5日，各廚房分別從庫房領用大米100千克，單價2.2元。編製如下會計分錄：

借：主營業務成本——川菜廚房　　　　　　　　　　　　　220
　　　　　　　　——魯菜廚房　　　　　　　　　　　　　220
　　　　　　　　——粵菜廚房　　　　　　　　　　　　　220
　貸：原材料——糧食類——大米　　　　　　　　　　　　660

（4）8日，粵菜廚房臨時需要豆腐5千克，單價4元。以現金從市場購入，根據發票編製如下會計分錄：

借：主營業務成本——魯菜廚房　　　　　　　　　　　　　20
　貸：庫存現金　　　　　　　　　　　　　　　　　　　　20

（5）月末盤點，粵菜廚房結余料3,260元，川菜廚房結余料80元，魯菜廚房結余料133元。按盤點表填製如下紅字憑證衝帳，進行「假退料」，編製如下會計分錄：

借：主營業務成本——粵菜廚房　　　　　　　　　　　3,260
　　　　　　　　——川菜廚房　　　　　　　　　　　　80
　　　　　　　　——魯菜廚房　　　　　　　　　　　 133
　　貸：原材料　　　　　　　　　　　　　　　　　 3,473

假定月初各廚房都沒有上期結余，則本月實際消耗食品材料成本＝500＋10,200＋660＋20－3,473＝7,907（元）

3月初，再用藍字憑證將上月末衝銷原料金額重新入帳，編製如下會計分錄：
借：營業成本——粵菜廚房　　　　　　　　　　　　3,260
　　　　　　——川菜廚房　　　　　　　　　　　　　80
　　　　　　——魯菜廚房　　　　　　　　　　　　 133
　　貸：原材料　　　　　　　　　　　　　　　　　 3,473

（二）非領料制

非領料制是指原材料的購進和領用不辦理保管、領發手續，而是根據原材料購進會計憑證，直接計入營業成本。這種方法適用於小型餐飲業。在這種方法下，餐館不設置專職保管人員，只對原材料的購進和使用實行現場監督。

【例9-4】D餐館以現金購進副食品746元，調味品24元，配料57元，當即交操作間使用。

借：主營業務成本　　　　　　　　　　　　　　　　 827
　　貸：庫存現金　　　　　　　　　　　　　　　　 827

三、飯店商場商品成本核算

飯店商場的商品成本核算主要是指商場進價成本的核算。

由於飯店內部所設商場一般採用銷價成本核算，是按銷價計入「庫存商品」帳戶的，也是按銷價成本從「庫存商品」帳戶中轉入已售商品成本帳戶上去的，為了如實核算商品銷售業務的經營成果，月末就需要計算和結轉平時多轉到營業成本帳戶中去的商品成本部分，將售價成本調整為進價成本。計算的方法是採用綜合差價率計算法，公式為：

綜合差價率＝結轉前「商品進銷差價」帳戶余額÷期末「庫存商品」帳戶余額＋本期商品銷售額

本期已銷商品進銷差價＝本期商品銷售額×綜合差價率

【例9-5】E餐館某月領用原材料32,700元，已辦理領料手續。月末經實地盤點，有1,630元原材料尚未用完，按規定應辦理「假退料」手續。

領料時，編製如下會計分錄：
借：主營業務成本　　　　　　　　　　　　　　　 32,700
　　貸：原材料　　　　　　　　　　　　　　　　 32,700

退料時，編製如下會計分錄：

借：主營業務成本　　　　　　　　　　　　　　　　　　　1,630
　　貸：原材料　　　　　　　　　　　　　　　　　　　　　　　1,630

下月初，編製如下會計分錄：

借：主營業務成本　　　　　　　　　　　　　　　　　　　1,630
　　貸：原材料　　　　　　　　　　　　　　　　　　　　　　　1,630

【例9-6】F餐館3月份「原材料」帳面月初余額為5,560元，本月購進原材料總額為28,270元，月末操作間盤點原材料實存1,130元，倉庫盤點實存2,430元，採用「以存計消」核算辦法倒擠3月份原材料耗用總成本。

借：主營業務成本　　　　　　　　　　　　　　　　　　　30,270
　　貸：原材料　　　　　　　　　　　　　　　　　　　　　　　30,270

【例9-7】G餐館本月發工資4,150元，購入消毒用品260元，支付水電費480元，支付燃料費1,780元，合計6,670元，均以銀行存款支付。

借：管理費用　　　　　　　　　　　　　　　　　　　　　6,670
　　貸：銀行存款　　　　　　　　　　　　　　　　　　　　　　6,670

期末結轉營業成本30,270元，管理費用6,670元。

借：本年利潤　　　　　　　　　　　　　　　　　　　　　36,940
　　貸：主營業務成本　　　　　　　　　　　　　　　　　　　　30,270
　　　　管理費用　　　　　　　　　　　　　　　　　　　　　　6,670

【思考與練習】

1. 旅行社計算應支付本月員工的工資，工資匯總表上金額為19,300元，據此編製會計分錄。

2. 某組團社本月根據費用結算通知單，向甲接團社撥付綜合服務費45,000元，又向乙旅遊團支付全程陪同費6,000元，餐費5,000元，交通費2,000元，行李托運費1,000元。編製相應會計分錄。

第十章 金融保險成本核算

【案例導入】

　　金融保險企業成本是指金融保險企業在業務經營過程中發生的與業務經營有關的支出，包括各項利息支出（含貼息）、賠款支出、金融機構往來利息支出、各種準備金以及有關支出。可以通過成本核算反應金融保險企業各部門、各業務對象的成本情況，據以控制、分析和考核其業務經營和財務成果，促進其加強內部管理，提高工作效率和經濟效益。試根據理解指出下列成本支出是否屬於金融保險業成本？

　　（1）利息支出；
　　（2）賠款支出；
　　（3）金融機構往來利息支出；
　　（4）固定資產折舊；
　　（5）手續費支出；
　　（6）業務宣傳費；
　　（7）防災費；
　　（8）業務招待費；
　　（9）外匯、金銀和證券買賣損失；
　　（10）各種準備金；
　　（11）業務管理費。

【內容提要】

　　本章主要闡述金融保險企業成本的構成、分類、特點及其成本核算程序和方法。

第一節　金融成本核算

一、金融成本的含義和核算原則

　　金融活動是指與貨幣流通及信用有關的一切活動。金融體系是指由各種金融機構組織構成的組織群體，包括中央銀行、商業銀行、專業銀行以及非銀行金融機構。其中，非銀行金融機構包括保險公司、信託公司、證券公司等。

　　金融成本主要是指銀行業務成本，即銀行在業務經營過程中發生的與業務經營有關的營業成本。銀行業務成本包括利息支出、金融企業往來支出、手續費支出、賣出

購回證券支出、匯兌損失等。另外，銀行還會發生與業務經營活動無直接關係、不直接計入營業成本的各種經營管理費用，稱為營業費用，由當期損益負擔。

為了提高金融成本核算工作質量，保證成本信息的準確性、真實性，金融企業成本核算應遵循以下原則：

第一，成本計算單位應與會計核算單位保持一致。金融企業一般以縣級分支機構或城市辦事處等相對獨立的會計核算單位作為成本核算單位。這些相對獨立的會計核算單位能夠為成本核算提供所需會計核算資料，便於該單位組織成本核算工作。

第二，遵守國家有關法律法規。金融企業進行成本核算應以國家有關法規、政策、制度、紀律為依據，成本核算必須堅持真實、準確、及時、重要性的原則。

第三，遵循一慣性和可比性原則。商業銀行及其各分支機構應採取統一規定的核算辦法對本單位的業務活動進行成本核算。同一業務在各期應採用相同的成本核算法進行業務處理，方法一經確定，不得任意更改。只有這樣，才能保證成本信息具有可比性。

第四，遵循權責發生制原則。費用確認的時點應與費用支出相關效益時點相一致。凡與本期效益相關的費用支出，均計入本期成本；凡不與本期效益相關，即使本期已經支付的費用，不計入本期成本。

第五，遵循收入與費用合理配比原則。各級銀行成本核算應與同期收入相配比，成本費用核算期與收入核算期相一致，計算口徑也應保持一致。

第六，劃分成本費用不同支出界線。成本費用支出既有不同支出方式，又有不同支出用途，金融企業成本核算應劃分本期支出與下期支出界線，劃分資本性支出與收益性支出界線，劃分營業支出與營業外支出界線。

二、金融成本計算程序

首先，確定成本計算對象。金融企業成本計算對象是指業務項目。業務項目是指金融機構主要經營業務內容的不同分類，包括存、貸、匯等業務。這些業務發生的費用支出是金融企業成本計算的基礎。

其次，歸集和分配各種費用支出。金融機構在業務經營活動中必然發生各項費用支出，對這些費用支出，應分為營業活動相關費用和無關費用兩大類。前者構成營業成本，而后者則形成營業費用。

最后，確定營業成本和營業費用。對上述各項費用支出，按用途歸類后，根據有關憑證的記錄，計入有關成本費用帳戶，包括「利息支出」「手續費及佣金支出」「金融企業往來支出」等帳戶。通過這些帳戶的歸集，形成營業成本和營業費用。

期末結轉利潤時，將相關的成本、費用帳戶的余額從貸方轉入「本年利潤」帳戶的借方，期末無余額。

三、金融企業營業成本核算

營業成本核算是指通過審核和控制金融機構發生的與經營業務有關的費用，設置相關成本費用帳戶，運用一定的成本計算方法，對所發生的費用，給予反應和監督，

最終確定營業成本的核算過程。營業成本是指銀行在業務經營過程中發生的與業務經營有直接關係的費用支出，包括利息支出、金融企業往來支出、手續費支出、匯兌損失等。

(一) 利息支出核算

利息支出是指商業銀行以負債方式籌集各類資金（不包括金融機構往來資金），按規定利率提取並支付的利息。利息支出包括企業存款利息支出、儲蓄存款利息支出、金融債券利息支出、借款利息支出等。對以上各種利息支出，商業銀行應設置「利息支出」帳戶進行核算。該帳戶為成本費用類帳戶，借方登記費用的增加，貸方登記費用的減少，期末無餘額。

「利息支出」帳戶可按利息支出項目設置明細帳戶，包括「活期存款利息支出」「定期存款利息支出」「活期儲蓄存款利息支出」「定期儲蓄存款利息支出」「金融債券利息支出」等。

與其對應的帳戶是「應付利息」帳戶，該帳戶貸方登記應付利息的提取，借方登記利息的償還，貸方余額表示尚未償還的利息。「應付利息」帳戶可按具體存款單位或儲戶設置明細帳戶，以進行明細核算。

1. 定期存款應付利息的計提和支付核算。

定期存款應付利息的核算包括單位定期存款和儲蓄定期存款兩種，採用按月計提一次支付的辦法給予核算。在計提時，按定期存款的期限分為三個月、六個月、一年、二年、三年和五年不同期限的月平均余額和相應的利率逐月計提，借記「利息支出」帳戶，貸記「應付利息」帳戶。到期後即轉為活期存款，借記「定期存款（本金）」「應付利息（利息）」帳戶，貸記「活期存款（本金加利息）」帳戶。

【例10-1】銀行本月計提一年期定期儲蓄存款利息，該月平均存款餘額820,000元，年利率為2.25%。

應付利息＝820,000×2.25%×1/12＝1 538（元）

借：利息支出——定期儲蓄存款利息　　　　　　　　　　　1,538
　　貸：應付利息——應付定期儲蓄存款利息　　　　　　　　　　1,538

【例10-2】銀行將一年期到期定期儲蓄存款本金435,000元、利息10,875元轉存為活期儲蓄存款。

借：定期儲蓄存款——一年期定期儲蓄存款　　　　　　　　435,000
　　應付利息——應付定期儲蓄存款　　　　　　　　　　　　10,875
　　貸：活期儲蓄存款　　　　　　　　　　　　　　　　　　445,875

【例10-3】銀行以現金支付一年期到期定期儲蓄存款本金31,400元，利息785元（假定尚未轉為活期，即期支付）。

借：定期儲蓄存款——一年期定期儲蓄存款　　　　　　　　31,400
　　應付利息——應付定期儲蓄存款利息　　　　　　　　　　　785
　　貸：庫存現金　　　　　　　　　　　　　　　　　　　　32,185

如果已經轉為活期儲蓄存款，則：

借：活期儲蓄存款　　　　　　　　　　　　　　　　　　32,185
　　貸：庫存現金　　　　　　　　　　　　　　　　　　　　32,185

【例 10-4】某儲戶將本年 3 月 20 日到期的一年期定期儲蓄存款本金 30,000 元、利息 750 元，於同年 8 月 20 日到銀行支取，活期存款利率為 0.72%，銀行以現金支付（假定尚未轉為活期）。

借：定期儲蓄存款——一年期定期儲蓄存款　　　　　　　30,000
　　應付利息——應付定期儲蓄存款利息　　　　　　　　　750
　　利息支出——活期儲蓄存款利息　　　　　　　　　　　92
　　貸：庫存現金　　　　　　　　　　　　　　　　　　　30,842

如果已經轉為活期儲蓄存款，則：
借：活期儲蓄存款　　　　　　　　　　　　　　　　　　30,750
　　利息支出　　　　　　　　　　　　　　　　　　　　　92
　　貸：庫存現金　　　　　　　　　　　　　　　　　　　30,842

【例 10-5】某儲戶以現金 60,000 元於本年 2 月 10 日向銀行申請辦理一年期定期儲蓄存款，年利率 2.25%。由於特殊情況，該儲戶於同年 10 月 10 日到銀行要求支取該筆存款，銀行同意后以現金支付，活期存款利率為 0.72%。

銀行計提 8 個月應付利息 = 60,000×2.25%×8÷12 = 900（元）
銀行按活期存款計算活期存款 8 個月利息：60,000×0.72%×8÷12 = 288（元）
衝減原計提利息：

借：應付利息——應付定期儲蓄存款利息　　　　　　　　900
　　貸：利息支出——一年期定期儲蓄存款利息支出　　　　　　900

同時：
借：定期儲蓄存款——一年期定期儲蓄存款　　　　　　　60,000
　　利息支出——活期儲蓄利息支出　　　　　　　　　　　288
　　貸：庫存現金　　　　　　　　　　　　　　　　　　　60,288

2. 活期存款利息的計算與支付的核算。

活期存款應付利息核算包括單位活期存款和活期儲蓄存款兩種。由於活期存款的存取業務比較頻繁，為簡化核算，對應付利息仍可以採用預先提取然後支付的方式進行核算。在計算應付利息時，可採用每季度計息一次，也可採用每半年計息一次甚至每年計息一次的計息辦法。計算基數可按日累積餘額和日利率計算。待應付利息計算後，按計算結果立即轉存「活期存款」帳戶，在支取時，直接衝減「活期存款」帳戶。

【例 10-6】銀行於 6 月 30 日按活期儲蓄存款半年平均累積餘額 726,000 元，年利率為 0.72%，計算上半年活期儲蓄存款利息。

應付活期儲蓄存款半年利息 = 726,000×0.72%×1÷2 = 2,613.60（元）
計息時：
借：利息支出——活期儲蓄存款利息支出　　　　　　　　2,613.60
　　貸：應付利息——應付活期儲蓄存款利息　　　　　　　2,613.60

結轉時：

借：應付利息——應付活期儲蓄存款利息　　　　　　　　2,613.60
　　貸：活期儲蓄存款——××存款　　　　　　　　　　　　　　2,613.60

【例10-7】某儲戶於本年3月20日存入銀行活期儲蓄存款80,000元，年利率為0.72%，於同年11月20日取出30,000元，銀行以現金支付（假定銀行於6月30日計息）。

計算應付3月20日~6月30日三個月利息＝80,000×0.72%×3÷12＝144（元）
計息時：
借：利息支出——活期儲蓄存款利息支出　　　　　　　　144
　　貸：應付利息——應付活期儲蓄存款利息　　　　　　　　　　144
結轉時：
借：應付利息——應付活期儲蓄存款利息　　　　　　　　144
　　貸：活期儲蓄存款——××存款　　　　　　　　　　　　　　144
支取時：
借：活期儲蓄存款——××存款　　　　　　　　　　　　30,000
　　貸：庫存現金　　　　　　　　　　　　　　　　　　　　　30,000

【例10-8】以【例10-7】資料為例，某儲戶將活期儲蓄存款上半年利息取出140元，其本金80,000元轉為定期儲蓄存款，期限12個月，利率為2.25%。

借：活期儲蓄存款——××存款　　　　　　　　　　　　80,140
　　貸：庫存現金　　　　　　　　　　　　　　　　　　　　　　140
　　　　定期儲蓄存款——一年期定期儲蓄存款　　　　　　　80,000

（二）金融企業往來支出核算

金融企業往來支出是指商業銀行在經營過程中，與人民銀行、其他金融機構和系統內部其他行處之間，因資金往來而發生的利息支出。為了核算金融企業往來支出，商業銀行應設置「金融企業往來支出」帳戶，該帳戶為成本費用類帳戶。同時，在該帳戶下設置「向中央銀行借款利息支出」「系統內聯行存放款項利息支出」「同業拆借利息支出」「向金融公司拆借利息支出」「再貼現轉貼現利息支出」等明細帳戶，進行明細核算。相關聯的「存放中央銀行款項」帳戶為資產類帳戶。

【例10-9】某銀行計提向中央銀行借款利息360,000元。

借：金融企業往來支出——向中央銀行借款利息支出　　360,000
　　貸：應付利息——應付中央銀行利息　　　　　　　　　　360,000

【例10-10】某銀行實際支付以前期間已經計提的向中央銀行借款利息360,000元。

借：應付利息——應付中央銀行利息　　　　　　　　　　360,000
　　貸：存放中央銀行款項——備付金存款　　　　　　　　　360,000

【例10-11】某銀行實際支付本期發生的向同業銀行拆借資金利息21,200元。

借：金融企業往來支出——同業拆借利息支出　　　　　　21,200
　　貸：應付利息——應付同業拆借利息　　　　　　　　　　　21,200

借：應付利息——應付同業拆借利息　　　　　　　　　　21,200
　　貸：存放中央銀行款項——備付金存款　　　　　　　　　21,200
註：按現行制度規定，拆入拆出資金必須通過人民銀行資金融通中心劃撥。

(三) 手續費支出核算

手續費支出是指商業銀行委託其他單位代辦業務時，按合同支付的手續費用，以及參加票據交換業務發生的管理費用支出等。委託代辦手續費一律據實列支，不得預提。對於手續費支出，銀行應設置「手續費及佣金支出」這個費用支出類帳戶進行核算，借方反應費用支出的增加，貸方反應費用支出的衝銷，期末無餘額。

【例10-12】銀行以現金支付某代辦機構手續費4,360元。

借：手續費及佣金支出——××代辦戶　　　　　　　　　　4,360
　　貸：庫存現金　　　　　　　　　　　　　　　　　　　　4,360
（活期存款——××單位存款）

(四) 匯兌損失核算

匯兌損失是指商業銀行在經營外幣買賣和外幣兌換業務時，因匯率變動而發生的損失。為了核算上述損失。商業銀行應設置「匯兌損失」帳戶，該帳戶借方反應匯兌損失，貸方反應匯兌收益，如為借方餘額，表示匯兌淨損失；如為貸方餘額，表示匯兌淨收益。該帳戶可按不同幣種設置明細帳戶，以進行明細核算。

【例10-13】銀行以匯率6.60元購入美元40,000元，但以匯率6.20元全部賣出，其差額0.40元為匯兌損失。

借：匯兌損失——美元戶損失　　　　16,000　(0.40×40,000)
　　庫存現金　　　　　　　　　　　248,000　(6.20×40,000)
　　貸：外幣買賣——美元戶　　　　264,000　(6.60×40,000)

四、金融企業營業費用核算

營業費用是指商業銀行在業務經營活動及管理工作中發生的各項費用支出，包括折舊費、外事費、印刷費、公務費、差旅費、水電費、租賃費、修理費、會議費、訴訟費、公證費、諮詢費、取暖費、綠化費、廣告費、業務宣傳費、業務招待費、安全防衛費、財產保險費、待業保險費、勞動保險費、勞動保護費、郵電通信費、工會經費、董事會費、電子設備運轉費、技術轉讓費、研究開發費、上交管理費、銀行結算費、防暑降溫費、職工工資費、職工福利費、勘察理賠費、低值易耗品攤銷、無形資產攤銷、長期待攤費用攤銷、房產稅、印花稅、車船使用稅、土地使用稅等。

銀行應設置「業務及管理費」帳戶進行營業費用的核算。該帳戶為費用支出類帳戶，借方登記費用的增加，貸方登記費用的減少，即轉入「本年利潤」帳戶，期末無餘額。「業務及管理費」帳戶可按單位、部門、分支機構設置明細帳戶，進行明細核算。

第二節　保險成本核算

一、保險成本的含義與種類

保險是指通過契約形式，將分散的資金集中起來，用以對因自然災害或意外事故造成的損失提供經濟補償的手段。保險成本是指保險企業在業務經營活動中發生的與業務經營有關的各項費用支出，包括營業成本和營業費用兩大類。對於不同保險種類，有不同的營業成本，包括財產保險成本、人壽保險成本、再保險成本和資金運用成本四種。不同營業費用則分別由不同的營業成本負擔。

對上述各項成本費用支出，按種類歸類後，根據有關憑證的記錄，計入有關成本費用帳戶，通過這些帳戶的歸集，形成營業成本和營業費用。期末結轉利潤時，將相關的成本、費用帳戶的餘額從貸方轉入「本年利潤」帳戶的借方，期末無餘額。

(一) 財產保險成本

財產保險成本包括：第一，賠款支出，即保險公司對補償性保險合同支付的保險金以及發生的理賠勘察費用。第二，手續費用支出，即保險公司支付給保險代理人的手續費。第三，利息支出，即保險公司按規定借入短期借款、長期借款、拆入資金等發生的利息支出。第四，其他支出，即保險公司諮詢服務、代理勘察、轉讓無形資產等發生的或結轉的相關費用、相關稅金及附加以及公司取得利息收入而應繳納的營業稅金及附加。第五，提取保險保障基金，即為了保障被保人的利益，保障理賠的資金來源按規定提取的保障基金。第六，準備金提轉差，即保險公司提存的未決賠款準備金、未到期責任準備金、壽險責任準備金、長期責任準備金、長期健康責任準備金與其轉回部分之間的差額。第七，營業費用，即保險公司在業務經營及管理工作中除手續費用、佣金支出以外的其他各項支出。

(二) 人壽保險成本

人壽保險成本包括：第一，死傷醫療給付，即保險公司按給付性保險合同約定，支付給被保險人的死傷醫療保險金。第二，滿期給付，即被保險人生存到保險期滿，保險公司按給付性保險合同約定，支付給被保險人的保險金。第三，年金給付，即被保險人生存到給付性保險合同約定的年齡或約定的期限，保險公司按合同約定支付給被保險人的年金。第四，退保金，即具有現金價值的人壽保險單，在保戶退保時，保險公司按合同約定，支付給被保險人的金額。第五，保單利差支出，即人壽保險業務中，保險公司按合同約定，支付給保戶的利差。保單利差計算方法有兩種：保單利差＝期中保單價值準備金×(銀行兩年定期儲蓄存款利率−預定利率)；保單利差＝上一保單年末保單現金價值×(平均利率−預定利率)。第六，各種賠款支出、手續費支出、佣金支出、營業費用以及提存的保險基金等。

(三) 再保險成本

再保險成本包括：第一，分保賠償款支出，即接受公司向分出公司支付的分保賠償款。第二，分出保費，即分出公司應向接受公司支付的保險費收入。第三，分保費用支出，即接受公司向分出公司支付的分保費用，包括手續費、營業費、營業稅金及附加。第四，各種賠款支出、手續費支出、營業費用和提取的保險基金等。

(四) 資金運用成本

資金運用成本主要是指資金運用本金，包括對外投資成本、資金拆出成本、資金貸出成本和證券購回成本等。

二、財產保險成本核算

財產保險是指以各種物資財產以及有關利益為保險標的的保險，主要有財產損失保險、責任保險、信用保險等種類。財產損失保險主要有普通財產保險、運輸工具保險、工程保險、貨物運輸保險、農業保險等；責任保險主要有公眾責任保險、雇主責任保險、產品責任保險、職業責任保險等；信用保險主要有出口信用保險、投資保險和國內商業信用保險等。

(一) 財產保險賠款支出核算

財產保險賠款是指保險標的發生了保險責認範圍內的保險事故後，保險人根據保險合同規定，對被保險人履行經濟補償義務所做的賠償支出。為了核算和監督財產保險的賠款支出業務，應設置「賠償支出」和「預付賠款」帳戶。

「賠款支出」帳戶核算公司財產保險、意外傷害保險以及一年以內（含一年）的健康保險業務按保險合同約定支付的賠償款，發生的理賠勘察費也在該帳戶核算。該帳戶為費用支出類帳戶，借方登記賠款支出，貸方登記損餘物資沖減的賠款支出和轉入「本年利潤」帳戶的支出額，結轉後該帳戶無餘額。該帳戶可按保險種類設置明細帳戶。

「預付賠款」帳戶核算公司在處理各種理賠案件過程中，按照保險合同約定預先支付的賠款，為資產類帳戶。該帳戶借方登記公司預付的賠償款，貸方登記結案後將預付賠償款轉為賠款支出的賠款額，借方餘額表示公司實際預付的賠款額。該帳戶可按保險種類設置明細帳戶，進行明細核算。

【例10-14】某公司投保的運輸車輛損失保險出險，保險公司根據業務部門提供的賠款計算書等相關憑證，經審核認定賠款金額280,000元，開出轉帳支票予以賠償。在理賠過程中該保險公司聘請專業人員協助工作，發生現場勘察費1,200元以現金支付。

借：賠款支出——車輛損失保險　　　　　　　　　　280,000
　　　　　　——現場勘察費　　　　　　　　　　　　 1,200
　　貸：銀行存款　　　　　　　　　　　　　　　　 280,000
　　　　庫存現金　　　　　　　　　　　　　　　　　 1,200

【例10-15】某企業投保財產保險出險,因雙方對實際損失的認定存在爭議,保險公司按一定比例支付預付賠款 640,000 元,開出轉帳支票付訖。后經雙方調查核實,確認實際損失 836,000 元,損余物資估價 35,200 元,按估價予以出售,保險公司開出轉帳支票補足其損失差額。

預付賠償款時:
借:預付賠款——普通財產保險　　　　　　　　　　　　640,000
　　貸:銀行存款　　　　　　　　　　　　　　　　　　　640,000

結案及補賠差額賠償款時:
借:賠款支出——普通財產保險　　　　　　　　　　　　836,000
　　貸:預付賠款——普通財產保險　　　　　　　　　　　640,000
　　　　銀行存款　　　　　　　　　　　　　　　　　　196,000

出售損余物資時:
借:銀行存款　　　　　　　　　　　　　　　　　　　　35,200
　　貸:賠款支出——普通財產保險　　　　　　　　　　　35,200

(二) 財產保險準備金核算

財產保險準備金是指保險公司為履行其承擔的保險責任或者備付未來賠款,從取得的保費收入中提存的準備資金,是一種資金累積。根據保險公司會計制度規定,財產保險業務應提存的準備金包括未決賠款準備金、未到期責任準備金和長期責任準備金三種。

1. 未決賠款準備金核算

未決賠款準備金是指保險公司在會計期末,為本期已經發生的保險事故,應付未付賠償款所提供的一種準備金。由於保險業務是根據有效保險單計算準備金的,而準備金是保險公司的一項重要負債。因此,提存和轉回準備金應分別核算,並相應設置三個會計帳戶。

(1)「未決賠款準備金」帳戶。該帳戶核算保險公司由於已經發生保險事故,並已經提出賠款要求或未提出賠款要求,按規定提存的未決賠款準備金。該帳戶為負債類帳戶,貸方登記期末公司按規定提存的未決賠款準備金,借方登記轉回上期提存的未決賠款準備金,貸方余額反應公司提存的未決賠款準備金。該帳戶按保險種類設置明細帳戶,以進行明細核算。

(2)「轉回未決賠款準備金」帳戶。該帳戶核算保險公司上期提存的未決賠款準備金轉回業務。該帳戶為負債類帳戶,貸方登記期末轉回未決賠款準備金,借方登記期末將帳戶貸方發生額轉入「本年利潤」帳戶貸方的未決賠款準備金,結轉后該帳戶無余額。該帳戶可按保險種類設置明細帳戶,以進行明細核算。

(3)「提存未決賠款準備金」帳戶。該帳戶核算保險公司已經發生保險事故,並已提出賠款要求或尚未提出賠款要求,按規定提存的未決賠款準備金,為成本費用類帳戶。該帳戶借方登記公司按規定提存的未決賠款準備金,貸方登記提存的未決賠款準備金轉入「本年利潤」帳戶借方的轉銷額,結轉后該帳戶無余額。該帳戶下設「已提

出賠款準備金」和「未提出賠款準備金」兩個明細帳戶，並按保險種類設置明細帳戶，以進行明細核算。

現舉例說明未決賠款準備金核算。

【例 10-16】某財產保險公司期末計提未決賠款準備金，對已決未付賠款，按當期已經提出的賠款要求計提 524,000 元，對已發生但未報告的未付賠款，按當年實際支出 850,000 元的 2% 計提。同時，轉回上年提存的未決賠款準備金 356,000 元。會計處理如下：

年末計提未決賠款準備金時：

借：提存未決賠款準備金——已提賠款	524,000
——未提賠款	17,000
貸：未決賠款準備金	541,000

同時，轉回上年提存的未決賠款準備金時：

| 借：未決賠款準備金 | 356,000 |
| 貸：轉回未決賠款準備金 | 356,000 |

2. 未到期責任準備金核算

未到期責任準備金是指損益核算期在一年內（含一年）的財產保險、意外傷害保險、健康保險業務等，為承擔跨期責任而提存的準備金。根據《中華人民共和國保險法》的規定，除人壽保險業務外，其他保險業務從當年自留保費收入中提取未到期責任準備金，數額應相當於當年自留保費收入的 50%。因此，應設置「未到期責任準備金」「轉回未到期責任準備金」和「提存未到期責任準備金」三個會計帳戶。其核算方法同於未決賠款準備金核算相同，不再舉例敘述。

3. 長期責任準備金核算

長期責任準備金是指保險公司針對長期財產保險業務，為應付保險期內的保險責任和有關費用而提存的保險金。這種準備金按長期財產保險業務取得的保費收入扣除相關成本費用后的余額提存。因此，應設置「長期責任準備金」「轉回長期責任準備金」和「提存長期責任準備金」三個會計帳戶。其核算方法與未決賠款準備金的核算相同，不再舉例敘述。

三、人壽保險成本核算

人壽保險（人身保險）是指以人的生命和身體作為保險標的，以被保險人的生、死、殘為保險事故的保險，包括人壽保險、人身意外傷害保險和健康保險三大類。人壽保險又可分為生存保險、死亡保險、兩全保險和年金保險四種情況。

以上三類人壽保險業務均有保費收入，因此也必然會產生人壽保險成本，包括死傷醫療給付、滿期給付、年金給付、退保金、保戶利差支出各種賠款支出以及手續費支出、佣金支出、營業費用支出、提取保險基金等。

對以上人壽保險成本進行的成本核算即為人壽保險成本核算，包括保險金給付核算、保戶利差支出核算、壽險準備金提存核算以及手續費支出、各種賠款支出、營業費用支出核算等。

(一) 保險金給付的核算

人壽保險業務的給付包括滿期給付、死傷醫療給付和年金給付三種。

1. 滿期給付核算

當被保險人生存至保險契約規定的時間滿期時，保險公司按照保險契約所訂立的保險金額支付給被保險人，即所謂滿期給付。為了核算滿期給付業務，應設置「滿期給付」這個費用支出類帳戶。發生滿期給付業務時，或有貸款本息未還清者，按給付金額計入該帳戶借方，期末將該帳戶借方發生合計從該帳戶貸方轉入「本年利潤」帳戶的借方，結轉后該帳戶無餘額。該帳戶按保險種類設置明細帳戶。

【例 10-17】某简易人壽保險保戶在保險期滿時，持有關證件申請滿期給付保險金 160,000 元，保險公司經審查無誤后以現金支付。

借：滿期給付——簡易壽保　　　　　　　　　　　160,000
　　貸：庫存現金　　　　　　　　　　　　　　　　　　　　160,000

2. 死傷醫療給付核算

死傷醫療給付是指人壽保險及長期健康保險業務的被保險人，在保險期內發生保險責任範圍內的死亡、傷殘等意外事故，按保險合同規定付給被保險人的保險金，包括死亡給付和醫療給付兩項。

為了核算死傷醫療給付業務，應設置「死傷醫療給付」這個費用支出類帳。發生死傷醫療給付或有貸款本息未還清者，按給付金額匯入該帳戶的借方。期末將該帳戶借方發生合計從貸方轉入「本年利潤」帳戶的借方，結轉后該帳戶無餘額。該帳戶下設「死亡給付」和「醫療給付」兩個二級科目。

【例 10-18】某保戶投保人壽保險 20 年，由意外傷害造成傷殘。根據醫院證明，保險公司按契約規定應給付醫療保險金 78,400 元，按契約規定該帳戶免繳全部保費，其保單依然有效，經審核后保險公司以現金支付醫療保險金。

借：死傷醫療給付——醫療給付　　　　　　　　　78,400
　　貸：庫存現金　　　　　　　　　　　　　　　　　　　　78,400

3. 年金給付核算

年金給付是人壽保險公司年金保險業務的被保險人生存至規定年齡，按保險合同約定支付給被保險人的給付金額。為了核算年金給付業務，應設置「年金給付」這個費用支出類帳戶。發生年金給付或有貸款本息未還清者，按給付金額計入該帳戶的借方。期末將該帳戶借方發生合計從貸方轉入「本年利潤」帳戶的借方，結轉后該帳戶無余額。該帳戶可按保險種類設置明細帳戶。

【例 10-19】某投保人投保終身年金保險，現已到約定年金領取年齡，保險公司審查后確認每月發給年金 600 元，直到被保險人死亡為止。

借：年金給付——終身年金保險　　　　　　　　　　600
　　貸：庫存現金　　　　　　　　　　　　　　　　　　　　　600

(二) 保戶利差支出核算

保戶利差是指人壽保險業務保險人按合同約定支付給保戶的利差。

由於人壽保險合同期長，以預計死亡率、利率和費用率為依據計算並確定的保費標準通常與實際情況不一致，保險費過剩實質上是對保戶利益的侵占。我國人壽保險公司 1997 年推出的利差返還型壽險產品規定：當實際利率高於預定利率時，保險人將這個差額對壽險責任準備金產生的利息返還給保單持有人。對這種業務的核算，應設置「保戶利差支出」和「應付保戶利差」兩個會計帳戶。

為了計算保險公司經營人壽保險業務返還的保戶利差，應設置「保戶利差支出」這個支出類帳戶。按業務部門計算的利差計入該帳戶借方，期末將該帳戶借方發生額從貸方轉入「本年利潤」帳戶的借方，結轉后該帳戶無餘額。該帳戶可按險種設置明細帳。

為了核算人壽保險公司按合同約定應付保戶利差，設置「應付保戶利差」這個負債類帳戶。按業務部門計算的應付利差計入該帳戶貸方，實際支付時計入該帳戶的借方，期末貸方餘額表示尚未支付的保戶利差，從本帳戶借方轉入「本年利潤」帳戶的貸方，結轉后無餘額。「應付保戶利差」帳戶按險種設置明細帳。

【例 10-20】根據人壽保險業務，某人壽保險公司期末應付給某保單持有人當期利差 3,700 元。會計處理如下：

計算應付利差時：
借：保戶利差支出——人壽保險　　　　　　　　　　　　3,700
　　貸：應付保戶利差——××保戶　　　　　　　　　　　　3,700
實際支付時：
借：應付保戶利差——××保戶　　　　　　　　　　　　3,700
　　貸：庫存現金　　　　　　　　　　　　　　　　　　　3,700
如果未能支付，來年予以轉帳：
借：應付保戶利差——××保戶
　　貸：本年利潤

(三) 壽險準備金核算

壽險準備金是壽險公司為了履行未到期的保險責任，從壽險保費收入中提存的專用基金，是壽險公司的一項負債。壽險準備金包括壽險責任準備金、長期健康責任準備金、未到期責任準備金和未決賠款準備金。其中，未到期責任準備金和未決賠款準備金的提存、轉回帳務處理與財產保險業務相同，不再贅述。

1. 壽險責任準備金核算

壽險責任準備金的提存應等於投保人繳付的純保費及其產生的利息扣除當年應分攤死亡成本后的餘額。為了核算壽險責任準備金，應設置「壽險責任準備金」「提存壽險責任準備金」「轉回壽險責任準備金」三個會計帳戶予以核算。

2. 長期健康責任準備金核算

為了核算長期健康責任準備金，應設置「長期健康責任準備金」「提存長期健康責任準備金」「轉回長期健康準備金」三個會計帳戶予以核算。

以上兩種壽險責任準備金的核算方法與財產保險準備金的核算方法大致相同，不

再舉例說明。

【思考與練習】

1. 某銀行於 2013 年 4 月 1 日收到儲戶存入 3 年期定期存款 500,000 元,該銀行 3 年期定期存款利率為 1.5%。該筆存款於 2015 年 4 月 1 日到期,款項到期銀行自動轉存為活期存款。請問 2015 年 4 月 1 日該銀行針對此業務如何進行成本核算?

2. 某儲戶於 2015 年 10 月 3 日取出其同年 5 月 3 日到期的定期儲蓄存款本金 60,000 元,利息 1,200 元,銀行定期存款到期自動轉存為同期的定期存款,活期存款利率為 0.35%。請問銀行於 2015 年 10 月 3 日應如何處理該項業務?

3. 某公司投保的辦公用商務轎車出險,保險公司根據現場勘察,審核認定賠款金額為 160,000 元,以銀行存款支付。勘查人員到事故發生現場,發生高速公路過路費 200 元,現場勘察費 2,500 元,過路費和勘察費當場以現金支付。請問保險公司對該事項如何進行成本核算?

第十一章　教育成本核算

【案例導入】

教育成本問題早在20世紀60年代初就已經提出，但至今學者們對教育成本的認識也沒有形成統一的意見。我國對教育成本的研究起步較晚，其中閻達五教授的觀點比較具有代表性。他認為教育成本是指教育過程中所耗費的物化勞動和活勞動的價值形式總和，是培養每一名學生所耗費的全部費用，包括兩部分：一部分是有形成本或直接成本，是直接用於培養學生的、可以用貨幣計量和表現的勞動耗費；另一部分是無形成本，即間接成本和機會成本。對於此觀點你是否認同？通過本章的學習你是否能夠更加深入地認識教育成本，是否更珍惜現在的學習機會？

【內容提要】

教育行業作為一個特殊的行業，其成本核算有其自身的特點。本章主要闡述教育成本的構成、特點、核算程序、核算方法及其應用。

第一節　教育成本概述

一、教育成本的概念及其核算特點

教育成本是指教育單位在開展教學專業活動和輔助活動時，將為接受教育者提供教育服務而發生的各種教育費用之和，即接受教育者的培養成本。所謂教育單位，是指向接受教育者傳授知識、技能等產品的單位或組織，主要包括各種類型的學校和教育組織。所謂教學專業活動，是指教育單位向接受教育者提供專業知識、技能、學習與教育等服務活動。所謂教學輔助活動，是指為開展教學專業活動而進行的管理、組織活動。

教育單位在開展教學專業活動和輔助活動時，當然要發生各種教育費用支出。這些支出都是為服務對象提供教育服務而發生的教育費用支出。因此，教育費用在各服務對象之間進行合理分攤，便成為教育成本。

教育成本核算是指教育單位依照國家法令、法規，對教育費用的發生進行審核與控制，核算其發生的實際情況，並運用一定核算程序和方法，按成本對象予以分配和歸集，最終確定各成本對象的總成本和單位成本的核算過程。

高等學校教育成本核算與其他行業成本核算相比具有以下特點：

第一，高等學校教育成本通過直接和間接的方式得到補償。物質生產部門可通過產品的出售直接得到補償，而高等學校的「產品」主要是掌握一定技能的合格學生，這些學生在校期間通過繳納一定的學費直接補償了部分教育成本，畢業後投入到用人單位，通過服務用人單位，可為用人單位和國家創造出大大超過其教育成本的價值，從而增加國家財政收入，國家通過財政撥款使高等學校的投入得到補償。從這個意義上講，國家投入的教育經費是對高等學校教育成本的間接補償。

第二，教育成本計算對象是教育服務的接受者，計算是的年人均單位成本。教育單位為接受教育者提供教育服務，因此教育成本計算對象是教育服務的接受者，計算的是年人均單位成本。

第三，教育成本核算期與會計核算期保持一致，與教學週期不一致。從理論上說，教育成本核算應與教育週期保持一致，與會計核算期不一致。教育成本核算由於依賴的會計核算資料是與會計核算期間同步的，因此教育成本核算期必須與會計核算期保持一致，從而導致與教育週期不一致。

第四，高等學校「產品」的特殊性決定了其成本計算的複雜性。除了以上原因以外，高等學校學生層次多、專業類別多等特點以及高等學校支出內容複雜等原因，也是造成高等教育成本核算難度大的重要原因之一。另外高等學校「產品」的製造過程需要全社會多方面的配合。由於學生的培養過程是一個循序漸進的過程，需要經過小學、中學和大學教育等多個階段，同時還受到國家政治、經濟、文化、道德等方面和學生個體的心理素質、努力程度等因素的影響，不像企業產品質量好壞幾乎取決於企業對生產過程的控制。

第五，高等學校教育成本直接費用少、間接費用多。高等學校培養學生的各項投入大都是綜合性投入，屬於間接性費用，如網管服務、圖書資料管理、行政管理、后勤服務等都是間接性費用。間接費用的分配標準直接影響到高等教育成本核算的準確性。

第六，高等學校教育成本具有經濟效益和社會效益。物質生產部門主要追求生產成本的經濟效益，即如何以最小的成本獲取最大的收入。而高等學校則不同，它不僅追求教育成本的經濟效益，更加重視教育成本的社會效益，即通過提高受教育者的綜合素質，不僅對受教育者個人有益，同時還可促進社會的物質文明和精神文明建設。

二、教育成本核算的對象

為了正確計算高等學校教育成本，高等學校首先必須明確成本計算對象，以便按照成本對象分別設置成本明細帳目，歸集各個成本對象所發生的成本費用，進而計算出各個成本對象的總成本和單位成本。高等學校與企業不同，企業成本計算對象比較簡單，主要就是企業所生產的各類產品，而高等學校的產品則是高等學校所提供的教育服務，那麼如何來計量教育服務呢？由於教育行政管理部門、社會和學生家長都很關心學校向學生提供一年的教育服務所發生的成本，因此從教育成本信息的相關性考慮，以學校向每一個學生提供一年的教育服務量作為教育成本核算的對象較為合適。這樣既可符合教育主管部門要求，又可滿足社會和學生家長的需要，還為高校編製預

算提供依據。但是高等學校的學生可以按多種標準來分類，如按是否有學歷劃分為學歷教育生（包括本專科生、研究生、成教生、網路教育生等）和非學歷教育生（研究生課程進修生、應用型學位生、自考生等）；按學歷層次劃分為專科生、本科生、碩士研究生、博士研究生等；按學習方法劃分為全日制學生和非全日制學生；按學習手段劃分為面授生、函授生、網路生；按學科分類劃分為文科生、理科生、工科生、農科生、醫科生；等等。不同科類、不同層次的學生教育成本是不同的，即使同一科類、同一層次的學生，由於專業不同，其教育成本也會有所差別。因此，從理論上講，為了準確核算教育成本，就必須按不同專業把不同層次的學生分別作為教育成本核算的對象，但從目前高校會計核算的技術手段來看，這樣做起來可能困難重重，這也是教育成本核算到目前仍然只停留在理論研究的一個主要原因。

在現階段，我們把高等學校教育成本核算的對象界定為學歷教育生，因為非學歷教育生屬於高等學校社會服務活動的範疇，其成本開支應該全額通過收入得到補償。為提高教育成本核算的可操作性，我們一方面在前面會計假設中提出了學生可折算假設的前提，即可把不同層次的學生都折合成標準學生進行計算；另一方面簡化核算對象的類別，即按高等學校設置的學院作為我們核算教育成本的基本單位，這樣我們只要核算出高等學校各學院的標準學歷生當年發生教育服務的耗費總金額，就可計算出每個學院標準學歷生一年的教育成本。因此，本教材認為可以把高等學校教育成本核算對象界定為高等學校各學院的標準學歷生。

三、教育成本核算項目

根據我國現行高等學校會計制度對支出項目的劃分，為了便於核算高等學校教育成本，我們把高等學校的經費支出按照成本核算的需要劃分為教育成本項目和非教育成本項目。

高等學校教育成本項目的設置應考慮以下原則：

第一，銜接性原則。高等學校教育成本項目的設置應盡量與現行高校會計制度規定的支出項目一致，以便於進行操作和對比分析，滿足國家教育行政管理部門信息需求，提高育資源的使用效率。

第二，有用性原則。高等學校教育成本項目的設置應能準確反應教育成本的經濟內容，以便於教育成本費用的歸集和分配。

第三，完整性原則。高等學校教育成本項目的內容應全面完整，所有應計入教育成本的費用支出都能在高等學校教育成本項目中反應出來。

第四，簡單性原則。高等學校教育成本項目的設置應簡單明瞭，不能太多太雜，以便於操作。

基於以上原則的要求，參照我國現行高等學校會計制度，可以將高等學校教育成本項目設置為以下三大項：

第一，人員支出。這是指高等學校開支的與教育服務有關的各類人員的工資性支出、津貼、補貼和按照國家規定應繳納的各項社會保障費支出，包括基本工資、津貼、獎金、社會保險費、助學金、其他等。

第二，公用支出。這是指高等學校用於教學和教學服務有關的各項支出，包括辦公費、郵電費、水電費、維修費、交通費、差旅費、會議費、招待費、材料費、物業管理費、勞務費、修繕費等。

第三，折舊費。這是指高等學校按照權責發生制原則計提的與教育服務有關的固定資產耗費的價值，包括房屋建築物折舊費、專用設備折舊費、一般設備折舊費、圖書以及其他教學用固定資產折舊費。

四、非教育成本核算項目

高等學校非教育成本核算項目是指高等學校耗費的資源與提供的教育服務無關，在教育成本核算時應予以剔除的項目。非教育成本核算項目主要包括以下幾個方面：

第一，校辦企業支出。儘管校辦企業作為獨立核算、自負盈虧的企業法人，但從現實情況來看，還有相當多的高等學校的校辦企業產權沒有理順，根本沒有做到真正意義上的獨立核算，不但佔有大量的學校教育資源，還有大量的費用仍然由學校在承擔。因此，高等學校在進行教育成本核算時應該剔除那些與學生培養無關，本應由校辦企業自行承擔的費用開支。

第二，后勤集團支出。自高等學校后勤社會化以來，大部分高等學校相繼成立后勤實體或后勤集團，它們實行獨立核算、自負盈虧，儘管與學生培養有一定的關係，但由於通過向學生收費或與學校結算的方式實行有償服務，有獨立的經費來源，基本上能收支平衡或略有結餘，因此后勤服務部門的支出不能計入教育成本。

第三，附屬單位的支出。高等學校的附屬單位，如幼兒園、中小學、醫院等，由於與學生培養無關，因此其經費支出也不能計入教育成本。

第四，培訓支出。高等學校從服務社會的角度考慮組織的各種培訓班，由於實行成本核算，有獨立的經費來源，因此其支出應通過收入補償，不能計入教育成本。

第五，賠償、捐贈支出以及自然災害損失等。由於這類支出屬於高等學校非正常性支出，與學生培養無關，因此不能計入教育成本。

此外，高等學校還有一些支出項目比較特殊，是否計入教育成本目前一直爭議較大，如科研支出、離退休人員支出、學生助學支出等，這部分支出占高等學校支出的比重高達30%，為計算簡便，本教材不將非教育成本計入教育成本內核算。

第二節　教育成本的核算方法

一、教育成本核算的方法

（一）原始憑證法

原始憑證法是根據高等學校經費支出的原始憑證按功能進行分類重新核算教育成本的一種方法。這種方法實際上是以權責發生制為基礎把所有的會計憑證重新核算一遍，勢必造成本核算的工作量大大增加，不利於進行推廣應用。

(二) 會計調整法

會計調整法是指在現行的高等學校會計制度的框架下，通過現有的會計核算科目及核算內容，根據教育主管部門制定統一的會計調整規則，經過進一步地按功能進行分類核算和數據轉換計算出教育成本的一種方法。用這種方法計算教育成本是建立在教育成本核算原則的基礎上得出的，其結果會比統計分析法更為準確些，但是還不能提供關於教育成本系統準確的數據。

(三) 會計核算法

這種方法主張徹底變革現行的高等學校會計制度，即通過對高等學校會計制度的重新設計以適應教育成本核算的需要。這種方法應該說是一種趨勢，因為它核算教育成本最為直接，會隨著高等學校日常會計核算的進行自然而然地產生教育成本信息。這種方法是本教材所採用的一種核算教育成本的方法。

二、教育成本核算的程序

為了正確核算教育成本，在組織教育成本核算時可參照企業成本核算程序，一般需要遵循以下幾個程序：

(一) 確定成本核算對象和成本核算期間

根據我們前面的介紹，為便於實務操作，把高等學校教育成本核算對象界定為高等學校各學院的標準學歷生。成本核算期間為一年，即公曆1月1日至12月31日。

(二) 設置成本項目

分為人員支出、公用支出和折舊費三大類，每大類下再按單位和具體用途細分若干明細科目。

(三) 確認、記錄、歸集和分配費用

這是核算高等學校教育成本的關鍵，也是核算教育成本的難點，具體可以按以下步驟進行：

第一，把高等學校發生的支出按其與培養學生是否有關，區分為教育成本項目與非教育成本項目。與教育成本有關的費用的就計入「教育成本」科目，與教育成本無關的支出就計入有關支出科目。

第二，對於與教育成本有關的費用，應劃分為直接費用或間接費用。若是直接費用，就直接計入「教育成本」科目；若是間接費用，先在「間接教育費用」科目進行歸集。

第三，月末將「間接教育費用」科目余額按一定的標準在教育產品中分配，轉入「教育成本」科目。

(四) 計算各教學單位 (學院) 的教育成本

年終時，根據「教育成本」科目歸集的匯總金額與分學院明細金額以及按照全校折合標準學生總數和各學院折合標準學生數，就可以計算出全校生均培養成本和各個

學院的生均培養成本。

可以看出，高等學校教育成本計算過程就是費用的對象化過程，通過對高等學校一定時期費用的歸集和分配，按教育成本核算項目分別列入人員支出、公用支出和折舊費支出，凡與學生培養有關的費用列入直接費用或間接費用，與學生培養無關的費用就列入其他支出，最后根據直接費用和間接費用總額計算出高等學校教育成本。

高等學校教育成本核算流程如圖 11-1 所示：

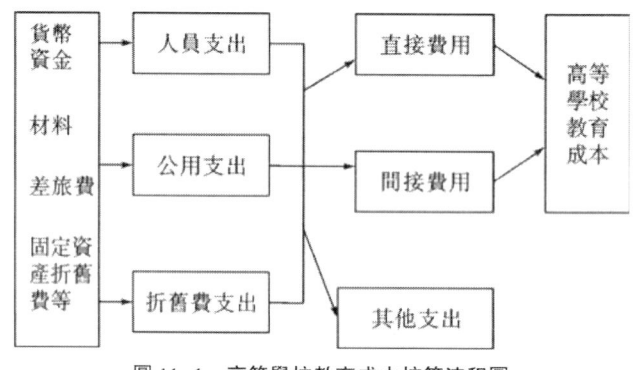

圖 11-1　高等學校教育成本核算流程圖

三、教育成本核算科目的設置和核算內容

為建立以教育成本核算為中心的會計核算體系，需要按照權責發生制原則、配比原則等成本核算原則，對現行學校會計制度支出核算科目進行適當調整，增設「教育成本」「間接教育費用」「待攤費用」「預提費用」「累計折舊」等會計科目，用於核算教育成本費用，與教育成本無關的支出仍可在原來的支出科目核算，同時改變收入類、負債類和淨資產類會計科目，使之與支出類會計科目相配比。鑒於本章主要是討論教育成本核算問題，在此只考慮支出類會計科目設置，就不再詳細討論收入類和資產類會計科目的設置問題。這樣，學校支出科目中用於核算教育成本的費用類會計科目主要有「教育成本」「間接教育費用」「待攤費用」「預提費用」「累計折舊」等。

下面就對核算教育成本的新增的會計科目進行詳細說明：

「教育成本」科目是用於核算與培養學生直接相關的各學院教育費用以及月末由間接費用結轉而來的共同教育費用，是對外提供教育成本信息的主要來源。在教育成本總帳科目下按學院設置二級明細科目，在二級明細科目下按教育成本核算內容設置三級明細科目進行核算，如基本工資、津貼、辦公費、折舊費等。該科目月末余額反應用於培養學生所耗費的教育資源價值，年末該科目余額轉入「事業結余」科目。

「間接教育費用」科目用於核算與培養學生間接相關的公共教育費用，如行政管理費用、業務輔助費用、后勤保障費用等。在間接教育費用總帳科目下按業務輔助部門或行政管理部門等設置二級明細科目，在二級明細科目下按教育成本核算內容設置三級明細科目進行核算，如基本工資、津貼、辦公費、折舊費等。費用發生時計入「間接教育費用」科目的借方，月末按一定的標準在學院之間進行分配，計入「教育成本」

科目的借方，該科目月末無余額。

「待攤費用」科目是屬於資產類科目，用於核算應由本月和當年其他月份分別負擔的費用，包括預付報紙雜誌費用、預付水電費和保險費等。在待攤費用總帳科目下按部門和成本項目分別進行核算。支出待攤費用時，借記「待攤費用」科目，貸記「銀行存款」「材料」等科目。分月攤銷費用時，應按待攤費用的用途分別借記有關成本、費用類科目，貸記「待攤費用」科目。若屬於攤銷年限超過一年以上高等學校教育成本核算問題研究的費用，可設置「長期待攤費用」科目進行核算。

「預提費用」科目是屬於負債類科目，用於核算本期已經發生，但應由以後才支付的費用，如預提租金、借款利息等。在預提費用總帳科目下按部門和成本項目分別進行核算。預提費用時，按部門和成本項目借記有關成本、費用類科目，貸記「預提費用」科目。實際支付時，借記「預提費用」科目，貸記「銀行存款」等科目。

「累計折舊」科目是用於核算固定資產的折舊額，應按固定資產的使用部門以及固定資產的類別分別設置二級明細帳進行核算。計提固定資產折舊時，根據固定資產的受益部門，借記有關成本、費用類科目，貸記「累計折舊」科目。

高等學校教育成本組成要素中間接教育費用（共同費用）多、直接費用少的特點，是高等學校教育成本區別於企業產品成本的顯著特徵之一。因此，如何合理準確地分配間接教育費用就成為能否正確計算各類學生教育成本的關鍵。根據高等學校的實際情況，分配間接教育費用時應遵循以下原則：

第一，共有性原則。這是指應承擔間接費用的對象都具有分配標準的共有因素。分配標準應是各分配對象所共有的特性，使各受益對象都能根據其共有的特性承擔間接費用。

第二，比例性原則。這是指間接費用與分配標準之間存在一定的因果比例關係，以達到「多受益、多承擔、少受益、少承擔」的目的，使間接費用得到公平合理的分配。

第三，可取得和計量性原則。這是指各受益對象分配標準的資料可以取得並能客觀計量，這樣才有利於間接費用的分配。

第四，相對穩定性原則。為了保持各期間接費用分配的可比性，間接費用的分配標準不宜經常變動，應保持相當穩定。

分配間接教育費用的因素標準如下：

第一，教師課時數。這是以各受益對象（各類學生）所消耗的仕課教師課時數作為分配標準。

第二，實驗課時數。這是以各受益對象（各類學生）所消耗的實驗課時數作為分配標準。

第三，教師工資數。這是以各受益對象（各類學生）所消耗的教師工資數作為分配標準。

第四，折合學生數。這是將各層次的實際學生人數折合成標準學生人數，並以折合后的標準學生作為分配標準，這是本章基於實務操作簡單方便考慮在會計假設中提出的。根據我國的具體情況並參照教育部的有關資料，把各類在校學生折算成標準學

生（本科生）的比例如下：本科生折合系數為1，碩士生折合系數為1.5，博士生折合系數為2，外國留學生折合系數為3，函授、夜大學生折合系數為0.1等。

間接教育費用的分配方法如下：

間接教育費用的分配因素標準確定以後，就可以計算出各類學生應承擔的間接教育費用分配率。其計算公式為：

某部門（學院）間接教育費用分配率＝本期歸集的間接教育費用總額÷本期間接教育費用分配標準

某部門（學院）應負擔的間接教育費用＝某部門（學院）間接教育費用分配率×間接教育費用分配因素標準量

間接費用常用的分配方法主要有計劃學時分配法、工資比例分配法、人數比例分配法、固定比率分配法和定額分配法等。其中，最為常用的分配法是計劃學時分配法。因為任何教育費用的發生無不與教學時數有關，與教學時數往往成正比關係，教學時數多，負擔的教育費用應該也隨之增多。計劃學時分配法計算公式如下：

$$分配率 = \frac{單項教育費用總額}{各成本計算對象計劃學時之和}$$

該成本計算對象（學院）應負擔教育費用＝該成本計算對象計劃總學時×分配率

第二節　教育成本日常核算及期末結轉

一、教育成本日常核算帳務處理

發生人員費用和物資費用時，應進行如下帳務處理：
借：教育成本——教學單位（學院）——成本項目
　　間接教育費用——科研成本——成本項目
　　　　　　　　——行政管理費用——成本項目
　　　　　　　　——業務輔助費用——成本項目
　　　　　　　　——后勤保障費用——成本項目
　貸：銀行存款（或應付職工薪酬、原材料等）

預提費用、分配待攤費用時，應進行如下帳務處理：
借：教育成本——教學單位（學院）——成本項目
　　間接教育費用——科研成本——成本項目
　　　　　　　　——行政管理費用——成本項目
　　　　　　　　——業務輔助費用——成本項目
　　　　　　　　——后勤保障費用——成本項目
　貸：預提費用（或待攤費用）

提取折舊時，應進行如下帳務處理：
借：教育成本——教學單位（學院）——成本項目

　　　　間接教育費用——科研成本——成本項目
　　　　　　　　　——行政管理費用——成本項目
　　　　　　　　　——業務輔助費用——成本項目
　　　　　　　　　——后勤保障費用——成本項目
　　貸：累計折舊
　　月末、年末分配間接教育費用時，應進行如下帳務處理：
　　借：教育成本——教學單位（學院）——成本項目
　　　貸：間接教育費用——科研成本——成本項目
　　　　　　　　　　——行政管理費用——成本項目
　　　　　　　　　　——業務輔助費用——成本項目
　　　　　　　　　　——后勤保障費用——成本項目

【例11-1】某校購進隨購隨用的教學器材一批，價款16,200元，增值稅2,754元，均以銀行存款支付，全部為教育學院領取領用。

　　借：教育成本——教育學院——辦公費　　　　　　　　18,954
　　　貸：銀行存款　　　　　　　　　　　　　　　　　　　　18,954

【例11-2】某校期末為了計算教育成本，將本期教學活動發生的器材費，按成本計算對象採用計劃學時法進行分配。根據「材料出庫領用匯總表」匯總的資料，辦公器材共出庫使用61,954元。假定教育單位設立A、B、C三個成本計算對象（學院），其計劃學時分別為420學時、380學時、480學時，合計為1,280學時。採用計劃學時分配法將器材費分配后計入各成本計算對象並轉入「教育成本」帳戶。

分配率 = $\frac{61,954}{420+380+480}$ = 48.40（元/學時）

A 應負擔器材費 = 420×48.40 = 20,328（元）
B 應負擔器材費 = 380×48.40 = 18,392（元）
C 應負擔器材費 = 61,954-20,328-18,392 = 23,234（元）

　　借：教育成本——A　　　　　　　　　　　　　　　　20,328
　　　　　　　——B　　　　　　　　　　　　　　　　18,392
　　　　　　　——C　　　　　　　　　　　　　　　　23,234
　　　貸：教學物資倉庫　　　　　　　　　　　　　　　　61,954

二、工資及福利費的歸集與分配

　　教育費用中的工資及福利費主要包括各類教學、教輔人員基本工資、其他工資以及按一定比例計提的職工福利費。教育費用還包括社會保障費、助學金和社會統籌金等。這些費用統稱為人員經費，通過「人員經費支出」帳戶予以匯總，期末按一定方法分配轉入「教育成本」帳戶。

【例11-3】經計算某校本期教育學院共發放職工工資215,000元，其中基本工資123,000元，其他工資92,000元，均用銀行存款支付。假定該校按14%計提職工福利費30,100元，其中基本工資計提17,220元，其他工資計提12,880元。

借：教育成本——人員經費支出——教育學院（工資）　　　245,100
　　貸：銀行存款　　　　　　　　　　　　　　　　　　　　215,000
　　　　專用基金——福利基金　　　　　　　　　　　　　　　30,100

【例11-4】某校教育學院本期發放助學金8,640元，以銀行存款支付。
借：教育成本——人員經費支出——教育學院（助學金）　　 8,640
　　貸：銀行存款　　　　　　　　　　　　　　　　　　　　　8,640

三、管理費用的歸集與分配

教育成本中的管理費用主要包括行政管理機構和教學管理機構的管理費用，屬於教育成本中的公用經費支出，具體包括公務費、折舊費、修繕費、租賃費、利息支出和其他費用等。其中，折舊費是因為核算教育成本的需要，對固定資產必須提取折舊費而設立的費用項目。

對以上這些費用，平時可通過「管理費用」帳戶予以匯總，在期末計算教育成本時，再按成本計算對象，採用一定方法分配計入各成本計算對象相關教育成本明細帳。

【例11-5】某校以銀行存款支付學校行政辦公大樓水費、電費14,200元。
借：管理費用——公務費——水電費　　　　　　　　　　　14,200
　　貸：銀行存款　　　　　　　　　　　　　　　　　　　　 14,200

【例11-6】經計算某校本期行政辦公大樓應計提折舊費5,640元。
借：管理費用——折舊費　　　　　　　　　　　　　　　　 5,640
　　貸：累計折舊　　　　　　　　　　　　　　　　　　　　　5,640

【例11-7】承【例11-2】，某校期末為了計算教育成本，將本期已經發生的管理費用支出194,060元，按成本計算對象，採用計劃課時法，分配計入各成本計算對象（學院）相關「教育成本」明細帳戶。

$$分配率 = \frac{194,060}{420+380+480} = 151.61 \ (元/學時)$$

A 應負擔管理費用 = 420×151.61 = 63,676（元）
B 應負擔管理費用 = 380×151.61 = 57,612（元）
C 應負擔管理費用 = 194,060−63,676−57,612 = 72,772（元）

借：教育成本——A——管理費　　　　　　　　　　　　　　63,676
　　　　　　——B——管理費　　　　　　　　　　　　　　57,612
　　　　　　——C——管理費　　　　　　　　　　　　　　72,772
　　貸：管理費用——明細項目　　　　　　　　　　　　　 194,060

四、教育成本期末結轉

教育成本的期末結轉就是將教育成本明細帳所歸集的本期教育費用，從「教育成本」帳戶的貸方，轉入「事業結余」帳戶的借方，以便求出「事業結余」帳戶的貸方余額，為結余分配提供資料。

【思考與練習】

1. 某校本學期教學活動的耗材費共計 90,000 元，按成本計算對象採用實際學時法進行分配。假設該校有 3 個教學單位，分別為經濟管理學院、建築工程學院、信息管理學院，各學院實際學時分別為 10,000 學時、14,000 學時、16,000 學時。請對該校本學期的教學耗材進行分配。

2. 某學校 5 月份共發生職工工資 450,000 元，其中基本工資 320,000 元，住房公積金 45,000 元，社會保險費 85,000 元。該學校按 14% 計提職工福利費。上述工資費用於 6 月 10 日以銀行存款發放。請編製該學校 5 月份工資核算的相關會計分錄。

3. 某學校 5 月份以銀行存款支付學校行政辦公樓水電費 25,000 元，其他費用 20,000 元，本月該辦公樓計提折舊費 5,000 元。請編製該學校 5 月份費用核算相關會計分錄。

第十二章　醫院成本核算

【案例導入】

根據《醫院財務制度》有關成本費用開支範圍的規定，醫院成本核算是依據醫院管理和決策的需要，對醫療服務過程中的各項耗費進行分類、記錄、歸集、分配和分析，提供相關成本信息的一項經濟管理活動，是對醫療服務、藥品銷售、制劑生產過程中發生費用進行核算，其目的是真實地反應醫療活動的財務狀況和經營成果。醫院成本核算中的「成本」不同於企業財務會計中的成本。醫院成本核算作為一項醫院內部的經濟管理活動，其成本概念具有更豐富的內涵，形式呈現出多樣性。例如，根據不同的成本歸集對象，可將成本分為醫院總成本、科室成本、項目成本和病種成本等。

醫院成本核算主要包括醫院、科室、單元、病種、醫療項目五級成本核算，具有計劃、核算、分析、預算、控制、決策等功能。

【內容提要】

相對於其他服務行業，醫院的成本核算可能更為複雜。本章主要闡述醫院成本的構成內容、成本特點、成本的基本核算程序和方法以及不同級別的成本核算實務。本章重點是院級成本核算實務。

第一節　醫院成本概述

一、醫院成本的概念、內容及種類

（一）醫院成本的概念

醫院成本核算是指對醫院一定時期內實際發生的各項成本費用進行完整、系統的記錄、歸集、計算和分配，根據醫院業務活動特點和管理要求，按照醫院醫療活動的不同對象、不同階段、不同項目進行有關的帳務處理，計算總成本和單位成本，以確定一定時期內的成本水平，並加以控制和考核，為成本管理提供客觀真實的成本資料的一種經營管理活動。

醫療機構在開展醫療服務活動中，必然會發生各項耗費，這些耗費表現為醫院佔用在各種資金形態上的資金。具體地說，醫院在進行醫療業務活動中使用的醫療設備、器械、建築物等物質資料的價值，是勞動手段佔用的資金，這些物質資料的價值是通過計提折舊的方式逐漸轉移到醫療成本當中的；醫療服務活動中消耗的藥品、材料、

用品、工具等其他物質資料的價值，表現為醫院占用在勞動對象上的資金耗費，這些勞動對象的價值是一次地、全部地轉移到醫療成本中去的。至於醫務勞動者為自己創造的價值，表現為醫院以工資形式支付給勞動者的勞動報酬，是以基本工資、補助工資、其他工資、職工福利費、社會保障費的形式計入醫療成本的。

因此，醫院成本是由醫療資金耗費形成的，反應了醫院在進行醫療業務服務活動中資金耗費的價值。

(二) 醫院成本的內容

根據現行醫院財務制度的規定，醫院的醫療收支和藥品收支應分開核算、分開管理，醫院可分別進行醫療成本核算和藥品成本核算。醫院成本包括醫療成本、藥品成本、管理費用三部分。

醫院成本核算內容如圖 12-1 所示：

```
                        醫院成本
        ┌───────────────────┼───────────────────┐
      醫療成本            藥品成本            管理費用
        │                                       │
        └──────直接費用              間接費用────┘
```

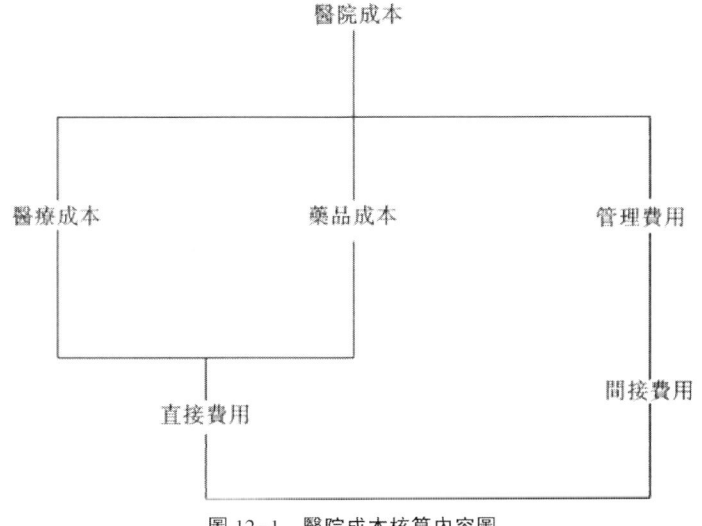

圖 12-1　醫院成本核算內容圖

(三) 醫院成本的種類

根據醫院醫療業務服務活動的特點和管理要求、成本計算對象和目的以及成本計算的內容的不同，可以對醫院成本進行必要的分類，以便提高成本核算質量和成本管理水平，為有關部門提供成本信息。因此，醫院可按下列標準對醫院成本進行分類：

1. 按成本計算對象分類

根據醫院成本計算對象不同，醫院成本可分為醫療成本、藥品成本、科室成本、醫療項目成本、診次成本和床日成本、病種成本、出院病人成本、管理費用等。

(1) 醫療成本。醫療成本是指醫院在開展醫療服務活動時發生的直接費用支出和攤入的管理費用，包括從事醫療臨床服務的職工的工資、補助工資、獎金、福利費、職工保障費、各種材料、低值易耗品的消耗、公務費和業務費，醫療部門使用的固定資產提取的修購基金（即折舊）及小修小購等其他費用。

(2) 藥品成本。藥品成本是指醫院在向病人提供藥品過程中發生的各種直接支出費用及攤入的管理費用，包括從事藥品採購、保管、發放以及藥品管理工作的職工的工資、獎金、保障福利費，直接領用消耗的各種材料，公務費和業務費，向病人提供的藥品成本費用支出，藥品部門使用的固定資產提取的折舊及小修小購費用等。

(3) 科室成本。科室成本是指醫院各科室開展服務活動所發生的各項費用之和。

(4) 醫療項目成本。醫療項目成本是指醫院在開展某項醫療專項業務活動時發生的各項費用之和。

(5) 診次成本和床日成本。診次成本和床日成本是指以診次和床日計算醫療業務服務的耗費而形成的成本。

(6) 病種成本。病種成本是指以單病種為計算對象，計算單病種發生的各種耗費之和。

(7) 出院病人成本。出院病人成本是指以出院病人作為成本計算對象，換算出院病人所耗費的各項費用支出之和。

(8) 管理費用。管理費用是指醫院行政後勤部門為組織和管理醫療服務活動而發生的各項費用。管理費用的內容一般包括行政後勤人員的工資、獎金、福利費，領用的材料物資耗費，公務費和業務費，宣傳教育培訓費，利息費，壞帳損失，行政後勤部門使用的固定資產折舊及維修等費用。管理費用歸集後要按照一定的方法分攤給醫療成本和藥品成本。

2. 按成本核算目的分類

根據醫院成本核算目的的不同，醫院成本可分為醫院成本、科室成本和單項成本。

(1) 醫院成本。醫院成本是指醫院為完成全院醫療任務而支付的全部費用之和。其目的在於綜合反應醫院在進行醫療業務服務活動中發生的各項費用支出的總體水平。醫院成本包括醫療成本、藥品成本、管理費用三部分。

(2) 科室成本。科室成本是指基本業務科室和輔助業務科室在進行醫療活動和其他業務活動中所發生的全部費用之和。科室成本包括基本業務成本和輔助業務成本兩部分。

(3) 單項成本。單項成本是指每一個醫療業務單項應當承擔的醫療費用之和。其目的在於綜合反應該醫療服務單項在提供醫療服務過程中發生的醫療費用支出總水平。其費用支出包括醫療費用和藥品費用和管理費用。

二、醫院成本核算的基本原則

醫院進行成本核算的目的是提供實際成本信息，為成本管理和決策提供可靠的依據，從而提高醫院的經濟效益和社會效益。因此，為了保證成本信息質量，充分發揮成本核算的重要作用，在進行成本核算時，應遵守以下基本原則：

(一) 成本核算期與會計核算期保持一致原則

醫院成本核算要分期進行，為了能夠及時取得會計核算資料，並為會計核算提供成本資料，成本核算期與會計核算期應當保持一致。只有這樣，醫院成本核算才能正

確計算各期醫療、藥品以及其他專項成本。

(二) 收入與費用配比原則

醫院成本核算應以權責發生制原則為基礎，凡應由本期成本負擔的費用，不論是否在本期支付，均應計入本期成本；凡不屬於本期成本負擔的費用，即使在本期已經支付，也不計入本期成本。遵循權責發生制原則是為了保證支出發生期與支出受益期相一致，正確處理費用的支付與收益的收入合理配比，按照事物的因果關係確認收入與支出。

(三) 實際成本原則

醫院成本核算應按實際成本進行，實際成本原則就是對成本、費用的確認、分配、歸集和結轉均按實際成本計價，以保證成本資料的真實性和可比性。

(四) 成本核算的合法性和一致性原則

所謂合法性，是指計入成本的各項支出，應符合國家法令、政策、制度、紀律等有關規定，遵守規定的開支標準和範圍，不得任意超過開支標準和範圍。所謂一致性，是指成本核算採用的方法、成本確認的依據應前后保持一致，不得任意調整、改變。

三、醫院成本核算對象及帳戶設置

(一) 醫院成本核算對象

醫院成本核算對象是指醫療費用的承擔對象。醫院在進行醫療服務活動中，其服務對象、服務項目和服務手段是多種多樣的，因此其發生的醫療費用也應由多種多樣的服務對象來承擔，為這些服務對象核算成本。

醫院成本核算對象簡單來說分為住院和門診兩大類。醫院提供醫療服務的主要場所和方式是向住院患者提供醫療服務，或者通過門診對患者提供醫療服務。醫院在兩種服務活動中發生的醫療費用當然應由住院患者或者接受門診的患者承擔。因此，醫院成本核算對象主要是指住院和門診兩個方面。其他成本核算對象，可根據具體情況確定。

醫院確定成本核算對象的目的就是為了核算住院或門診發生的醫療費用的發生情況及其承擔對象，以便正確核算成本。醫院成本就其內容來說，包括治愈病人，滿足患者對醫療服務的需求而支出的全部醫療費用、藥品費用和管理費用。這些費用的發生都是按成本核算對象進行歸集的，因此為了成本核算必須首先確定成本核算對象。

醫院成本核算對象還有科室、醫療項目、病種、診次和床日等。這些成本核算對象因費用承擔者的具體情況不同而有所不同，分別劃分為以下四個層次級別：

1. 第一層次級別成本核算：醫院級別的一級成本核算。

醫院級別的一級成本核算內容應包括醫院資產、負債、淨資產（基金）、收入、費用、結余等。院級成本核算包括醫療成本核算和藥品成本核算兩部分，成本費用分為直接費用和間接費用兩部分，直接費用是可以直接計入科室成本的費用，間接費用是必須按一定方法分攤計入的費用。

2. 第二層次級別成本核算：科室級別的二級成本核算

科室級別的二級成本核算內容根據核算單位的劃分以及責任單元的性質不同而不同，一般按醫療業務部門、藥品部門、保障服務部門和行政管理部門劃分。

3. 第三層次級別成本核算：醫療服務項目級別的三級成本核算

醫療服務項目級別的三級成本核算是指以具體醫療項目為核算對象，對醫療項目所發生的一切成本進行審核、記錄、匯總、歸集、分配並計算其成本的過程。

4. 第四層次級別成本核算：病種級別的四級成本核算

病種級別的四級成本核算是以病種為核算對象。實際上，目前醫院的病種成本核算主要是核算某病種住院期間的平均費用，其核算數據來源於對該病種住院病人的各種醫療收費，各醫院數據差異較大。

醫院總成本是指醫院在提供醫療服務過程中所消耗的費用總和。科室成本是指醫院內部的科室在醫療服務過程中所消耗的費用。由於醫院總成本和科室成本的核算方法不同，科室成本之和不一定等於醫院的總成本。醫療項目成本是指醫療服務過程中為病人提供的某一醫療技術服務項目消耗的費用。病種成本是指診療某一種疾病所消耗的平均費用。目前，我國醫療項目成本多用於醫療收費標準定價，而病種成本多用於付費研究。診次成本是指醫療服務成本按門診人次進行分攤后的成本。

醫療服務項目成本核算在醫院成本核算中的層次級別可用圖 12-2 表示。

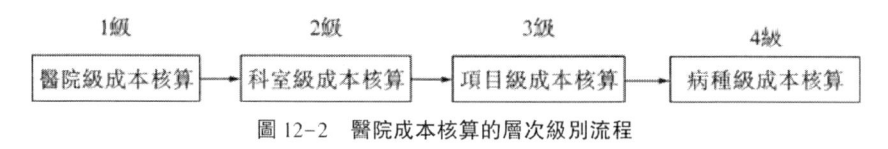

```
   1級              2級              3級              4級
醫院級成本核算 → 科室級成本核算 → 項目級成本核算 → 病種級成本核算
```

圖 12-2　醫院成本核算的層次級別流程

從圖 12-2 可以看出，上一級別成本核算是下一級別成本核算的前提和基礎，只有開展好上一級別的成本核算才能為下一級別成本核算鋪墊好數據和資料。醫院級成本核算是科室級成本核算的基礎和保證，科室級成本核算又是項目級成本核算以及病種級成本核算的前提和條件，沒有醫院級成本核算和科室級成本核算，就不能很好地進行項目成本核算以及病種級成本核算。本章主要介紹醫院級成本核算。

(二) 醫院成本費用核算的帳戶設置

醫院成本費用核算是通過設置一系列成本費用帳戶進行的，包括總分類帳戶和明細分類帳戶的設置。通過這些成本費用帳戶歸集和分配醫療費用，計算醫院成本。這些帳戶包括現有帳戶，如「醫療支出」「藥品支出」「管理費用」「待攤費用」「預提費用」「輔助業務成本」帳戶等。

1.「醫療支出」帳戶

該帳戶核算醫院在進行醫療服務活動中發生的醫療費用支出，屬於費用支出類帳戶。該帳戶借方登記醫療費用的發生，貸方登記醫療費用的轉出（轉入「醫療收支結余」或「醫療成本」帳戶），月末無餘額。該帳戶可按門診醫療臨床科室、住院醫療臨床科室和醫技科室設置明細帳戶，進行明細核算。

2.「藥品支出」帳戶

該帳戶核算醫院在為病人提供藥品服務及藥品治療過程中發生藥品費用支出，屬於費用支出類帳戶。該帳戶借方登記費用的發生，貸方登記費用的轉出（轉入「藥品收支結餘」或「藥品成本」帳戶），月末無餘額。該帳戶可按門診藥房、住院藥房設置明細帳戶，進行明細核算。

3.「管理費用」帳戶

該帳戶核算醫院行政管理機構為組織和管理醫院的醫療服務活動發生的各項管理費用，屬於費用支出類帳戶。該帳戶借方登記費用的發生，貸方登記費用的轉出（轉入「醫療支出」「藥品支出」帳戶），月末無餘額。該帳戶可按行政科室或費用類別設置明細帳戶，進行明細核算。

4.「待攤費用」帳戶

該帳戶核算已經發生但應由本期和以後各期成本負擔的，攤銷期在一年以內的各項費用，是資產類帳戶。該帳戶借方登記費用的發生，貸方登記費用的分配，借方余額表示尚未攤銷完的費用。該帳戶可按費用類別設置明細帳戶，進行明細核算。

5.「預提費用」帳戶

該帳戶核算已經受益但尚未發生或支付的各項費用，是負債類帳戶。該帳戶貸方登記費用的提取，借方登記費用的支付或使用，貸方余額表示已經提取但尚未支付的費用。該帳戶可按費用的類別設置明細帳戶，進行明細核算。

6.「輔助業務成本」帳戶

該帳戶核算門診、病房、后勤供應等科室或部門提供勞務服務發生的成本費用，是成本計算類帳戶。該帳戶借方反應費用的發生，貸方反應費用的轉出（轉入「醫療支出」「藥品支出」帳戶），期末無余額。該帳戶可按門診、住院、后勤等輔助科室設置明細帳戶，進行明細核算。

四、醫院成本的核算步驟

醫院成本核算是一項複雜而繁重的工作，應加以組織管理和科學分工，通過各部門的分工合作進行成本核算。醫院應按以下基本步驟進行本單位的成本核算：

(一) 確定成本核算中心

根據各科室、部門、分支機構的設置情況，按門診醫療臨床科室和藥品科室，住院醫療臨床科室和藥品、醫技科室，門診、住院、藥品、后勤等行政科室確定成本核算中心，負責本單位成本核算工作。

(二) 歸集各成本核算中心的直接費用

各中心當月發生的各種直接費用，按各成本核算中心予以歸集，計入該中心成本明細帳戶。

(三) 分配輔助科室成本費用

對后勤保障部門發生的費用，採用市價法、成本法、協商價格法確認勞務價格，

根據后勤科室提供勞務數量，按受益對象採用一定方法，如直接分配法、交互分配法等，在各受益對象間進行分配。對門診輔助科室，如門診導醫、諮詢處、掛號處、劃價處、供應室、收費處等發生的費用，按成本核算中心的門診人次或業務收入金額進行分配。對住院輔助科室，如住院部、結算處、營養供應處、藥械科等發生的費用，按成本核算中心住院床日數或業務收入金額進行分配。對藥品輔助科室，如藥劑科、中西藥庫、制劑室等發生的費用，按門診、住院的藥品收入金額進行分配。

（四）分配管理費用

管理費用屬於間接費用，在計算醫療成本和藥品成本時，管理費用應在二者之間合理分配，可按醫療人員數和藥品人員數的比例進行分配，也可按收入比例、人員經費比例等進行分配。

（五）計算各成本核算中心的成本費用

根據各成本中心歸集的直接費用和間接費用，計算該中心的總成本。

（六）根據科室成本計算結果計算專項成本

按照成本核算種類，以科室為單位進行診次、床日、項目、病種等專項成本核算。

第二節　醫院成本要素費用核算

一、醫院成本要素費用的內容及其分類

（一）醫院成本要素費用的內容

醫院在進行醫療服務活動中，必然會發生各種各樣的醫療費用，這些費用按其經濟內容不同給予的分類稱為要素費用。醫院成本中屬於要素費用的內容主要包括工資、職工福利費、社會保障費、藥品費、衛生材料費、其他材料費、業務費、公務費、低值易耗品攤銷費、修繕費、購置費（折舊費）、業務招待費、租賃費、其他費用。

（二）醫院成本要素費用的分類

為了便於對要素費用進行管理，有必要對要素費用按不同標準分類。

1. 按管理要求分類

要素費用按管理要求分類，可分為人員費用、業務費用和公用費用三大類。其中，人員費用包括工資、職工福利費和社會保障費用業務費等；業務費用包括藥品費、衛生材料費、其他材料費、低值易耗品攤銷費等；公用費用包括公務費、購置費、修繕費、業務招待費、租賃費和其他費用等。

2. 按計入成本的方法分類

要素費用按計入成本的方法分類，可分為直接費用和間接費用兩大類。

直接費用是指可以直接計入醫院成本的費用，包括醫務人員的工資、福利費、社會保障費、醫療機構或部門發生的業務費、公務費、衛生材料費、其他材料費、藥品

費、修繕費、購置費和其他費用等。

間接費用是指不能直接計入醫院成本的各種管理費用，包括行政機構或部門管理人員的工資、福利費、社會保障費、業務費、公務費、其他材料費、低值易耗品攤銷費、壞帳準備、科研費、書報費、租賃費、無形資產攤銷費、職工教育費、利息支出、銀行手續費、匯兌損失等。

不能計入醫院成本的其他費用包括以專項資金開支的費用、用於基建支出的費用、轉讓無形資產的成本、被沒收的財產損失、各種罰款和贊助捐贈支出、與醫療無關的科研支出和醫療賠償支出等。

二、醫院成本要素費用核算

要素費用核算是通過設置各種費用支出帳戶進行的。基本核算過程是：第一，平時對要素費用的發生，可根據有關憑證，分別計入「醫療支出」「藥品支出」「輔助業務成本」和「管理費用」帳戶，通過所屬明細帳戶按有關費用項目匯總。第二，進行醫院成本核算，可先將「輔助業務成本」帳戶匯總的費用支出轉入「醫療支出」「藥品支出」和「管理費用」帳戶，然后將「管理費用」帳戶匯總的費用支出轉入「醫療支出」和「藥品支出」帳戶，結平「管理費用」帳戶，再將「醫療支出」「藥品支出」帳戶匯總的費用支出轉入「醫療成本」和「藥品成本」帳戶。

（一）人員費用核算

對於發生的醫院人員費用應按不同用途計入不同帳戶。醫療、醫技科室的醫務人員工資，計入「醫療支出」帳戶；藥品科室人員的工資，計入「藥品支出」帳戶；后勤保障科室、門診輔助科室、住院部輔助科室、藥品輔助科室等人員的工資，計入「輔助業務成本」帳戶；醫院行政管理人員工資，計入「管理費用」帳戶。

【例12-1】某醫院「工資結算匯總表」反應，醫療人員工資36,400元，藥品人員工資7,500元，輔助人員工資10,500元，管理人員工資9,200元，共計63,600元。

借：醫療支出——工資	36,400
藥品支出——工資	7,500
輔助業務成本——工資	10,500
管理費用——工資	9,200
貸：應付職工薪酬——工資	63,600

【例12-2】某醫院按工資總額的14%計提福利費，按工資總額的2%計提工會經費。

借：醫療支出——福利費工會經費	1,638
藥品支出——福利費工會經費	337
輔助業務成本——福利費工會經費	473
管理費用——福利費工會經費	414
貸：應付職工薪酬——福利費	1,590
應付職工薪酬——工會經費	1,272

【例12-3】某醫院按工資總額的10%計提社會保障費。

借：醫療支出——保障費　　　　　　　　　　　　　　3,640
　　藥品支出——保障費　　　　　　　　　　　　　　　750
　　輔助業務成本——保障費　　　　　　　　　　　　1,050
　　管理費用——保障費　　　　　　　　　　　　　　　920
　　貸：應交社會保障費　　　　　　　　　　　　　　6,360

（二）業務費用核算

醫院業務費用是指醫院在為患者提供醫療、藥品服務時，發生的醫療費和藥品費。由於醫院實行醫療收支和藥品收支分開核算，因此業務費用中的藥品費用應單獨核算，其他業務費用則按發生部門、科室予以核算。

1. 藥品費用

藥品費用是指醫院銷售藥品的成本，包括西藥費、中成藥費、中草藥費三種。由於醫院在購進藥品時一律按售價入庫，購進成本與售價之間的差額（藥品進銷差價）已計入「藥品進銷差價」帳戶。醫院在計算藥品成本時，必須將帳面上的售價調整為成本。調整方法是將售價扣除進銷差價，其差額即為藥品成本。

【例12-4】假定某醫院當月西藥銷售收入為620,100元，中成藥為72,800元，中草藥為54,300元，當月進銷差價率分別為23%、17%、12%，藥品成本計算如下：

西藥進銷差價＝620,100×23%＝142,623（元）
西藥成本＝620,100－142,623＝477,477（元）
中成藥進銷差價＝72,800×17%＝12,376（元）
中成藥成本＝72,800－12,376＝60,424（元）
中草藥進銷差價＝54,300×12%＝6,516（元）
中草藥成本＝54,300－6,516＝47,784（元）

借：藥品支出——西藥費　　　　　　　　　　　　　477,477
　　　　　　——中成藥費　　　　　　　　　　　　　60,424
　　　　　　——中草藥費　　　　　　　　　　　　　47,784
　　商品進銷差價——西藥進銷差價　　　　　　　　142,623
　　　　　　　　——中成藥進銷差價　　　　　　　　12,376
　　　　　　　　——中草藥進銷差價　　　　　　　　 6,516
　　貸：藥品——西藥　　　　　　　　　　　　　　620,100
　　　　　　——中成藥　　　　　　　　　　　　　 72,800
　　　　　　——中草藥　　　　　　　　　　　　　 54,300

2. 衛生材料費用

衛生材料費用是指醫院為患者提供醫療服務時使用的，其價值一次地、全部地轉化為醫療衛生費用的醫用物品的費用。醫用物品包括血漿、氧氣、紗布、繃帶、酒精、化驗試劑、脫脂棉、一次性注射器、X光膠片等物品。月末根據「衛生材料出庫單匯總表」編製會計分錄。

【例12-5】某醫院月末「衛生材料出庫單匯總表」記錄如下：醫療費7,420元，藥品費1,460元，輔助業務成本340元，管理費280元，共計9,500元。編製會計分錄如下：

  借：醫療支出——衛生材料費   7,420
    藥品支出——衛生材料費   1,460
    輔助業務成本——衛生材料費   340
    管理費用——衛生材料費   280
   貸：庫存物資——衛生材料   9,500

3. 其他材料費用

其他材料費用包括辦公用品、清潔用品、棉織品、印刷品、專用物資等產生的費用。月末根據「其他材料出庫單匯總表」編製會計分錄。

【例12-6】某醫院月末「其他材料出庫單匯總表」記錄如下：醫療費474元，藥品費116元，輔助業務成本43元，管理費67元，共計700元。

  借：醫療支出——其他材料費   474
    藥品支出——其他材料費   116
    輔助業務成本——其他材料費   43
    管理費用——其他材料費   67
   貸：庫存物資——其他材料   700

4. 低值易耗品攤銷費

低值易耗品攤銷費包括辦公用具、醫療用具、炊具、修理工具等攤銷產生的費用。其價值攤銷方法有一次攤銷法、分次攤銷法和五五攤銷法等。

【例12-7】某醫院月末對領用低值易耗品按用途分類匯總如下：醫療費用530元，藥品費用112元，輔助業務成本128元，管理費用260元，共計1,030元，均採用一次攤銷法。

  借：醫療支出——低值攤銷   530
    藥品支出——低值攤銷   112
    輔助業務成本——低值攤銷   128
    管理費用——低值攤銷   260
   貸：庫存物資——低值易耗品   1,030

（三）公用費用核算

公用費用是指不能直接計入醫院成本，需要經過分配才能計入醫療成本和藥品成本的各種間接費用。這些費用發生時按其用途和部門計入有關費用成本帳戶。其中，折舊費按固定資產使用部門分別計入「醫療支出」「藥品支出」「輔助業務成本」和「管理費用」帳戶；其他間接費用發生時，一律計入「管理費用」帳戶。

固定資產折舊是指固定資產在使用過程中，因損耗而轉移到成本中去的那部分價值。目前醫院是以提取修購基金方式計提折舊的。提取時，借記費用帳戶，貸記「專用基金——修購基金」帳戶。如果按計提折舊基金方式核算，一方面，借記費用帳戶，

貸記「累計折舊」帳戶；另一方面，借記「固定基金」帳戶，貸記「專用基金——折舊基金」帳戶。

如果以修購基金或折舊基金購置固定資產時，借記「固定資產」帳戶，貸記「銀行存款」帳戶。同時，借記「專用基金」帳戶，貸記「固定基金」帳戶。

【例12-8】經計算某醫院當月應提修購基金如下：醫療部門4,200元，藥品管理部門1,100元，輔助服務部門1,360元，行政管理部門1,670元，共計8,330元（按計提修購基金方式核算）。

  借：醫療支出——購置費   4,200
    藥品支出——購置費   1,100
    輔助業務成本——購置費   1,360
    管理費用——購置費   1,670
  貸：專用基金——修購基金   8,330

（四）跨期攤提費用核算

跨期攤提費用包括待攤費用和預提費用兩部分。待攤費用是指已經發生，應由本期和以後各期共同負擔的費用，包括預付財產保險金、預付修理費、預付租賃費和低值易耗品分次攤銷費等。預提費用是指本期已經受益，預先應計入本期成本，但在以後才能支付的費用，包括預提銀行借款利息、預提修理費、預提租賃費等。

【例12-9】某醫院本月預付租賃費2,800元以銀行存款支付，本月應攤銷400元。

  借：待攤費用——租賃費   2,800
  貸：銀行存款   2,800
  借：管理費用——租賃費   400
  貸：長期待攤費用——租賃費   400

【例12-10】某醫院本月預提銀行借款利息310元，到期實際償還利息1,690元（原提1,380元），以銀行存款支付。

  借：管理費用——利息支出   310
  貸：預提費用——利息費用   310
  借：其他應付款——利息、費用   1,690
  貸：銀行存款   1,690

第三節 院級成本核算

一、醫院成本核算體系

醫院成本核算內容和方式是多方面的，根據成本管理的需要，可以設置多種成本核算中心，進行多層次、多方位、多種目的的成本核算，形成醫院成本核算體系。醫院成本核算體系包括按門診醫療臨床科室和藥品科室，住院醫療臨床科室和藥品、醫技科室，門診、住院、藥品、后勤等行政科室建立成本核算中心進行不同方式、不同

目的的成本核算。這些成本核算中心所建立的成本核算體系可以分為兩大類：院級成本核算和單項科室成本核算。

院級成本核算是指以醫院整體活動為核算單位，為核算全院醫療費用的發生和用途，確定該成本計算對象而進行的成本核算。院級成本核算包括醫療成本核算和藥品成本核算兩部分。這種成本核算是真正意義上的成本核算，因為它核算全院醫療費用的發生，並按用途進行歸類，最后計算出全院醫療成本和藥品成本，確定全院當期損益，其核算方式和內容是完整的。

單項科室成本核算是指以單位項目或單位科室為核算單位，核算本項目或本科室醫療費用的發生和用途，按單項或科室進行歸類，確定單位項目或單位科室的核算成本。單項科室成本核算包括科室成本核算、項目成本核算、單病種成本核算、診次床日成本核算和自製製劑成本核算等。這些成本核算除自製製劑成本核算外，其餘均為非完整意義上的成本核算。因為這些成本核算只需要會計部門提供費用資料核算本單位成本，不再為會計核算提供成本資料，而是為成本管理提供資料，以達到進行成本管理的目的。

二、院級成本核算的內容與成本項目

根據現行醫院財務制度的規定，醫院的醫療收支和藥品收支分開核算、分開管理，醫院在進行醫療費用核算時，要嚴格劃分醫療費用支出和藥品費用支出的界線。因此，院級成本核算分為醫療成本核算和藥品成本核算兩部分。

院級成本核算是通過設置成本項目，按成本項目歸集費用進行成本核算的。其中，醫療成本包括人員費用、業務費用和管理費用三大成本項目；藥品成本包括藥品費用、人員費用、業務費用和管理費用四大成本項目。

三、院級成本核算的基本步驟

院級成本核算是歸集全院各種費用支出，計算院級成本，以收入扣除成本后的差額，確認盈虧。因此，院級成本核算首先必須完整地、全面地匯集全院所有費用支出，分別在「醫療支出」「藥品支出」「輔助業務成本」和「管理費用」等帳戶中歸集要素費用。其次分配並結轉「輔助業務成本」帳戶所歸集的輔助費用，轉入「醫療支出」「藥品支出」和「管理費用」帳戶。最后按「醫療支出」「藥品支出」和「管理費用」帳戶所歸集的各種費用，轉入「醫療成本」和「藥品成本」帳戶，以確定院級成本。

四、輔助業務成本的結轉與分配

關於要素費用歸集的核算，在上節內容中已經講述，這裡只講述院級成本核算的第二步，即分配並結轉輔助業務成本。醫院的輔助業務是指為醫療、藥品基本業務服務而進行的勞務供應服務業務，這些勞務有的可能是為單一受益單位提供服務，但大多數情況下，是為多個受益單位提供勞務服務。因此，輔助業務成本應按服務對象在各受益單位之間進行分配。其主要分配方法多採用直接分配法和階梯分配法。

直接分配法是將非項目科室成本根據各項目科室接受其服務的服務量的相對百分

比,直接分配到各項目科室中去。

階梯分配法是將各非項目科室按其提供的服務量大小依次排列,排在上面的科室向排在其下面的所有科室按接受服務量的相對百分比分攤其費用。該方法主要用於間接成本的分攤。分攤流程主要是先將為其他成本核算科室提供服務最多、接受其他科室服務最少的間接成本核算科室的成本首先分攤出去,不同間接成本核算科室根據其提供服務的特點按不同標準進行分攤,直到將所有間接成本核算科室的成本分攤完畢為止。在間接成本核算科室排序時將為其他成本核算科室提供服務多、接受其他成本核算科室服務少的間接成本核算科室排在前面,其他間接成本核算科室按這一原則依次排列。

按照以上方法,醫院首先應將行政科室的成本分攤到其他科室;其次分攤後勤科室成本;再次分攤輔助醫療科室成本;最后分攤醫技科室成本(見圖12-3)。

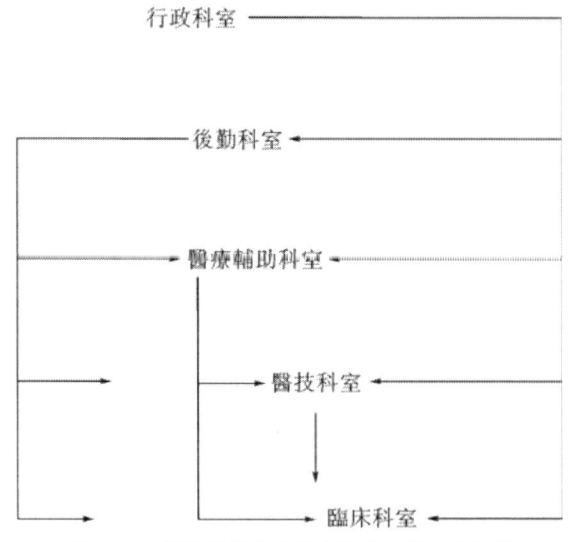

圖12-3 醫院間接成本科室階梯分攤法流程圖

【例12-11】承本章前例資料,某醫院有關輔助業務成本13,894元,採用直接分配法,按服務對象進行分配。假設醫療支出負擔8,540元,藥品支出負擔3,856元,管理費負擔1,498元,予以轉帳。

借:醫療支出——業務費　　　　　　　　　　　　　　8,540
　　藥品支出——業務費　　　　　　　　　　　　　　3,856
　　管理費用——業務費　　　　　　　　　　　　　　1,498
　貸:輔助業務成本　　　　　　　　　　　　　　　　13,894

五、醫療支出和藥品支出的結轉

醫院通過要素費用核算,將本期發生的各種要素費用均已計入「醫療支出」「藥品支出」等帳戶。期末為了計算院級成本,應將兩個帳戶歸集並匯總的要素費用總額分

別轉入「醫療成本」和「藥品成本」帳戶，以便確認院級成本。

【例12-12】承本章前例資料，現以某醫院有關「醫療支出」和「藥品支出」兩帳戶匯總的費用總額分別為 62,842 元和 600,916 元，按成本項目轉入「醫療成本」和「藥品成本」帳戶。

借：醫療成本——人員費	41,678
——業務費	21,164
藥品成本——人員費	8,587
——業務費	6,644
——藥品費	585,685
貸：醫療支出——人員費	41,678
——業務費	21,164
藥品支出——人員費	8,587
——業務費	6,644
——藥品費	585,685

註：醫療成本——人員費＝36,400+1,638+3,640＝41,678（元）
醫療成本——業務費＝7,420+474+530+4,200+8,540＝21,164（元）
藥品成本——人員費＝7,500+337+750＝8,587（元）
藥品成本業務費＝1,460+116+112+1,100+3,856＝6,644（元）
藥品成本藥品費＝477,477+60,424+47,784＝585,685（元）

六、管理費用的分配與結轉

平時發生的各種間接費用均已匯集於「管理費用」帳戶，為了計算醫療成本和藥品成本，管理費用應在兩種成本之間進行分配。管理費用主要分配方法有人員比例法、人員工資比例法、業務收入比例法等。

【例12-13】承本章前例資料，某醫院費用總額 22,259 元，轉入「醫療成本」和「藥品成本」帳戶，採用人員工資比例法予以計算分配。

$$分配率 = \frac{22,259}{41,678+8,587} = 0.442,833,0$$

醫療成本負擔管理費用＝41,678×0.442,833,0＝18,456（元）
藥品成本負擔管理費用＝8,587×0.442,833,0＝3,803（元）

借：醫療成本——管理費	18,456
藥品成本——管理費	3,803
貸：管理費用	22,259

至此，為了院級成本計算而歸集的屬於醫療成本和藥品成本的一切費用已入帳，在醫療成本和藥品成本明細帳中，應該按成本項目予以反應，以確定醫療和藥品成本。

現根據本章所列舉的例題資料，在醫療成本和藥品成本明細帳中，按成本項目予以登記（見表12-1 和表12-2）。

表 12-1　　　　　　　　　　醫療成本明細帳
201×年×月　　　　　　　　　　　　　單位：元

摘要	成本項目			合計
	人員費	業務費	管理費	
結轉醫療支出	41,678	21,164		62,842
結轉醫療費用			18,456	18,456
合計	41,678	21,164	18,456	81,289
期末轉出	41,678	21,164	18,456	81,289

表 12-2　　　　　　　　　　藥品成本明細帳
201×年×月　　　　　　　　　　　　　單位：元

摘要	成本項目				合計
	藥品費	人員費	業務費	管理費	
結轉醫療支出	585,685	8,587	6,644		600,916
結轉醫療費用				3,803	3,803
合計	585,685	8,587	6,644	3,803	604,719
期末轉出	585,685	8,587	6,644	3,803	604,719

七、院級成本的期末結轉

為了計算當期損失，期末應對已經確認的醫療成本和藥品成本按照收入與支出相配比原則，予以轉帳，即轉入「收支結余」總帳帳戶及「醫療收支結余」和「藥品收支結余」二級明細帳戶。

【例12-14】根據以上「醫療成本明細帳」和「藥品成本明細帳」已經確認的成本81,298元和604,719元，轉入「收支結余」帳戶。

借：收支結余——醫療收支結余　　　　　　　　　　81,298
　　　　　　——藥品收支結余　　　　　　　　　　604,719
　貸：醫療成本　　　　　　　　　　　　　　　　　81,298
　　　藥品成本　　　　　　　　　　　　　　　　　604,719

第四節　其他醫院級別成本核算

一、醫院科室成本核算

（一）醫院科室成本核算的意義與要求

醫院的科室二級成本核算是在醫院一級成本核算的基礎上，劃分成本核算單元科

室，按科室進行明細成本核算，根據院級成本核算結果，進行各科室成本費用的歸集，然后將間接成本科室的成本費用，按其受益對象和範圍採用合適的分攤方法，逐步逐級分攤到各直接成本科室，直接費用能分清科室的直接計入科室，屬科室共同費用採用合適分配方法分配計入各科室核算單元。

科室二級成本核算的基本框架可用如圖 12-4 表示。

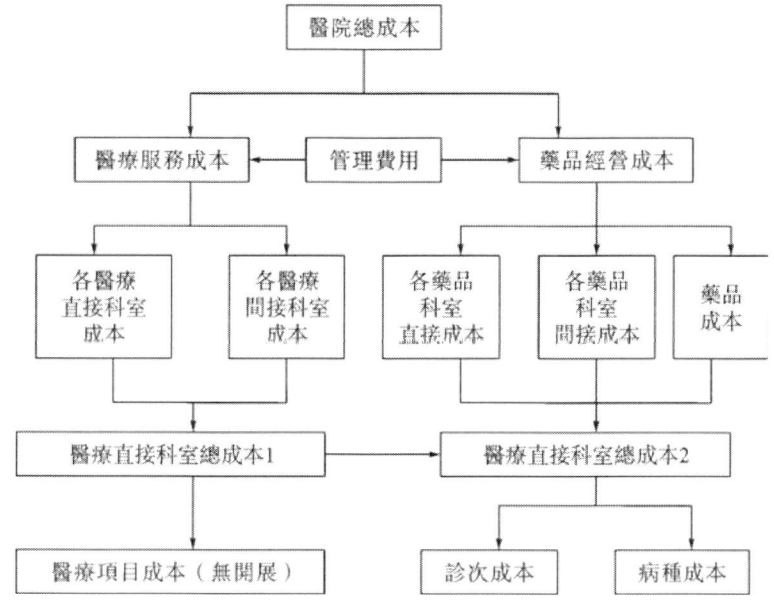

圖 12-4　醫院科室二級成本核算框架圖

醫院科室成本核算是醫院二級核算，是院級成本核算的補充和完善，而院級成本核算是科室成本核算的前提和條件。同時，科室成本核算又是項目成本核算的基礎和保證，沒有完善而可行的科室成本核算，院級成本核算難以充分發揮成本核算的作用，無法保證院級成本核算目標的實現。因此，醫院應當在建立、完善院級成本核算的前提下，進行科室成本核算，以完善院級成本核算體系。科室成本核算應明確劃分各職能科室的經濟責任和費用支出用途，在權責發生制的要求下，反應不同科室費用的歸集與分配，進而確定該科室成本。

(二) 醫院科室的劃分與費用分類

醫院所進行的單項成本核算是以各職能科室為成本計算對象，為不同科室計算成本。醫院所有科室按其費用處理方法不同，分為直接成本科室和間接成本科室兩大類，各個科室又同時具有直接費用和間接費用。

1. 直接成本科室

直接成本科室是指費用發生時，可直接計入該科室成本，並且有收入能力的科室。直接成本科室包括門診醫療科室、醫技科室、門診藥房、病房醫療科室、病房藥房五大類。這些科室發生的費用，均可根據相關憑證直接計入該科室成本。

2. 間接成本科室

間接成本科室是指為醫療基本業務提供勞務服務的科室。間接成本科室包括門診輔助科室、病房輔助科室、藥品輔助科室、行政科室和后勤保障科室等。這些科室均無業務收入，費用支出無彌補來源，發生的費用必須按服務對象予以分配，間接計入其他科室成本。

以上兩類科室在進行業務活動時，發生的費用主要包括人員費用、業務費用、藥品費用、衛生材料費用、修購費用、其他費用六大類。

(三) 科室成本核算基本步驟

科室成本核算可按下列基本步驟進行：

1. 直接費用的歸集

科室成本核算所需要的費用資料是由院級會計部門提供的，各單位不進行費用核算工作，只需將費用按用途分別計入單項成本即可。能夠分清科室的費用，直接計入科室成本中心。對於發生的共同費用，可採用適當方法分配計入科室成本中心。第一，人員費用按實際發生額直接計入成本中心；第二，藥品費用按藥品收入折算為成本後，計入門診、住院藥房成本中心；第三，衛生材料和其他材料費按各科室實際領用金額計入成本中心；第四，修購費及其他公用費用，能夠分清科室的，計入各成本中心，不能分清科室的，採用適當方法分配后計入各成本中心。

2. 分配后勤科室間接費用

醫院后勤科室是為其他科室提供勞務服務的科室，其發生的費用應當由受益單位承擔。受益單位包括醫療科室、醫技科室、藥品科室、輔助科室、行政科室等。

3. 分配輔助科室費用

醫院輔助科室包括門診輔助科室、病房輔助科室、藥品輔助科室三大類。這些科室發生的費用，應在醫療、藥品有關科室之間進行分配后計入成本中心。藥品輔助科室費用計入藥房和住院藥房科室成本；門診諮詢、門診醫導、門診辦公室、門診掛號室、門診劃價收費室等科室費用，根據門診人次或門診收入金額分配后計入各成本中心；住院部輔助科室費用，根據病區床位數分配。

4. 分配行政科室費用

醫院如果既計算院級成本，又計算科室成本，管理費用應計入院級成本，是否計入科室成本，由各醫院具體核算要求決定；如果不計算院級成本，只計算科室成本，管理費用計入科室成本。

5. 確認科室成本

醫院當期發生的費用，經過歸集和分攤後，直接費用和間接費用均已計入成本中心，直接成本科室所歸集的直接費用，加上各間接成本科室分配轉入的間接費用，即為科室總成本。

二、項目成本核算

醫院的醫療服務項目是指醫院在進行醫療業務活動時，提供的專項醫療服務手段，

即服務單項。醫療項目成本核算是指以專項醫療服務為成本計算對象，歸集與分配各項費用，計算各種服務單項總成本的核算。這種成本核算的基本程序如下：首先，選擇具有代表性的醫療項目，確定能夠代表該項目特徵的有關科室。其次，以科室為單位核算科室成本。最后，將科室成本採用系數法分配到各醫療項目成本計算對象，匯總後即為該項目的總成本。

項目成本核算步驟如下：第一，通過設置「醫療成本」總分類帳戶，歸集在一定時期內發生的醫療費用總額。第二，在「醫療成本」總帳戶下，設置「門診醫療科室」「住院醫療科室」和「醫技科室」等二級明細帳戶，以進行科室成本核算。第三，在「醫療科室明細帳」下，按各醫療項目確定成本計算對象。第四，確定費用分配系數，採用系數法在各項目間分配科室成本。分配系數可分別採用人員費用分配系數、直接材料分配系數等，按費用類別進行分配。第五，核算項目成本，將各項目應承擔的費用相加即為該項目總成本，同時可根據該項目診療人次求出該項目平均單位成本。

科室成本核算只能反應一個科室層面的成本狀況，而項目成本核算是由各個具體診療項目組成，按科室成本核算，成本和收入不能形成一一對應關係，也就不能揭開科室成本的真正面目，造成診療單項收入和成本不配比，不利於醫院控制和節約成本，影響成本管理的效果。科室成本核算不能反應具體診療項目工作質量、管理水平、工作效率指標，而這些恰恰是診療項目成本核算反應的內容。項目成本核算能為醫院降低診療成本提供真實可靠的依據，在最低層次上控制成本、挖掘降低成本的潛力；而科室級成本核算是概括性的，方向和目標都沒有項目成本核算更清晰、明確，診療項目成本核算缺失，影響成本管理效果。開展項目成本核算能向管理者提供項目開展的決策數據，讓醫院項目決策者明白哪些診療項目有收益、收益多少，能引導決策診療項目開展的策略和方向。

三、診次成本和床日成本核算

診次成本是指醫院為患者提供一次完整的門診醫療服務所耗費的平均成本。一個診次服務項目包括掛號、交款、檢查、診斷直到有明確結果的全過程。

床日成本是指醫院為一個住院病人提供一天的診療服務所耗費的平均成本。床日成本包括住院、檢查、治療、藥品、血液、氧氣、特殊材料等住院所有服務費用。

診次成本和床日成本計算包括科室診次成本和床日成本計算、院級診次成本和床日成本計算兩種。診次成本和床日成本計算的一般程序如下：首先，確定門診科室和病房科室。其次，將各門診科室成本除以各科室門急診人次，求出科室診次成本；將各臨床病房科室成本除以病人實際占用床日數，求出科室平均床日成本。最后，醫院門診總成本除以醫院門診總人數，求出醫院平均診次成本；醫院病房總成本除以醫院實際占用床日總數，求出醫院平均床日成本。

四、病種成本核算

不同診療項目和數量的醫療服務組合，構成不同病種、患者的醫療成本。廣義的病種包括門診醫治病種和住院診治病種兩部分，這裡僅指住院治療病種。病種成本是

指醫院為某患者診治某種疾病,從其入院到出院期間所耗費的人均平均成本。病種成本核算是指以住院的不同病種為成本核算對象,進行費用的歸集和分配,核算各病種項目總成本和單位成本。隨著醫療改革深入,按單病種付費將是探討的目標之一,開展單病種成本核算也是醫療機構面臨的課題。

【思考與練習】

1. 某醫院 10 月發生職工工資共計 1,200,000 元,其中醫療人員工資 600,000 元,藥品人員工資 150,000 元,輔助人員工資 150,000 元,管理人員工資 300,000 元。該醫院按工資總額的 14% 計提福利費,按工資總額的 2% 計提工會經費。11 月 10 日,該醫院以銀行存款支付職工上月工資、福利費及工會經費。請問該醫院如何進行成本核算。

2. 某醫院月末「材料出庫匯總表」記錄如下:醫療費 60,000 元,藥品費 85,000 元,管理費用 12,000 元。請據此編製會計分錄。

3. 某醫院期末結轉醫療支出和藥品支出,發現醫療支出共計 685 萬元,其中醫護人員人工費 185 萬元,材料等業務費用 500 萬元;藥品支出共計 300 萬元,其中醫護人員人工費 80 萬元,業務費 220 萬元。請編製期末結轉會計分錄。

參考文獻

1. 樂艷芬. 成本會計 [M]. 2 版. 上海：上海財經大學出版社，2006.
2. 萬壽義，任月君. 成本會計 [M]. 2 版. 大連：東北財經大學出版社，2010.
3. 中國註冊會計師協會. 財務成本管理 [M]. 北京：經濟科學出版社，2009.
4. 中華人民共和國財政部. 企業會計準則應用指南 [M]. 北京：中國財政經濟出版社，2006.
5. 周仁儀，朱啓明. 成本會計學 [M]. 長沙：湖南人民出版社，2007.
6. 馮巧根. 成本會計 [M]. 北京：北京師範大學出版社，2007.
7. 王生交，王振華. 成本會計 [M]. 大連：東北財經大學出版社，2008.
8. 常穎. 成本會計學 [M]. 北京：機械工業出版社，2004.
9. 楊洛新，胥興軍. 成本會計學 [M]. 武漢：武漢理工大學出版社，2007.
10. 魯廣信，趙克羅，李樹軍. 成本核算實務 [M]. 北京：中國市場出版社，2005.
11. 羅紹德. 成本會計 [M]. 4 版. 成都：西南財經大學出版社，2011.
12. 肖序. 成本會計學 [M]. 長沙：中南大學出版社，2004.
13. 劉英. 成本會計學 [M]. 成都：西南交通大學出版社，2003.
14. 歐陽清. 成本會計學 [M]. 大連：東北財經大學出版社，1999.

思考與練習參考答案

第一章 成本會計導論

一、單項選擇題

1~5 BCBDA   6~10 ABDCA

二、多項選擇題

1. CD   2. ABCD   3. ABC   4. ABCDE   5. ABCD

三、判斷題

1~5 ××√×√   6~10 ××√√×

第二章 成本核算的一般程序和方法

一、單項選擇題

1~5 BDCDB   6~10 DDBAB   11~15 CDAAB   16~20 ADDCD

二、多項選擇題

1. ABE   2. ACE   3. ABD   4. ABD   5. ABDE
6. BCDE 7. ABE   8. ABCD 9. ACDE 10. ABD

三、判斷題

1~5 ×√××   6~10 √×××√

第三章　生產成本核算

一、單項選擇題

1~5　BBCBA　6~10　ABCCB　11~15　CADDC　16~20　ABCCB

二、多項選擇題

1. BCDE　2. BD　3. ABDE　4. ABCD　5. BCE　6. ABDE　7. ABCE
8. ABCDE　9. BC　10. ABC

三、判斷題

1~5　×××××　6~10　××√××

四、計算題

1.（1）原材料定額消耗量：

A 產品 = 1,000×15 = 15,000（千克）

B 產品 = 500×12 = 6,000（千克）

原材料費用分配率 = 210,000÷(15,000+6,000) = 10（元/千克）

A 產品應負擔的原材料費用 = 15,000×10 = 150,000（元）

B 產品應負擔的原材料費用 = 6,000×10 = 60,000（元）

編製會計分錄如下：

借：基本生產成本——A 產品　　　　　　　　　　　　150,000

　　　　　　　　——B 產品　　　　　　　　　　　　 60,000

　　貸：原材料　　　　　　　　　　　　　　　　　　210,000

（2）基本生產車間電費 = 66×0.4 = 26.4（萬元）

其中，照明電費 = 6×0.4 = 2.4（萬元）

則 A、B 兩種產品共同耗用的電費 = 26.4-2.4 = 24（萬元）

動力費用分配率 = 24÷(3.6+2.4) = 4（元/小時）

A 產品應負擔的動力費用 = 3.6×4 = 14.4（萬元）

B 產品應負擔的動力費用 = 2.4×4 = 9.6（萬元）

編製會計分錄如下：

借：基本生產成本——A 產品　　　　　　　　　　　　144,000

　　　　　　　　——B 產品　　　　　　　　　　　　 96,000

　　　製造費用　　　　　　　　　　　　　　　　　　 24,000

　　　管理費用　　　　　　　　　　　　　　　　　　 56,000

　　貸：應付帳款　　　　　　　　　　　　　　　　　320,000

（3）A、B產品共同耗費生產工人的職工薪酬為6萬元。

職工薪酬費用分配率＝6÷（3.6+2.4）＝1（元／小時）

A產品生產工人職工薪酬＝3.6×1＝3.6（萬元）

B產品生產工人職工薪酬＝2.4×1＝2.4（萬元）

編製會計分錄如下：

借：基本生產成本——A產品	36,000
——B產品	24,000
製造費用	10,000
管理費用	12,000
營業費用	10,000
貸：應付職工薪酬	92,000

2.（1）領用時。

借：其他應付款	12,000
貸：週轉材料——低值易耗品	12,000

（2）每月攤銷時。

借：製造費用——基本生產	2,400
——輔助生產	1,200
管理費用	400
貸：其他應付款	4,000

3.（1）7月、8月預提時。

借：財務費用	6,000
貸：預提費用（或其他應付款）	6,000

（2）9月末實際支付時。

借：財務費用	5,000
其他應付款	12,000
貸：銀行存款	17,000

4.（1）

借：生產成本——輔助生產成本	7,400
貸：原材料	7,400

（2）

借：生產成本——輔助生產成本	7,400
貸：應付職工薪酬	7,400

（3）

借：生產成本——輔助生產成本	1,036
貸：應付職工薪酬	1,036

（4）

借：生產成本——輔助生產成本	2,800
貸：銀行存款	2,800

(5)

借：生產成本——輔助生產成本　　　　　　　　　　　　2,200
　　貸：累計折舊　　　　　　　　　　　　　　　　　　　　　2,200

(6)

借：生產成本——輔助生產成本　　　　　　　　　　　　1,600
　　貸：銀行存款　　　　　　　　　　　　　　　　　　　　　1,600

(7)

借：週轉材料——低值易耗品　　　　　　　　　　　　　22,436
　　貸：生產成本——輔助生產成本　　　　　　　　　　　　22,436

5.（1）

借：生產成本——輔助生產成本　　　　　　　　　　　　6,800
　　製造費用——輔助生產　　　　　　　　　　　　　　　600
　　貸：原材料　　　　　　　　　　　　　　　　　　　　　7,400

(2)

借：生產成本——輔助生產成本　　　　　　　　　　　　6,400
　　製造費用——輔助生產　　　　　　　　　　　　　　1,000
　　貸：應付職工薪酬　　　　　　　　　　　　　　　　　　7,400

(3)

借：生產成本——輔助生產成本　　　　　　　　　　　　　896
　　製造費用——輔助生產　　　　　　　　　　　　　　　140
　　貸：應付職工薪酬　　　　　　　　　　　　　　　　　　1,036

(4)

借：製造費用——輔助生產　　　　　　　　　　　　　　2,800
　　貸：銀行存款　　　　　　　　　　　　　　　　　　　　　2,800

(5)

借：製造費用　　　　　　　　　　　　　　　　　　　　2,200
　　貸：累計折舊　　　　　　　　　　　　　　　　　　　　　2,200

(6)

借：製造費用　　　　　　　　　　　　　　　　　　　　1,600
　　貸：銀行存款　　　　　　　　　　　　　　　　　　　　　1,600

(7)

借：生產成本——輔助生產成本　　　　　　　　　　　　8,340
　　貸：製造費用　　　　　　　　　　　　　　　　　　　　　8,340

(8)

借：週轉材料——低值易耗品　　　　　　　　　　　　　22,436
　　貸：生產成本——輔助生產成本　　　　　　　　　　　　22,436

6.（1）直接分配法（見表1）。

表1 　　　　　　　　　輔助生產費用分配表（直接分配法）

201×年10月　　　　　　　　　　金額單位：元

輔助生產車間名稱			供電車間	供水車間	合計
待分配費用			12,000	1,840	13,840
對外供應勞務數量			40,000	6,000	
費用分配率（單位成本）			0.3	0.306,7	
基本車間	應借記「製造費用」	耗用數量	28,000	5,000	
		分配金額	8,400	1,533.5	9,933.5
管理部門	應借記「管理費用」	耗用數量	12,000	1,000	
		分配金額	3,600	306.5*	3,906.5
分配金額合計			12,000	1,840	13,840

供電車間費用分配率 = 1,200÷40,000 = 0.3（元/度）
供水車間費用分配率 = 1,840÷6,000 = 0.306,7（元/噸）

＊提示：306.5有尾差計入。

編製會計分錄如下：

借：製造費用　　　　　　　　　　　　　　　　　　　　　9,933.5
　　管理費用　　　　　　　　　　　　　　　　　　　　　3,906.5
　　貸：輔助生產成本——供電車間　　　　　　　　　　　12,000
　　　　　　　　　　——供水車間　　　　　　　　　　　 1,840

（2）順序分配法。供電車間受益少排前面，供水車間受益多排后面（見表2）。

表2 　　　　　　　　　輔助生產費用分配表（順序分配法）

201×年10月　　　　　　　　　　金額單位：元

| 車間部門 | 輔助生產車間 | | | | | | 基本車間 | | 企業管理部門 | | 分配費用合計 |
| | 供電車間 | | | 供水車間 | | | | | | | |
	勞務數量	待分配費用	分配率	勞務數量	待分配費用	分配率	耗用數量	分配金額	耗用數量	分配金額	
	50,000	12,000		8,000	1,840						13,840
分配電費	50,000	12,000	0.24	10,000	2,400		28,000	6,720	12,000	2,880	12,000
	供水費用合計				4,240						
	分配供水費用			6,000	-4,240	0.706,7	5,000	3,533.5	1,000	706.5	4,240
	分配費用合計							10,253.5		3,586.5	13,840

供電車間分配率 = 12,000÷5,000 = 0.24（元/度）
供電車間分配率 = 4,240÷6,000 = 0.706,7（元/度）

編製會計分錄如下：

借：輔助生產成本——供水車間　　　　　　　　　　　　　2,400
　　　製造費用　　　　　　　　　　　　　　　　　　　　10,253.5
　　　管理費用　　　　　　　　　　　　　　　　　　　　3,586.5
　　貸：輔助生產成本——供電車間　　　　　　　　　　　　12,000
　　　　　　　　　　——供水車間　　　　　　　　　　　　4,240

（3）交互分配法（見表3）。

表3　　　　　　　　　輔助生產費用分配表（交互分配法）
　　　　　　　　　　　　　201×年10月　　　　　　　　金額單位：元

項目			交互分配			對外分配		
輔助生產車間名稱			供電	供水	合計	供電	供水	合計
待分配費用			12,000	1,840	13,840	10,060	3,780	13,840
供應勞務數量			50,000	8,000		40,000	6,000	
費用分配率			0.24	0.23		0.251.5	0.63	
輔助生產車間	應借記「輔助生產成本」	供電車間 耗用數量		2,000				
		供電車間 分配金額		460	460			
		供水車間 耗用數量	10,000					
		供水車間 分配金額	2,400		2,400			
基本生產車間	應借記「製造費用」	耗用數量				28,000	5,000	
		分配金額				7,042	3,150	10,192
管理部門耗用	應借記「管理費用」	耗用數量				12,000	1,000	
		分配金額				3,018	630	3,648
分配金額合計						10,060	3,780	13,840

供電車間對外分配的費用＝12,000＋460－2,400＝10,060（元）
供水車間對外分配的費用＝1,840＋2,400－460＝3,780（元）
編製會計分錄如下：
（交互分配）
借：輔助生產成本——供電車間　　　　　　　　　　　　　460
　　　　　　　　——供水車間　　　　　　　　　　　　　2,400
　　貸：輔助生產成本——供電車間　　　　　　　　　　　　2,400
　　　　　　　　　　——供水車間　　　　　　　　　　　　460
（對外分配）
借：製造費用　　　　　　　　　　　　　　　　　　　　10,192
　　管理費用　　　　　　　　　　　　　　　　　　　　　3,468
　　貸：輔助生產成本——供電車間　　　　　　　　　　　　10,060
　　　　　　　　　　——供水車間　　　　　　　　　　　　3,780

（4）代數分配法。設每度電的成本為 X，每噸水的成本為 Y

$12,000+2,000Y=50,000X$

$1,840+10,000X=8,000Y$

解方程得：$X=0.262,315,788$（元），$Y=0.557,894,736$

輔助生產費用分配表如表 4 所示：

表 4　　　　　　　　　輔助生產費用分配表（代數分配法）

201×年 10 月　　　　　　　　　　　　金額單位：元

輔助生產車間名稱				供電車間	供水車間	合計
待分配費用				12,000	1,840	13,840
供應勞務數量				50,000	8,000	
用代數計算出的實際單位成本				0.262,315,788	0.557,894,736	
輔助生產車間耗用	應借記「輔助生產成本」	供電車間	耗用數量		2,000	
			分配金額		1,115.79	1,115.79
		供水車間	耗用數量	10,000		
			分配金額	2,623.16		2,623.16
基本生產車間耗用	應借記「製造費用」科目		耗用數量	28,000	5,000	
			分配金額	7,344.84	2,789.47	10,134.31
管理部門耗用	應借記「管理費用」科目		耗用數量	12,000	1,000	
			分配金額	3,147.79	557.90	3,707.69
分配金額合計				13,115.79	4,463.16	17,578.95

編製會計分錄如下：

借：輔助生產成本——供電車間　　　　　　　　　　1,115.79

　　　　　　　　——供水車間　　　　　　　　　　2,623.16

　　製造費用　　　　　　　　　　　　　　　　　　10,134.31

　　管理費用　　　　　　　　　　　　　　　　　　3,707.69

　貸：輔助生產成本——供電車間　　　　　　　　　13,115.79

　　　　　　　　——供水車間　　　　　　　　　　4,463.16

（5）按計劃成本分配法（見表 5）。

表 5　　　　　　　　　輔助生產費用分配表

201×年 10 月　　　　　　　　　　　　金額單位：元

輔助生產車間名稱	供電車間	供水車間	合計
待分配費用	12,000	1,840	13,840
供應勞務數量	50,000	8,000	
計劃單位成本	0.3	0.5	

表(續)

輔助生產車間名稱				供電車間	供水車間	合計
輔助生產車間耗用	應借記「輔助生產成本」	供電車間	耗用數量		2,000	
			分配金額		1,000	1,000
		供水車間	耗用數量	10,000		
			分配金額	3,000		3,000
基本生產車間耗用	應借記「製造費用」		耗用數量	28,000	5,000	
			分配金額	8,400	250	10,900
管理部門耗用	應借記「管理費用」		耗用數量	12,000	1,000	
			分配金額	3,600	500	4,100
按計劃成本分配金額合計				15,000	4,000	19,000
輔助生產實際成本				13,000	4,840	17,840
輔助生產成本差異				-2,000	840	-1,160

供電車間的實際成本 = 12,000+1,000 = 13,000（元）
供水車間的實際成本 = 1,840+3,000 = 4,840（元）
編製會計分錄如下：
借：輔助生產成本——供電車間　　　　　　　　　　　　　　1,000
　　　　　　　　——供水車間　　　　　　　　　　　　　　3,000
　　製造費用　　　　　　　　　　　　　　　　　　　　　　10,900
　　管理費用　　　　　　　　　　　　　　　　　　　　　　4,100
　貸：輔助生產成本——供電車間　　　　　　　　　　　　　15,000
　　　　　　　　——供水車間　　　　　　　　　　　　　　4,000
結轉差異編製會計分錄如下：
借：管理費用　　　　　　　　　　　　　　　　　　　　　　1,160
　貸：輔助生產成本——供電車間　　　　　　　　　　　　　2,000
　　　　　　　　——供水車間　　　　　　　　　　　　　　840

7.（1）
借：基本生產成本——A產品　　　　　　　　　　　　　　　6,000
　　　　　　　　——B產品　　　　　　　　　　　　　　　4,000
　　製造費用　　　　　　　　　　　　　　　　　　　　　　2,000
　貸：原材料　　　　　　　　　　　　　　　　　　　　　　12,000
借：基本生產成本——A產品　　　　　　　　　　　　　　　5,000
　　　　　　　　——B產品　　　　　　　　　　　　　　　3,000
　　製造費用　　　　　　　　　　　　　　　　　　　　　　2,000
　貸：應付職工薪酬　　　　　　　　　　　　　　　　　　　10,000

```
借：基本生產成本——A產品                    700
            ——B產品                    420
    製造費用                              280
  貸：應付職工薪酬                        1,400
借：製造費用                             3,000
  貸：累計折舊                           3,000
借：製造費用                               500
  貸：預提費用                             500
借：製造費用                             4,000
  貸：銀行存款                           4,000
```

（2）本月發生製造費用＝2,000+2,000+280+3,000+500+4,000＝11,780（元）

製造費用分配率＝11,780÷（5,000+3,000）＝1.472,5

A產品應負擔的製造費用＝5,000×1.472,5＝7,362.5（元）

B產品應負擔的製造費用＝3,000×1.472,5＝4,417.5（元）

```
借：基本生產成本——A產品                  7,362.5
            ——B產品                  4,417.5
  貸：製造費用                          11,780
```

（3）A產品的生產成本＝6,000+5,000+700+7,362.5＝19,062.5（元）

B產品的生產成本＝4,000+3,000+420+4,417.5＝11,837.5（元）

8.（1）A產品年度計劃產量的定額工時＝2,000×4＝8,000（小時）

B產品年度計劃產量的定額工時＝1,060×8＝8,480（小時）

製造費用年度計劃分配率＝82,400÷（8,000+8,480）＝5（元/小時）

（2）A產品10月份實際產量的定額工時＝120×4＝480（小時）

B產品該月實際產量的定額工時＝90×8＝720（小時）

該月A產品應分配的製造費用＝480×5＝2,400（元）

該月B產品應分配的製造費用＝720×5＝3,600（元）

該月應分配轉出的製造費用＝2,400+3,600＝6,000（元）

```
借：基本生產成本——A產品                  2,400
            ——B產品                  3,600
  貸：製造費用                          6,000
```

9. 不可修復廢品損失計算表（按實際成本計算，見表6）。

表6   金額單位：元

項目	數量（件）	原材料	生產工時	燃料和動力	工資和福利費	製造費用	成本合計
合格品和廢品生產費用	400	16,000	6,000	7,800	9,000	4,200	37,000
費用分配率		40		1.3	1.5	0.7	
廢品生產成本	12	480	180	234	270	126	1,110

表(續)

項目	數量 (件)	原材料	生產工時	燃料和動力	工資和福利費	製造費用	成本合計
減：廢品殘料		100					100
廢品報廢損失		380		234	270	126	1,010

編製會計分錄如下：

（1）

借：基本生產成本——廢品損失——乙產品　　　　　　1,110
　貸：基本生產成本——乙產品（原材料）　　　　　　　480
　　　　——乙產品（燃料和動力）　　　　　　　　　　234
　　　　——乙產品（工資和福利費）　　　　　　　　　270
　　　　——乙產品（製造費用）　　　　　　　　　　　126

（2）

借：原材料　　　　　　　　　　　　　　　　　　　　　100
　貸：基本生產成本——廢品損失——乙產品　　　　　　100

（3）

借：基本生產成本——乙產品——廢品損失　　　　　　1,010
　貸：基本生產成本——廢品損失——乙產品　　　　　1,010

10. 直接材料費用分配率 = (1,120+8,890) ÷ (5,800+3,300) = 1.1 元/千克

完工產品應負擔直接材料成本 = 5,800×1.1 = 6,380(元)

月末在產品應負擔直接材料成本 = 3,300×1.1 = 3,630(元)

直接人工分配率 = (950+7,660) ÷ (3,760+1,980) = 1.5(元/小時)

完工產品直接人工成本 = 3,760×1.5 = 5,640(元)

月末在產品直接人工成本 = 1,980×1.5 = 2,970(元)

製造費用分配率 = (830+6,632) ÷ (3,760+1,980) = 1.3(元/小時)

完工產品製造費用 = 3,760×1.3 = 4,888(元)

月末在產品製造費用 = 1,980×1.3 = 2,574(元)

月末在產品總成本 = 3,630+2,970+2,574 = 9,174(元)

完工產品總成本 = 6,380+5,640+4,888 = 16,908(元)

11. 在產品約當產量計算表如表7所示：

表7

工序	工時定額 (小時)	月末在產品數量 (件)	各工序加工程度（%）	在產品約當產量（件）
1	4	40	4×50%÷20 = 10	40×10% = 4
2	6	60	(4+6×50%) ÷20 = 35	60×35% = 21
3	10	100	(4+6+10×50%) ÷20 = 75	100×75% = 75
合計	20	200	0	100

271

直接材料分配率=108,000÷（400+200）=180（元/件）

完工產品直接材料=400×180=72,000（元）

在產品直接材料=200×180=36,000（元）

直接人工成本分配率=91,960÷（400+100）=183.92（元/小時）

完工產品直接人工成本=400×183.92=73,568（元）

月末在產品直接人工成本=100×183.92=18,392（元）

製造費用分配率=55,115÷（400+100）=110.23（元/件）

完工產品製造費用=400×110.23=44,092（元）

月末在產品製造費用=100×110.23=11,023（元）

第四章　生產成本計算的主要方法

一、單項選擇題

1~5　DCBCA　6~10　DCCDB　11~15　AACAA　16~20　CDACC
21~25　DDCBD　26~30　BCBAA

二、多項選擇題

1. ABE　2. ABCD　3. ABD　4. BCD　5. ABE　6. BD　7. AD　8. DE　9. BCD
10. ABCDE　11. ABE　12. AC　13. ABE　14. CD　15. ABCDE　16. ABCDE　17. AD
18. ABE　19. ABCD　20. ABC

三、判斷題

1~5　√×√×√　6~10　××××√

四、計算題

1.（1）編製其他費用分配表（見表8）和相關會計分錄。

表8　　　　　　　其他費用分配表（假定均以銀行存款支付）　　　　　單位：元

總帳科目	應借科目		金額
	明細科目	成本、費用項目	
輔助生產成本	機修車間	辦公費	1,000
		其他	5,100
		小計	6,100

表8(續)

應借科目			金額
總帳科目	明細科目	成本、費用項目	
製造費用	A車間	辦公費	2,000
		其他	7,080
		小計	9,080
合計			15,180

借：製造費用——A車間　　　　　　　　　　　　　9,080
　　輔助生產成本——機修車間　　　　　　　　　　6,100
　貸：銀行存款　　　　　　　　　　　　　　　　　15,180
借：應付帳款——供電局　　　　　　　　　　　　　12,000
　貸：銀行存款　　　　　　　　　　　　　　　　　12,000

（2）根據材料用途編製原材料費用分配表（見表9）和相關會計分錄。

表9　　　　　　　　　　原材料費用分配表　　　　　　　　單位：元

應借科目			原材料					低值易耗品	合計
總帳科目	明細科目	成本項目或費用項目	共同耗用材料分配			直接耗費	小計		
			定額消耗量(千克)	分配率(元/千克)	分配金額				
基本生產成本	甲產品	原材料	6,000		37,200	30,000	67,200		67,200
	乙產品	原材料	4,000		24,800	28,000	52,800		52,800
	小計		10,000	6.2	62,000	58,000	120,000		120,000
輔助生產成本	機修車間	原材料				13,000	13,000		13,000
		低值易耗品攤銷						2,700	2,700
製造費用	A車間	機物料				8,000	8,000		8,000
管理費用		物料				9,000	9,000		9,000
合計					62,000	88,000	150,000	2,700	152,700

借：基本生產成本——甲產品　　　　　　　　　　67,200
　　　　　　　　　　——乙產品　　　　　　　　　52,800
　　輔助生產成本——機修車間　　　　　　　　　 13,000
　　製造費用——A車間　　　　　　　　　　　　　8,000
　　管理費用——物料　　　　　　　　　　　　　　9,000
　貸：原材料　　　　　　　　　　　　　　　　　 150,000

（3）編製會計分錄如下：

借：原材料		300	
輔助生產成本——機修車間		2,700	
貸：低值易耗品——低值易耗品攤銷			3,000
借：低值易耗品——低值易耗品攤銷		6,000	
貸：低值易耗品——在用低值易耗品			6,000

（4）根據工資費用資料和工資福利費的計提比例編製職工薪酬分配表（見表10）和會計分錄。

表10　　　　　　　　　　　　　職工薪酬分配表　　　　　　　　　單位：元

應借科目			分配標準（小時）	分配率（元/小時）	工資分配金額	職工福利費	合計
總帳科目	明細科目	成本、費用項目					
基本生產成本	甲產品	工資及福利費	6,000		30,000	4,200	34,200
	乙產品	工資及福利費	2,000		10,000	1,400	11,400
	小計		8,000	5	40,000	5,600	45,600
輔助生產成本	機修車間	直接人工			12,000	1,680	13,680
製造費用	A車間	工資及福利費			7,000	980	7,980
管理費用		工資及福利費			4,000	560	4,560
合計					63,000	8,820	71,820

借：基本生產成本——甲產品		30,000	
——乙產品		10,000	
輔助生產成本——機修車間		12,000	
製造費用——A車間		7,000	
管理費用		4,000	
貸：應付職工薪酬			63,000
借：基本生產成本——甲產品		4,200	
——乙產品		1,400	
輔助生產成本——機修車間		1,680	
製造費用——A車間		980	
管理費用		560	
貸：應付職工薪酬			8,820

(6) 根據各部門用電情況，編製外購電費分配表（見表 11）和會計分錄。

表 11　　　　　　　　　　外購動力費用（電費）分配表

應借科目			分配標準 （耗電度數）	分配率 （元/度）	分配餘額 （元）
總帳科目	明細科目	成本、費用項目			
基本生產成本	甲產品	原材料	10,000		6,000
	乙產品	原材料	4,000		2,400
輔助生產成本	機修車間	水電費	2,000		1,200
製造費用	A 車間	水電費	1,000		600
管理費用		水電費	3,000		1,800
合計			20,000	0.6	12,000

借：基本生產成本——甲產品　　　　　　　　　　　　　　　6,000
　　　　　　　　——乙產品　　　　　　　　　　　　　　　2,400
　　輔助生產成本——機修產品　　　　　　　　　　　　　　1,200
　　製造費用——A 車間　　　　　　　　　　　　　　　　　　600
　　管理費用　　　　　　　　　　　　　　　　　　　　　　1,800
　貸：應付帳款——供電局　　　　　　　　　　　　　　　　12,000

(7) 根據各部門固定資產的使用情況及計提折舊的方法，編製折舊費用分配表（見表 12）和會計分錄。

表 12　　　　　　　　　　　　折舊費用分配表

應借科目			折舊金額（元）
總帳科目	明細科目	成本、費用項目	
輔助生產成本	機修車間	折舊費	1,000
製造費用	A 車間	折舊費	3,000
管理費用		折舊費	1,400
合計			5,400

借：輔助生產成本——機修車間　　　　　　　　　　　　　　1,000
　　製造費用——A 車間　　　　　　　　　　　　　　　　　3,000
　　管理費用　　　　　　　　　　　　　　　　　　　　　　1,400
　貸：累計折舊　　　　　　　　　　　　　　　　　　　　　5,400

(8) 根據「其他應付款」明細帳的記錄和攤銷方法，編製其他應付款分配表（見表 13）和會計分錄。

275

表13　　　　　　　　　　其他應付款分配表（書報訂閱費）

摘要	應借科目			金額（元）
	總帳科目	明細科目	成本費用項目	
A車間：1,200÷12＝100（元） 機修車間：1,200÷12＝100（元） 廠部：3,600÷12＝300（元）	製造費用	A車間	其他	100
	輔助生產成本	機修車間	其他	100
	管理費用		其他	300
合計				500

借：輔助生產成本——機修車間　　　　　　　　　　　　　　　　100
　　製造費用——A車間　　　　　　　　　　　　　　　　　　　　100
　　管理費用　　　　　　　　　　　　　　　　　　　　　　　　　300
　　貸：其他應付款——書報訂閱費　　　　　　　　　　　　　　　500

（9）分配輔助生產費用。月末採用適當的方法將歸集在輔助生產成本明細帳（見表14）上的費用進行分配，編製輔助生產費用分配表（見表15）和會計分錄。

表14　　　　　　　　　輔助生產成本明細帳（機修車間）　　　　　　單位：元

201×年		摘要	原材料	直接人工	折舊費	辦公費	低值易耗品攤銷	水電費	其他	合計
月	日									
1	31	分配其他費用				1,000			5,100	6,100
1	31	分配材料費用	13,000							13,000
1	31	攤銷低值易耗品					2,700			2,700
1	31	分配工資費用		12,000						12,000
1	31	分配工資費用		1,680						1,680
1	31	分配電費						1,200		1,200
1	31	分配折舊費用			1,000					1,000
1	31	分配待攤費用							100	100
		小計	13,000	13,680	1,000	1,000	2,700	1,200	5,200	37,780
1	31	分配轉出	13,000	13,680	1,000	1,000	2,700	1,200	5,200	37,780

表15　　　　　　　　　　　輔助生產費用分配表

受益對象	成本費用項目	修理工時（小時）	分配率（元/小時）	分配金額（元）
製造費用——A車間	修理費	4,000		30,224
管理費用	修理費	1,000		7,556
合計		5,000	7.556	37,780

借：製造費用——A車間　　　　　　　　　　　　　　　30,224
　　　管理費用　　　　　　　　　　　　　　　　　　　7,556
　　貸：輔助生產成本——機修車間　　　　　　　　　　　37,780

（10）分配製造費用。月末，根據製造費用明細帳（見表16）上歸集的費用，編製製造費用分配表（見表17）和會計分錄。

表16　　　　　　　　　　製造費用明細帳　　　　　　　　　　單位：元

201×年		摘要	工資及福利費	機物料	折舊費	修理費	辦公費	水電費	其他	合計
月	日									
1	31	分配其他費用					2,000		7,080	9,080
1	31	分配材料費用		8,000						8,000
1	31	分配工資費用	7,000							7,000
1	31	分配工資費用	980							980
1	31	分配電費						600		600
1	31	分配折舊費用			3,000					3,000
1	31	分配待攤費用							100	100
1	31	分配機修費用				30,224				30,224
		小計	7,980	8,000	3,000	30,224	2,000	600	7,180	58,984
1	31	分配轉出	7,980	8,000	3,000	30,224	2,000	600	7,180	58,984

表17　　　　　　　　　製造費用分配表

受益對象	成本項目	生產工時（小時）	分配率（元/小時）	分配金額（元）
基本生產成本——甲產品	製造費用	6,000		44,238
基本生產成本——乙產品	製造費用	2,000		14,746
合計		8,000	7.373	58,984

借：基本生產成本——甲產品　　　　　　　　　　　　　44,238
　　　　　　　　　——乙產品　　　　　　　　　　　　　14,746
　　貸：製造費用——A車間　　　　　　　　　　　　　　58,984

（11）計算完工產品成本和在產品成本（見表18和表19）並編製會計分錄。

表18　　　　　　　　甲產品基本生產成本明細帳　　　　　　　　單位：元

201×年		摘要	原材料	直接人工	製造費用	合計
月	日					
1	1	期初余額	40,800	24,000	32,762	96,762
1	31	分配材料費用	67,200			67,200

表18(續)

201×年		摘要	原材料	直接人工	製造費用	合計
月	日					
1	31	分配工資、工資福利費用		34,200		34,200
	31	分配電費	6,000			6,000
1	31	分配製造費用			44,238	44,238
1	31	本月合計	73,200	34,200	44,238	151,638
		生產費用累計	114,000	58,200	77,000	249,200
		約當總產量（件）	3,000	2,500	2,500	
		分配率（單位成本，元/件）	38	23.28	30.80	
1	31	結轉完工產品成本 (2,000件)	76,000	46,560	61,600	184,160
		月末在產品成本	38,000	11,640	15,400	65,040

表 19　　　　　　　　　　乙產品基本生產成本明細帳　　　　　　　　單位：元

201×年		摘要	原材料	直接人工	製造費用	合計
月	日					
1	1	期初餘額	18,000	6,000	9,254	33,254
1	31	分配材料費用	52,800			52,800
1	31	分配工資費用		10,000		10,000
1	31	分配工資福利費用		1,400		1,400
1	31	分配電費	2,400			2,400
1	31	分配製造費用			14,746	14,746
		本月合計	55,200	11,400	14,746	81,346
		生產費用累計	73,200	17,400	24,000	114,600
1	31	結轉完工產品成本 (1,000件)	55,200	11,400	14,746	81,346
		月末在產品成本	18,000	6,000	9,254	33,254

```
借：庫存商品——甲產品                      184,160
           ——乙產品                       81,346
  貸：基本生產成本——甲產品                 184,160
               ——乙產品                  81,346
```

2. 根據資料開設各批號產品成本計算單並進行登記

表 20　　　　　　　　　　　　　　產品成本計算單
批號：121#　　　　　　　投產日期：201×年 12 月 5 日　　　　　　批量：100 件
產品：甲產品　　　　　　完工日期：201×年 2 月 20 日　　　　　　單位：元

201×年		摘要	直接材料	直接人工	製造費用	成本會計
月	日					
1	31	生產費用累計	14,200	1,200	950	16,350
2	28	2月份生產費用	3,000	400	700	4,100
		生產費用累計	17,200	1,600	1,650	20,450
2	28	完工產品成本	17,200	1,600	1,650	20,450
		單位成本	172	16	16.50	20,450

表 21　　　　　　　　　　　　　　產品成本計算單
批號：122#　　　　　　　投產日期：201×年 1 月 10 日　　　　　　批量：200 件
產品：乙產品　　　　　　完工日期：201×年 2 月完工 50 件　　　　單位：元

201×年		摘要	直接材料	直接人工	製造費用	成本會計
月	日					
1	31	生產費用累計	7,000	700	400	8,100
2	28	2月份生產費用		700	800	1,500
		生產費用累計	7,000	1,400	1,200	9,600
2	28	完工產品成本	1,750	400	350	2,500
		月末在產品成本	5,250	1,000	850	7,100

表 22　　　　　　　　　　　　　　產品成本計算單
批號：123#　　　　　　　投產日期：201×年 2 月 6 日　　　　　　批量：300 件
產品：丙產品　　　　　　完工日期：201×年 2 月完工 100 件　　　單位：元

201×年		摘要	直接材料	直接人工	製造費用	成本會計
月	日					
2	28	2月份生產費用	6,000	580	120	5,700
		生產費用累計	6,000	580	120	5,700
		分配率（元/件）	20	2.90	0.60	23.50
2	28	完工產品成本	2,000	290	60	2,350
		月末在產品成本	4,000	290	60	4,350

編製如下會計分錄：

借：庫存商品——甲產品　　　　　　　　　　　　　　　20,450

——乙產品	2,500
——丙產品	2,350
貸：基本生產成本——121#（甲產品）	20,450
——122#（乙產品）	2,500
——123#（丙產品）	2,350

3. (1) 編製分配要素費用及結轉製造費用的會計分錄。

①分配材料費用。

借：基本生產成本——311批號（甲產品）	20,000
——312批號（乙產品）	7,000
——313批號（丙產品）	30,000
——314批號（丁產品）	1,000
製造費用——A車間	8,000
貸：原材料	66,000

②分配工資費用。

借：基本生產成本	16,000
製造費用——A車間	2,000
貸：應付職工薪酬	18,000

③計提職工福利費。

借：基本生產成本	2,240
製造費用——A車間	280
貸：應付職工薪酬	2,520

④計提折舊費。

| 借：製造費用——A車間 | 2,000 |
| 貸：累計折舊 | 2,000 |

⑤其他支出。

| 借：製造費用——A車間 | 9,000 |
| 貸：銀行存款 | 9,000 |

⑥結轉分配製造費用。

製造費用額＝8,000+2,000+280+2,000+9,000＝21,280（元）

| 借：基本生產成本 | 21,280 |
| 貸：製造費用——A車間 | 21,280 |

(2) 計算並登記基本生產成本二級帳（見表23）和各批產品成本明細帳（見表24~表27）。

表 23　　　　　　　　　　基本生產成本二級帳　　　　　　　　單位：元

201×年 月	日	摘要	直接材料	生產工時（小時）	直接人工	製造費用	成本合計
2	28	在產品成本	19,000	4,000	9,000	12,000	40,000
3	31	分配直接材料費	58,000				58,000
3	31	分配工資費用		6,000	16,000		16,000
3	31	分配職工福利費			2,240		2,240
3	31	結轉製造費用				21,280	21,280
3	31	合計	58,000	6,000	18,240	21,280	97,520
3	31	生產費用累計	77,000	10,000	27,240	33,280	137,520
3	31	累計間接計入費用分配率			2.724	3.328	
3	31	完工產品成本轉出	38,000	3,000	8,172	9,984	56,156
3	31	在產品成本	39,000	7,000	19,068	23,296	81,364

表 24　　　　　　　　　　產品成本計算單

產品批號：311#　　　　投產日期：201×年2月　　　　產品批量：4件
產品名稱：甲產品　　　　完工日期：201×年3月　　　　單位：元

201×年 月	日	摘要	直接材料	生產工時（小時）	直接人工	製造費用	成本合計
2	28	在產品成本	11,000	1,000			
3	31	分配直接材料費用	20,000	1,000			
3	31	累計	31,000	2,000			
3	31	間接計入費用分配率			2.724	3.328	
3	31	完工產品成本轉出	31,000	2,000	5,448	6,656	43,104

表 25　　　　　　　　　　產品成本計算單

產品批號：312#　　　　投產日期：201×年2月　　　　產品批量：6件
產品名稱：乙產品　　　　完工日期：201×年3月完工2件　　　　單位：元

201×年 月	日	摘要	直接材料	生產工時（小時）	直接人工	製造費用	成本合計
2	28	在產品成本	8,000	3,000			
3	31	分配直接材料費	7,000	1,500			
3	31	累計	15,000	4,500			
3	31	間接計入費用分配率			2.724	3.328	

281

表25(續)

201×年		摘要	直接材料	生產工時（小時）	直接人工	製造費用	成本合計
月	日						
3	31	完工產品成本結轉	7,000	1,000	2,724	3,328	13,052
3	31	在產品成本	8,000	3,500			

表 26　　　　　　　　　　　　產品成本計算單
產品批號：313#　　　　　投產日期：201×年 3 月　　　　　產品批量：10 件
產品名稱：丙產品　　　　　完工日期：

201×年		摘要	直接材料（元）	生產工時（小時）	直接人工	製造費用	成本合計
月	日						
3	31	分配直接材料費用	30,000	3,000			
3	31	在產品成本	30,000	3,000			

表 27　　　　　　　　　　　　產品成本計算單
產品批號：314#　　　　　投產日期：201×年 3 月　　　　　產品批量：5 件
產品名稱：丁產品　　　　　完工日期：

201×年		摘要	直接材料（元）	生產工時（小時）	直接人工	製造費用	成本合計
月	日						
3	31	分配直接材料費用	1,000	500			
3	31	在產品成本	1,000	500			

（3）完工產品入庫的會計分錄如下：
　　借：庫存商品——甲產品　　　　　　　　　　　　　　　43,104
　　　　　　　　——乙產品　　　　　　　　　　　　　　　13,052
　　　貸：基本生產成本——311 批號（甲產品）　　　　　　43,104
　　　　　　　　　　　——312 批號（乙產品）　　　　　　13,052

4.（1）開設並登記基本生產成本明細帳（見表 28 和表 29）。

表 28　　　　　　　一車間甲半成品基本生產成本明細帳　　　　　　　單位：元

201×年		摘要	直接材料	直接人工	製造費用	合計
月	日					
4	1	月初在產品	3,800	2,000	4,600	10,400
4	30	本月生產費用	13,500	8,000	10,300	31,800
4	30	累計	17,300	10,000	14,900	42,200
4	30	完工產品成本	-13,880	-8,200	-10,760	-32,840
4	30	月末在產品	3,420	1,800	4,140	9,360

表 29　　　　　　　　二車間甲產品基本生產成本明細帳

201×年		摘要	半成品	直接人工	製造費用	合計
月	日					
4	1	月初在產品	6,200	1,300	1,250	8,750
4	30	領用半成品	40,488			40,488
4	30	本月其他費用		6,500	11,200	17,700
4	30	累計	46,688	7,800	12,450	66,938
4	30	月末完工成本	-43,588	-7,150	-7,450	-58,188
4	30	月末在產品	3,100	650	5,000	8,750

（2）編製一車間完工及二車間領用半成品會計分錄。

① 一車間自製半成品入庫。

借：自製半成品——甲半成品　　　　　　　　　　32,840
　　貸：基本生產成本——一車間（甲半成品）　　　　32,840

甲半成品加權平均單價＝（9,000+32,840）÷（120+500）＝67.48（元）

② 二車間領用半成品成本＝600×67.48＝40,488（元）

借：基本生產成本——二車間（甲產品）　　　　40,488
　　貸：基本生產成本——一車間（甲半產品）　　　40,488

（3）進行成本還原，編製成本還原表（見表30）。

表 30　　　　　　　　　成本還原表　　　　　　　　單位：元

項目	還原率	半成品	原材料	直接人工	製造費用	合計
還原前產品成本		43,588		7,150	7,450	58,188
本月所產半成品			13,880	8,200	10,760	32,840
還原	1.327,283.8	-43,588	18,422.70	10,883.70	14,281.60	43,588
還原后成本			18,422.70	18,033.70	21,731.60	58,188

（4）編製如下完工產品入庫會計分錄：

借：庫存商品——甲產品　　　　　　　　　　　58,188
　　貸：基本生產成本——二車間（甲產品）　　　　58,188

5. 根據資料編製甲產品成本還原表（見表31）。

表31　　　　　　　　　　　甲產品成本還原表　　　　　　　　　　　單位：元

項目	產量(件)	還原率	半成品	直接材料	直接人工	製造費用	合計
還原前產成品成本	100		100,000		8,000	6,000	114,000
第二步驟所產半成品成本				70,000	6,000	4,000	80,000
第一次成本還原		1.25	-100,000	87,500	7,500	5,000	0
第一步驟所產半成品成本				80,000	11,400	8,600	100,000
第二次成本還原		0.875	-87,500	70,000	9,975	7,525	0
還原后產成品成本				70,000	25,475	18,525	114,000
還原后單位成本	100			700	254.75	185.25	1,140

6. （1）開設和登記各步驟基本生產成本明細帳（見表32和表33）。

表32　　　　　　　　　　甲半成品基本生產成本明細帳　　　　　　　　　單位：元

201×年 月	日	摘要	數量(件)	直接材料	直接人工	製造費用	成本合計
5	31	在產品成本	20	2,100	300	280	2,680
6	30	生產費用	500	52,500	4,760	7,540	64,800
6	30	累計		54,600	5,060	7,820	67,480
6	30	完工產品成本	-400	-42,000	-4,400	-6,800	-53,200
6	30	單位成本		105	11	17	133
6	30	在產品成本	120	12,600	660	1,020	14,280

直接材料分配率＝54,600÷(400+120)＝105（元/件）
直接人工分配率＝5,060÷(400+120×50%)＝11（元/件）
製造費用分配率＝7,820÷(400+120×50%)＝17（元/件）

表33　　　　　　　　　　甲產品基本生產成本明細帳　　　　　　　　　單位：元

201×年 月	日	摘要	數量（件）	直接材料	直接人工	製造費用	成本合計
5	31	在產品成本	40	4,000	650	550	5,200
6	30	領用甲半成品	300	31,500	3,300	5,200	40,000
6	30	本步生產費用			4,200	3,300	7,500
6	30	累計		35,500	8,150	9,050	52,700
6	30	完工產品成本	-260	-27,146.60	-7,064.20	-7,844.20	-42,055

表33(續)

201×年		摘要	數量（件）	直接材料	直接人工	製造費用	成本合計
月	日						
6	30	單位成本		104.41	27.17	30.17	161.75
6	30	在產品成本	80	8,353.40	1,085.80	1,205.80	10,645

直接材料分配率 = 35,500÷(260+80) = 104.41(元/件)
直接人工分配率 = 8,150÷(260+80×50%) = 27.17(元/件)
製造費用分配率 = 9,050÷(260+80×50%) = 30.17(元/件)

（2）登記自製半成品明細帳（見表34）。

表34　　　　　　　　　自製甲半成品明細帳

201×年		摘要	數量（件）	直接材料	直接人工	製造費用	合計
月	日						
5	31	月末結存	200	21,000	2,200	3,600	26,800
6	30	入庫	400	42,000	4,400	6,800	53,200
6	30	合計	600	63,000	6,600	10,400	80,000
6	30	單位成本		105	11	17.33	133.33
6	30	本月出庫	-300	-31,500	-3,300	-5,200	-40,000
6	30	月末結存	300	31,500	3,300	5,200	40,000

（3）結轉半成品成本和完工產品成本的會計分錄如下：

①一車間完工甲半成品入庫。

借：自製半成品——甲半成品　　　　　　　　　　　　　53,200
　　貸：基本生產成本——一車間（甲半成品）　　　　　　53,200

②二車間領用甲半成品。

借：基本生產成本——二車間（甲產品）　　　　　　　　40,000
　　貸：自製半成品——甲半成品　　　　　　　　　　　　40,000

③二車間完工甲產品。

借：庫存商品——甲產品　　　　　　　　　　　　　　　42,055
　　貸：基本生產成本——二車間（甲產品）　　　　　　　42,055

7.（1）根據資料開設和登記產品成本明細帳（見表35、表36、表37）。

表35　　　　　第　車間Ａ半成品基本生產成本明細帳　　　　　單位：元

201×年		摘要	直接材料	直接人工	製造費用	合計
月	日					
6	30	在產品成本	1,700	800	2,200	4,700

285

表35(續)

201×年		摘要	直接材料	直接人工	製造費用	合計
月	日					
7	31	本月生產費用	22,750	12,000	14,000	48,750
7	31	累計	24,450	12,800	16,200	53,450
7	31	約當總產量（件）	530	506	506	
7	31	分配率	46.13	25.30	32.02	
7	31	計入產成品成本份額（340件）	15,684.20	8,602	10,886.80	35,173
7	31	月末在產品	8,765.80	4,198	5,313.20	18,277

原材料約當總產量＝340+（40+100+50）＝530（件）

直接人工、製造費用約當總產量＝340+（40×40%+100+50）＝506（件）

表36　　　　　　　　　第二車間 B 半成品基本生產成本明細帳　　　　　單位：元

201×年		摘要	直接材料	直接人工	製造費用	合計
月	日					
6	30	在產品成本		830	620	1,450
7	31	本月生產費用		9,200	5,500	14,700
7	31	累計		10,030	6,120	16,150
7	31	約當總產量（件）		430	430	
7	31	分配率		23.33	14.23	
7	31	計入產成品成本份額（340件）		7,932.20	4,838.20	12,770.4
7	31	月末在產品		2,097.80	1,281.80	3,379.6

約當總產量＝340+（100×40%+50）＝430（件）

表37　　　　　　　　　第三車間 C 產品基本生產成本明細帳　　　　　單位：元

201×年		摘要	直接材料	直接人工	製造費用	合計
月	日					
6	30	在產品成本		1,600	900	2,500
7	31	本月生產費用		6,000	5,000	11,000
7	31	累計		7,600	5,900	13,500
7	31	約當總產量（件）		360	360	
7	31	分配率		21.11	16.39	

表37(續)

201×年		摘要	直接材料	直接人工	製造費用	合計
月	日					
7	31	計入產成品成本份額（340件）		7,177.40	5,572.60	12,750
7	31	月末在產品		422.60	327.40	750

約當總產量 = 340+50×40% = 360（件）

（2）根據基本生產成本明細帳，編製產品成本匯總表（見表38）。

表38　　　　　　　　　C 產品成本匯總表　　　　　　　單位：元

項目	直接材料	直接人工	製造費用	合計
第一車間轉入	15,684.20	8,602	10,886.80	35,173
第二車間轉入		7,932.20	4,838.20	12,770.40
第三車間轉入		7,177.40	5,572.60	12,750
總成本（340件）	15,684.20	23,711.60	21,297.60	60,693.40
單位成本	46.13	69.74	62.64	178.51

完工產品入庫會計分錄如下：

借：庫存商品——C 產品　　　　　　　　　　　60,693.40
　　貸：基本生產成本——第一車間（A 半成品）　35,173
　　　　　　　　　　　——第二車間（B 半成品）　12,770.40
　　　　　　　　　　　——第三車間（C 產品）　　12,750

8.（1）根據資料開設並登記 A 類產品成本明細帳（見表39）。

表39　　　　　　　　A 類產品基本生產成本明細帳　　　　　單位：元

201×年		摘要	原材料	直接人工	製造費用	合計
月	日					
7	31	在產品定額成本	84,820	28,060	90,100	202,980
8	31	本月生產費用	106,680	37,000	120,180	263,860
8	31	累計	191,500	65,060	210,280	466,840
8	31	完工產品成本	-129,540	38,640	-125,580	-293,760
8	31	在產品定額成本	61,960	26,420	84,700	173,080

（2）編製 A 類產成品成本計算表分配 A 類完工產品成本（見表40）。

表40　　　　　　　　　　A類產成品成本計算表　　　　　　金額單位：元

產品	產量(件)	原材料					工時定額(小時)	定額工時	直接人工		製造費用		合計	
		費用定額	系數	總系數	分配率	分配金額			分配率	分配金額	分配率	分配金額	總成本	單位成本
甲	24	4,256	0.8	19.2		32,640	32	768		15,360		49,920	97,920	4,080
乙	18	5,320	1	18		30,600	28	504		10,080		32,760	73,440	4,080
丙	30	6,916	1.3	39		66,300	22	660		13,200		42,900	122,400	4,080
合計				76.2	1,700	129,540		1,932	20	38,640	65	125,580	293,760	

（3）編製如下結轉完工產品成本的會計分錄：

借：庫存商品——甲產品　　　　　　　　　　　　　97,920
　　　　　　——乙產品　　　　　　　　　　　　　73,440
　　　　　　——丙產品　　　　　　　　　　　　 122,400
　　貸：基本生產成本——A類　　　　　　　　　　293,760

第五章　商業成本核算

1.（1）收到發貨方發票帳單時。
借：商品採購　　　　　　　　　　　　　　　　　244,440
　　應交稅費——應交增值稅（進項稅額）　　　　 40,510
　　貸：應付帳款　　　　　　　　　　　　　　　 284,950
（2）編製會計分錄如下：
借：庫存商品　　　　　　　　　　　　　　　　　324,994
　　貸：商品採購　　　　　　　　　　　　　　　244,440
　　　　商品進銷差價　　　　　　　　　　　　　 80,554
2.（1）25.6%
（2）編製會計分錄如下：
借：商品進銷差價　　　　　　　　　　　　　　　143,770
　　貸：主營業務成本　　　　　　　　　　　　　143,770
3.（1）2.9%
（2）編製會計分錄如下：
借：主營業務成本　　　　　　　　　　　　　　　 16,286
　　貸：進貨費用　　　　　　　　　　　　　　　 16,286

第六章　交通運輸成本核算

1.（1）編製會計分錄如下：
借：待攤費用　　　　　　　　　　　　　　　240,000
　　營運間接費用　　　　　　　　　　　　　 11,000
　貸：輪胎　　　　　　　　　　　　　　　　230,000
　　　材料　　　　　　　　　　　　　　　　 21,000
借：運輸支出——客運　　　　　　　　　　　 18,000
　　　　　——貨運　　　　　　　　　　　　 15,000
　貸：待攤費用　　　　　　　　　　　　　　 33,000
（2）編製會計分錄如下：
借：運輸支出——客運　　　　　　　　　　　400,000
　　　　　——貨運　　　　　　　　　　　　250,000
　　輔助營運費用　　　　　　　　　　　　　312,000
　　營運間接費用　　　　　　　　　　　　　178,000
　　管理費用　　　　　　　　　　　　　　　 69,000
　貸：累計折舊　　　　　　　　　　　　　1,209,000

第七章　施工企業工程成本核算與房地產企業成本核算

1. 第一次分配。
分配率＝90,000÷(1,000,000×6%＋20,000×60%)×60%－75%
建築工程甲、乙應分配的間接費用＝1,000,000×6%×75%＝75,000（元）
安裝工程丙、丁應分配的間接費用＝20,000×60%×75%＝15,000（元）
第二次分配。
建築工程間接費用分配率＝75,000÷1,000,000×60%＝7.5%
甲工程應分配的間接費用＝550,000×7.5%＝41,250（元）
乙工程應分配的間接費用＝450,000×7.5%＝33,750（元）
安裝工程間接費用分配率＝15,000÷20,000×60%＝75%
丙工程應分配的間接費用＝15,000×75%－11,250（元）
丁工程應分配的間接費用＝5,000×75%＝3,750（元）
借：工程施工——甲工程——間接費用　　　　 41,250
　　　　　　——乙工程——間接費用　　　　 33,750
　　　　　　——丙工程——間接費用　　　　 11,250
　　　　　　——丁工程——間接費用　　　　 3,750

貸：間接費用　　90,000
2.（1）本期期末未完工程實際成本＝（30,000＋180,000）÷（216,000＋24,000）× 24,000＝21,000（元）

本期期末完工程實際成本＝30,000+180,000-21,000＝189,000（元）

（2）已完工程成本結轉會計分錄如下：

借：工程結算　　189,000

　　貸：工程施工　　189,000

第八章　物業勞務成本核算

1. 編製會計分錄如下：
借：主營業務成本——物業管理成本——公共服務成本　　4,100
　　貸：原材料——A 材料　　3,000
　　　　　　——B 材料　　1,100
2. 編製會計分錄如下：
借：主營業務成本——物業管理成本——公共服務成本　　16,800
　　貸：應付職工薪酬——工資　　16,800
借：主營業務成本——物業管理成本——公共服務成本　　4,814.11
　　貸：應付職工薪酬——社保費　　4,814.11

第九章　旅遊餐飲服務成本核算

1. 編製會計分錄如下：
借：主營業務成本　　19,300
　　貸：應付職工薪酬　　19,300
2. 編製會計分錄如下：
借：主營業務成本——甲接團社——綜合服務費　　45,000
　　　　　　　——乙旅遊團——陪同費　　6,000
　　　　　　　——乙旅遊團——餐費　　5,000
　　　　　　　——乙旅遊團——交通費　　2,000
　　　　　　　——乙旅遊團——行李托運費　　1,000
　　貸：銀行存款　　59,000

第十章 金融保險成本核算

1. 儲戶 3 年期銀行存款利息 = 500,000×1.5%×3 = 22,500（元）

借：定期儲蓄存款——三年期定期儲蓄存款　　　　　500,000
　　應付利息——應付定期儲蓄存款　　　　　　　　 22,500
　貸：活期儲蓄存款　　　　　　　　　　　　　　　525,000

2. 該筆存款於 2015 年 5 月 3 日自動轉存，轉存后本金為 = 60,000+1,200
　　　　　　　　　　= 61,200（元）

從到期至 10 月 3 日銀行按活期存款利率支付利息 = 61,200×0.35%×5÷12
　　　　　　　　　　= 89.25（元）

借：定期儲蓄存款——×年期定期儲蓄存款　　　　　61,200
　　應付利息——應付活期儲蓄存款　　　　　　　　 89.25
　貸：庫存現金　　　　　　　　　　　　　　　　　61,289.25

3. 保險公司會計處理如下：

借：賠款支出——車輛損失保險　　　　　　　　　　160,000
　　　　　　——現場勘察費　　　　　　　　　　　　2,500
　　營業費用——過路費　　　　　　　　　　　　　　 200
　貸：銀行存款　　　　　　　　　　　　　　　　　160,000
　　　庫存現金　　　　　　　　　　　　　　　　　 2,700

第十一章 教育成本核算

1. 分配率 = 90,000÷(10,000+14,000+16,000) = 2.25（元/學時）

經濟管理學院應負擔耗材費 = 10,000×2.25 = 22,500（元）
建築工程學院應負擔耗材費 = 14,000×2.25 = 31,500（元）
信息管理學院應負擔耗材費 = 16,000×2.25 = 36,000（元）

借：教育成本——經濟管理學院　　　　　　　　　　 22,500
　　　　　　——建築工程學院　　　　　　　　　　 31,500
　　　　　　——信息管理學院　　　　　　　　　　 36,000
　貸：教學物資倉庫　　　　　　　　　　　　　　　 90,000

2. 該學校 5 月份發生工資費用會計分錄如下：

借：教育成本——人員經費支出——工資　　　　　　513,000
　貸：應付職工薪酬——基本工資　　　　　　　　　320,000
　　　　　　　　——住房公積金　　　　　　　　　 45,000
　　　　　　　　——社會保險費　　　　　　　　　 85,000

291

    專用基金————福利基金   63,000
6月10日該學校發放工資會計分錄如下：
 借：應付職工薪酬————基本工資   320,000
      ————住房公積金   45,000
      ————社會保險費   85,000
  貸：銀行存款   450,000
3. 編製會計分錄如下：
 借：管理費用————公務費————水電費   25,000
         ————其他   20,000
  貸：銀行存款   45,000
 借：管理費用————折舊費   5,000
  貸：累計折舊   5,000

第十二章　醫院成本核算

1. 編製會計分錄如下：
 借：醫療支出————工資   600,000
   藥品支出————工資   150,000
   輔助業務成本————工資   150,000
   管理費用————工資   300,000
  貸：應付職工薪酬————工資   1,200,000
 借：醫療支出————福利費工會經費   96,000
   藥品支出————福利費工會經費   24,000
   輔助業務成本————福利費工會經費   24,000
   管理費用————福利費工會經費   48,000
  貸：應付職工薪酬————福利費   168,000
     應付職工薪酬————工會經費   24,000
 借：應付職工薪酬————工資   1,200,000
   應付職工薪酬————福利費   168,000
   應付職工薪酬————工會經費   24,000
  貸：銀行存款   1,392,000
2. 編製會計分錄如下：
 借：醫療支出————衛生材料費   60,000
   藥品支出————衛生材料費   85,000
   管理費用————衛生材料費   12,000
  貸：庫存物資————衛生材料   157,000

3. 編製會計分錄如下：
借：醫療成本——人員費　　　　　　　　　　　　　1,850,000
　　　　　　——業務費　　　　　　　　　　　　　5,000,000
　　藥品成本——人員費　　　　　　　　　　　　　　800,000
　　　　　　——業務費　　　　　　　　　　　　　2,200,000
貸：醫療支出——人員費　　　　　　　　　　　　　1,850,000
　　　　　　——業務費　　　　　　　　　　　　　5,000,000
　　藥品支出——人員費　　　　　　　　　　　　　　800,000
　　　　　　——業務費　　　　　　　　　　　　　2,200,000

國家圖書館出版品預行編目(CIP)資料

新編成本會計 ／ 凌輝賢、陳宇翔、楊媚、鄒燕麗 主編. -- 第一版.
-- 臺北市：崧燁文化，2018.08
　面；　公分
ISBN 978-957-681-482-2(平裝)
1.成本會計
495.71　　　　107012837

書　名：新編成本會計
作　者：凌輝賢、陳宇翔、楊媚、鄒燕麗 主編
發行人：黃振庭
出版者：崧燁文化事業有限公司
發行者：崧燁文化事業有限公司
E-mail：sonbookservice@gmail.com
粉絲頁　　　　　　　網　址
地　址：台北市中正區重慶南路一段六十一號八樓815室
8F.-815, No.61, Sec. 1, Chongqing S. Rd., Zhongzheng Dist., Taipei City 100, Taiwan (R.O.C.)
電　話：(02)2370-3310 傳　真：(02) 2370-3210
總經銷：紅螞蟻圖書有限公司
地　址：台北市內湖區舊宗路二段 121 巷 19 號
電　話：02-2795-3656　傳真：02-2795-4100　網址：
印　刷：京峯彩色印刷有限公司（京峰數位）

　　本書版權為西南財經大學出版社所有授權崧博出版事業股份有限公司獨家發行電子書繁體字版。若有其他相關權利及授權需求請與本公司聯繫。

定價：500 元
發行日期：2018 年 8 月第一版
◎ 本書以POD印製發行